현장실무를 위한

산업전자회로 활용

김 영 일 저

普 文 堂

현장실무를 위한 **산업전자회로 활용**

2007년 8월 25일 초판 1쇄 발행
2011년 3월 1일 초판 2쇄 인쇄
2011년 3월 5일 초판 2쇄 발행

지은이 | 김 영 일
발행인 | 김 병 계
발행처 | 도서출판 보문당
등 록 | 1990년 6월 15일(제1-1066호)
주 소 | 서울시 마포구 신수동 448-6 우) 121-110
전 화 | 704-7025 / 704-0635
팩 스 | 704-2324
홈페이지 | http://www.bomoondang.co.kr
전자우편 | bmdpub@empal.com

값 15,000 원

ISBN : 978-89-8413-138-5

머리말

또 여호와를 기뻐하라. 저가 네 마음의 소원을 이루어 주시리로다. 너의 길을
여호와께 맡기라. 저를 의지하면 저가 이루시고 네 의를 빛 같이 나타내시며
네 공의를 빛 같이 하시리로다.
(시편 37:4~6)

전기 · 전자 · 제어를 전공하는 학생이나 기술자들이 전자관련 이론을 배우고 나서 마주치게 되는 가장 큰 애로사항은 산업현장에 적용되는 산업전자와 관련되는 실무 교재가 드문 것이 늘 아쉬움으로 남아 있었다. 그간 전자회로, 디지털 회로, 자동제어공학의 기본원리를 전공한 대부분의 학생들이 이 과목들을 이수한 후, 실무적인 체험을 하지 못한 상태로 사회에 배출됨에 따라 전혀 현장에서 적응하지 못하는 실정에 처해 있다.

필자는 이러한 문제점을 수 년 전부터 체감하고 있던 터에, 그간 산업현장에서 터득한 실무경험과 산업체의 실무종사자의 참여 및 조언, 그리고 학생들을 가르치면서 필수적으로 알아야 할 관련회로와 실험실습을 접목하여 본서를 집필하게 되었다.
본 교재를 통해서 산업전자 분야에 종사하려고 하는 학생들과 현재 종사중인 실무기술자들이 현장 적응 능력을 손쉽게 달성될 수 있을 것으로 기대하는 바이다.
본 저서는 센서 활용회로 부분과 아날로그 및 디지털 응용회로, 트랜스듀서 관련회로 그리고, 산업전자응용회로로 구분하여 내용을 전개하였으며, 다양한 예제와 사례문제 그리고 실험실습을 수록하여 현장실무에 적응할 수 있도록 하였다.

본 저서의 학습은 제1장부터 차례대로 진행하는 것을 원칙으로 하고 있으나 이해도에 따라서는 임의의 순서대로 진행해도 학습에 지장이 없도록 하였다.
한정된 지면으로 인하여 좀더 다양한 응용회로를 수록하지 못한 아쉬움이 남지만 나름대로 최선을 다했으며 독자 여러분의 양해를 바라는 바이다.

책을 집필하는데 많은 도움을 주신 산업현장에서 근무하고 있는 해당 분야의 전문기술자 여러분께 고마움을 전하며, 이 책을 출간하는데 성심껏 도움을 주신 보문당 관계자 여러분께 감사의 말씀을 드립니다.

아무쪼록 본 저서가 산업전자를 전공하려고 하는 대학생이나, 산업현장 기술자들에게 미력하나마 도움이 되었으면 하는 바램을 가지면서, 여러분의 보다 많은 노력을 바라는 바입니다.

2007년 8월 김영일

Contents

제1장 다이오드 및 트랜지스터 회로

제2장 기본 ON/OFF 제어소자

제3장 연산증폭기 및 활용회로

제4장 광 센서 및 주변회로 활용

제5장 온도 센서 및 주변회로 활용

제9장 I_{gr} 계측 및 원격 감시시스템

제10장 산업전자의 응용회로

Chapter 1 다이오드 및 트랜지스터 회로

전자회로에서 많이 다루는 다이오드와 트랜지스터의 기본회로를 학습하도록 한다.

1-1 다이오드 정류회로

모든 전자회로가 동작하기 위해서는 직류전원이 필요하다. 하지만 전선을 통해오는 전기는 교류이므로 전자장치에서 가장 먼저 해야 할 일은 교류전압을 직류전압으로 바꾸는 일

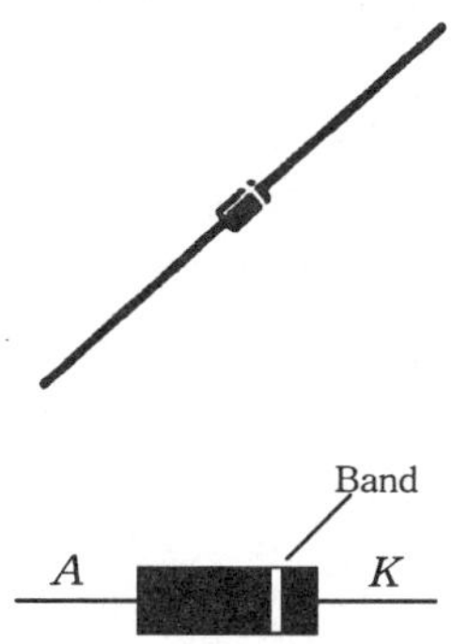

〈그림 1-1〉 원통형 다이오드

〈그림 1-2〉 캡형 다이오드

이다. 본 절에서는 실효치와 평균치를 정의하고, 콘덴서－입력형 필터, 전압 배율기, 클램퍼, 피크－피크 검출기, 다이오드 리미터 등을 포함한 정류회로를 설명한다.

1. 반파정류[1)]

반파정류회로(half-wave rectifier circuit)는 그림 1-3에 나타내는 바와 같이 다이오드가 정(+)의 반 주기만 도통하기 때문에 부하저항 R_L에 흘리는 전류 i_L은 한쪽 방향으로만 흘린다. 따라서 부하에 발생하는 단자전압도 일방향화된 전압, 즉 직류전압이 된다. 이와 같이 다이오드를 1개 사용해서 인가된 교류전압의 반 주기만을 이용하는 정류회로를 반파정류회로라고 한다.

그림 1-4에 반파정류회로의 전압 및 전류 파형을 나타내었다.

다음에 트랜스의 2차측에 유도된 전압 v를 $V_{\max}\sin\omega t$라고 놓고 반파정류회로를 해석해보자.

부하에 흐르는 전류 i_L은 다이오드의 도통 시간만 회로를 흐르므로 전원측의 저항, 즉 트랜스 권선저항과 다이오드 순방향저항의 합을 R_S라고 하면

$$i_L = \frac{1}{R_S + R_L} V_{2(\text{peak})}\sin\omega t = I_{2(\text{peak})}\sin\omega t, \quad 0 \leqq \omega t \leqq \pi$$

$$i_L = 0, \quad \pi \leqq \omega t \leqq 2\pi$$

이 된다. 여기서 $I_{2(\text{peak})} = \dfrac{V_{2(\text{peak})}}{R_S + R_L}$이라고 한다.

따라서, 부하저항 R_L의 단자전압 v_L은

$$v_L = i_L R_L = \frac{R_L}{R_S + R_L} V_{2(\text{peak})}\sin\omega t, \quad 0 \leqq \omega t \leqq \pi$$

$$v_L = 0, \quad \pi \leqq \omega t \leqq 2\pi$$

가 된다.

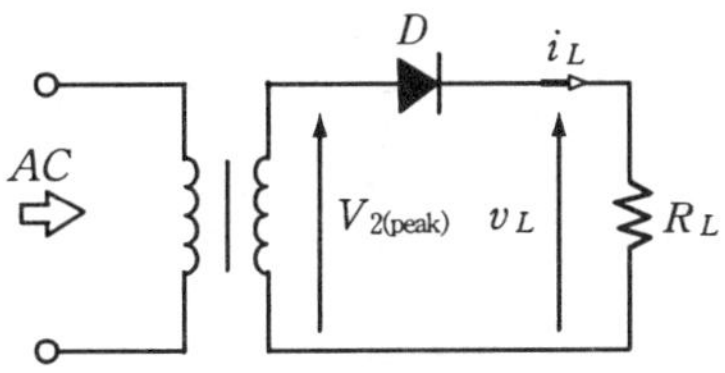

〈그림 1-3〉 반파정류회로

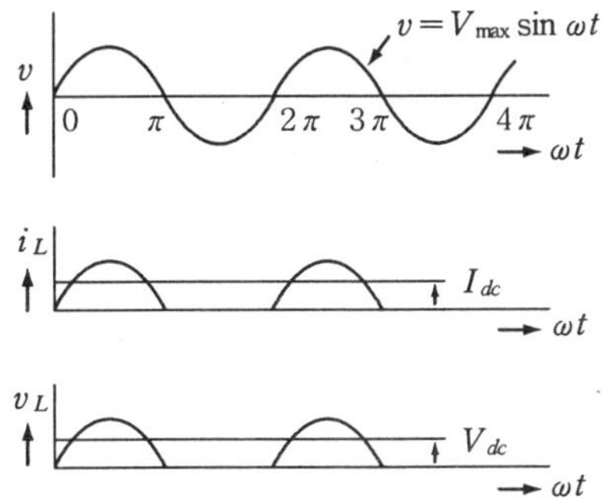

〈그림 1-4〉 반파정류회로의 파형

(1) 반파정류의 평균값, 실효값

부하에 흐르는 전류 i_L의 평균값, 즉 직류전류 I_{dc} 및 실효값 I_{rms}은 다음과 같이 구해진다.[3, 4)]

$$I_{dc} = \frac{1}{2\pi}\int_0^{2\pi} i_L\, d\omega t = \frac{1}{2\pi}\left(\int_0^{\pi} i_L\, d\omega t + \int_{\pi}^{2\pi} i_L\, d\omega t\right)$$

$$= \frac{1}{2\pi}\int_0^{\pi} I_{2\,(peak)} \sin \omega t\, d\omega t$$

$$= \frac{I_{2\,(peak)}}{2\pi}\left[-\cos \omega t\right]_0^{\pi} = \frac{I_{2\,(peak)}}{\pi} \qquad (1\text{-}1)$$

$$I_{rms} = \sqrt{\frac{1}{2\pi}\int_0^{2\pi} {i_L}^2 d\omega t} = \sqrt{\frac{1}{2\pi}\int_0^{\pi} {i_L}^2 d\omega t + \int_0^{2\pi} {i_L}^2 d\omega t}$$

$$= \sqrt{\frac{1}{2\pi}\int_0^{\pi} {I_{2\,(peak)}}^2 \sin^2 \omega t\, d\omega t}$$

$$= \sqrt{\frac{{I_{2\,(peak)}}^2}{2\pi}\int_0^{\pi} \frac{1-\cos 2\omega t}{2}\, d\omega t}$$

$$= \sqrt{\frac{{I_{2\,(peak)}}^2}{2\pi}\left[\frac{\omega t}{2} - \frac{\sin 2\omega t}{4}\right]_0^{\pi}} = \frac{I_{2\,(peak)}}{2}$$

따라서, 부하 단자전압의 평균값, 즉 직류전압 V_{dc}는

$$V_{dc} = I_{dc}R_L = \frac{I_{2(\mathrm{peak})}}{\pi} R_L$$

$$= \frac{1}{\pi} \frac{R_L}{R_S + R_L} V_{2(\mathrm{peak})} = \frac{V_{2(\mathrm{peak})}}{\pi} \frac{1}{1 + R_S / R_L} \tag{1-2}$$

가 된다. 이 직류전압 V_{dc}를 일반적으로 정류회로의 출력전압이라고 부른다. 또한 위의 식에 있어서 $R_S \ll R_L$ 이라면 V_{dc}는 최대값 $\frac{V_{2(\mathrm{peak})}}{\pi}$ 를 얻는다.

(2) 최대 역전압

그림 1-5는 2차 전압이 최대 음의 피크값에 이르는 순간의 반파정류기를 나타낸 것이다. 여기서 다이오드는 역으로 바이어스되었으므로 부하전압은 없다. 키르히호프의 전압법칙을 만족하기 위해서는 그림에서처럼 2차 전압이 다이오드 양단에 나타나야 한다. 이 최대 역바이어스전압 $V_{\max}$를 최대 역전압(PIV)이라고 한다.

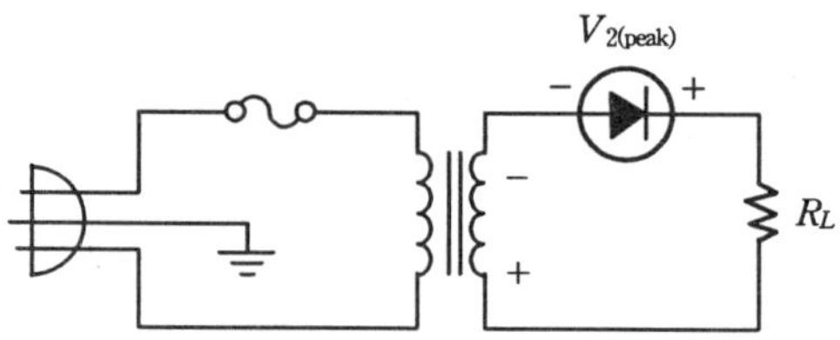

〈그림 1-5〉 최대 역전압

2. 전파정류[1)]

반파정류회로는 인가된 교류전압의 반 주기밖에 이용되지 않았던 것에 대해서 전파정류회로(full-wave rectifier circuit)는 인가된 교류전압의 전 주기를 이용한다.

전파정류회로는 그림 1-6에 나타낸 바와 같이 트랜스의 2차측에 중간 탭을 설치하고 이 단자를 기준으로 해서 2차측에 유기한 전압 v_1, v_2로 다이오드 D_1, D_2를 번갈아 도통시킨다. 따라서, 그 정류회로의 전압 및 전류 파형은 그림 1-7에 나타낸 바와 같다.

트랜스의 2차측에 유기된 피크전압 $v_{2(\mathrm{peak})}$는

$$v_{2(\mathrm{peak})} = 2v_{\mathrm{out(peak)}}$$

부하저항 R_L에 흐르는 전류 i_L은

$$i_L = \frac{1}{R_S + R_L} V_{out\,(peak)} |\sin \omega t| = I_{2\,(peak)} |\sin \omega t| \tag{1-3}$$

단, R_S는 트랜스의 권선저항과 다이오드 순방향저항의 합을 나타낸다.

부하의 단자전압 v_L은

$$v_L = i_L R_L = \frac{R_L}{R_S + R_L} V_{out\,(peak)} |\sin \omega t| \tag{1-4}$$

로 된다.

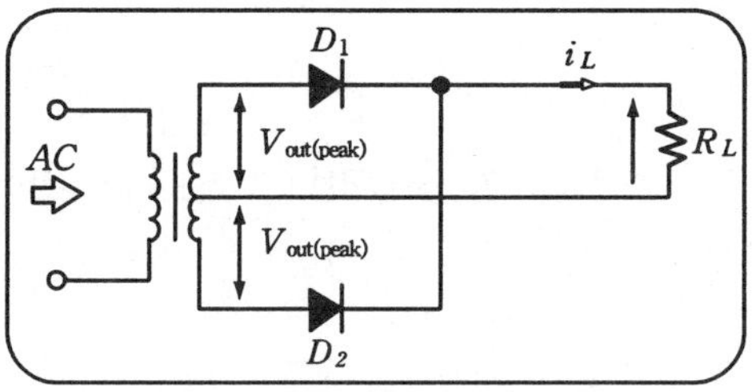

〈그림 1-6〉 전파정류회로

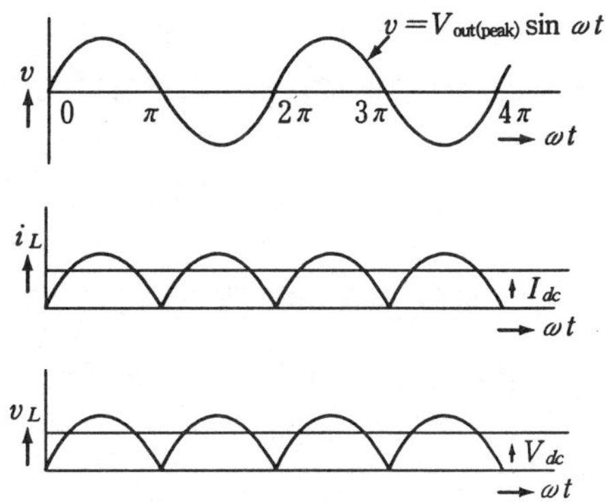

〈그림 1-7〉 전파정류회로의 파형

(1) 전파정류의 평균값, 실효값

부하에 흐르는 전류 i_L의 평균값, 즉 직류전류 I_{dc} 및 실효값 I_{rms}는

$$I_{dc} = \frac{1}{2\pi} \int_0^{2\pi} i_L \, d\omega t = \frac{1}{\pi} \int_0^{\pi} I_{out\,(peak)} \sin \omega t \, d\omega t$$

$$= \frac{I_{out\,(peak)}}{\pi} [-\cos \omega t]_0^{\pi} = 2 \frac{I_{out\,(peak)}}{\pi}$$

$$I_{rms} = \sqrt{\frac{1}{2\pi} \int_0^{2\pi} {i_L}^2 \, d\omega t} = \sqrt{\frac{1}{\pi} \int_0^{\pi} {I_{out\,(peak)}}^2 \sin^2 \omega t \, d\omega t}$$

$$= \sqrt{\frac{I_{out\,(peak)}^{\;2}}{\pi}\int_0^{\pi}\frac{1-\cos 2\omega t}{2}\,d\omega t}$$

$$= \sqrt{\frac{I_{out\,(peak)}}{\pi}\left[\frac{\omega t}{2}-\frac{\sin 2\omega t}{4}\right]_0^{\pi}} = \frac{I_{out\,(peak)}}{\sqrt{2}}$$

출력전압 V_{dc}는

$$V_{dc} = I_{dc}R_L = 2\frac{I_{out\,(peak)}}{\pi} = 2\frac{1}{\pi}\frac{R_L}{R_S+R_L}V_{out\,(peak)} \qquad (1\text{-}5)$$

(2) 최대 역전압

그림 1-6은 2차 전압이 양의 최대값에 이르는 순간의 전파정류기를 나타낸다. 여기에 바깥쪽 루프에 대하여 키르히호프의 법칙을 적용하면

$$V_{2\,(peak)} - \mathrm{PIV} + 0 = 0$$

이 식에서 왼쪽 항의 0은 다이오드가 이상적이라고 생각하여 전압강하가 없음을 나타낸다. 위의 식에서 아래쪽 다이오드의 최대 역전압은

$$\mathrm{PIV} = V_{2\,(peak)}$$

그러므로 전파정류기에서의 다이오드는 $V_{2(peak)}$보다 큰 정격 PIV를 가져야 한다.

예제 1-1

그림 1-8에서 2차 전압이 $40V_{ac}$이다. 이 때 다이오드가 이상적이라고 생각하고 직류부하전류와 다이오드의 정격 I_0, PIV를 구하라.

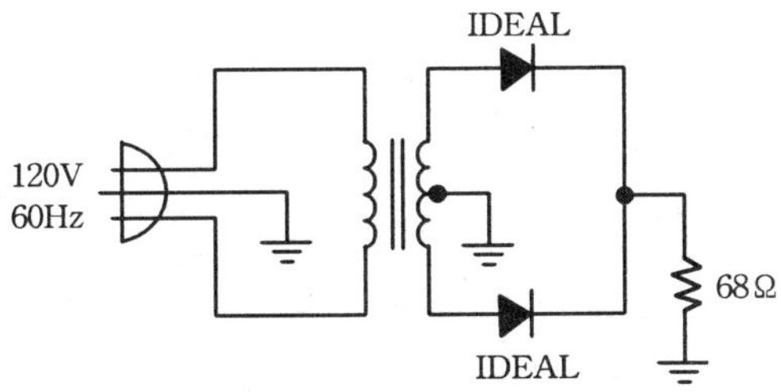

〈그림 1-8〉 접지된 중간 탭

풀 이

먼저 2차 권선의 중간 탭이 접지되었다는 점에 유의하자. 그러나 부하저항의 아랫부분도 접지되어 있으므로 앞의 전파정류기와 동일하다. 주어진 2차 전압 40V에 대하여 피크 2차 전압은

$$V_{2\,(\text{peak})} = \frac{40\text{V}}{0.707} = 56.6\text{V}$$

다이오드의 전압강하를 무시한다면 정류된 전압의 피크값은

$$V_{\text{out}\,(\text{peak})} = 0.5(56.6\text{V}) = 28.3\text{V}$$

그리고 직류출력은

$$V_{dc} = 0.636(28.3\text{V}) = 18\text{V}$$

최대 역전압은 56.6V로 2차 전압의 피크값과 같다.
다음 직류 부하전류를 구하면

$$I_{dc} = \frac{18\text{V}}{68\Omega} = 265\text{mA}$$

각 다이오드에 흐르는 전류는 이것의 절반이므로

$$I_0 = \frac{265\text{mA}}{2} = 132.5\text{mA}$$

마지막으로 전파정류기 다이오드의 최대 역전압은 항상 2차 전압의 피크값과 같아지므로
PIV=56.6V

3. 브리지정류

브리지정류기(bridge rectifier)는 반파정류기의 전 피크전압을 나타내고 전파정류기보다 높은 평균값을 나타내기 때문에 정류하는 방법에서 가장 많이 쓰인다(그림 1-9(a)). 그림 1-9(a)에서 2차 전압의 양의 반 주기 동안에는 D_2, D_3가 정방향으로 바이어스되어(그림 1-9(c)) 부하저항의 왼쪽은 음, 오른쪽은 양의 극성을 나타낸다. 2차 전압의 음의 반 주기 동안에는 D_1, D_4가 정방향으로 바이어스되어 부하저항의 왼쪽은 음, 오른쪽은 양의 극성을 나타낸다. 위에서 알 수 있듯이 브리지정류기는 어느 다이오드가 도통되는 한쪽으로만 전류가 흐르는 전파정류기이다(그림 1-9(b)).

그림 1-9(c)에서 다이오드의 전압강하를 무시한다면 피크 부하전압은 다음과 같다.

$$V_{out\,(peak)} = V_{2\,(peak)}$$

위의 식에서 알 수 있듯이 브리지정류기는 2차 전압의 절반만이 부하에 나타나는 중간 탭 전파정류기와는 달리 전 2차 전압이 부하저항에 나타난다. 이 점이 바로 브리지정류기가 중간 탭 전파정류기보다 많이 쓰이는 이유이다.

브리지의 출력은 전파신호이므로 평균 또는 직류값은 다음과 같다.

$$V_{dc} = 0.636\,V_{out\,(peak)} \tag{1-6}$$

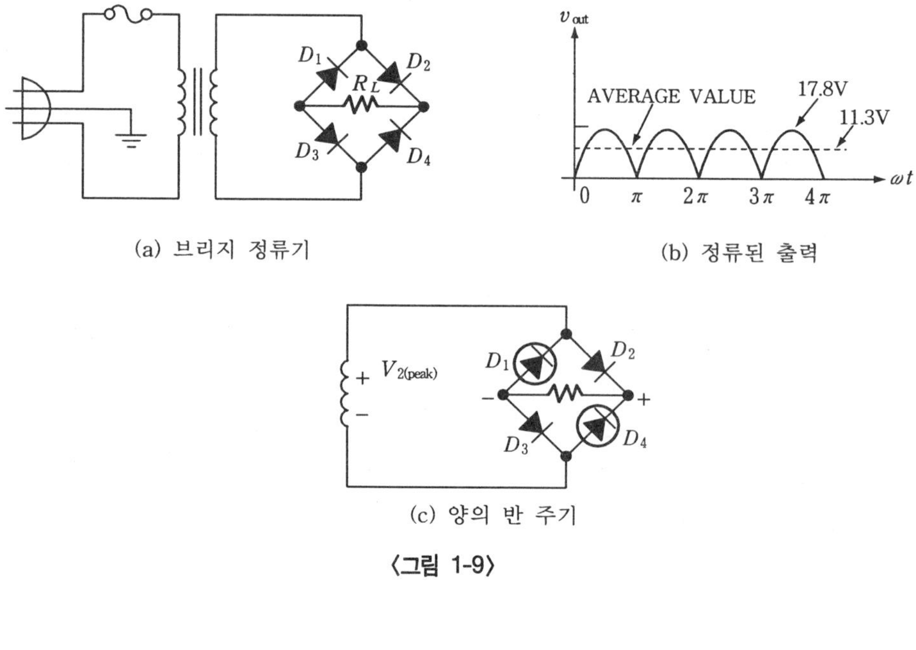

(a) 브리지 정류기

(b) 정류된 출력

(c) 양의 반 주기

〈그림 1-9〉

예를 들어 2차 전압이 12.6 V_{ac} 이면, 피크 2차 전압은

$$V_{\text{out (peak)}} = 17.8\,\text{V}$$

그리고

$$V_{dc} = 0.636(17.8\,\text{V}) = 11.3\,\text{V}$$

그림 1-9(b)는 2차 전압 12.6 V_{ac} 에 대한 평균전압과 피크전압을 나타낸다.

그림 1-9(c)에서 D_2 는 단락된 상태이고, D_4 는 개방된 상태이므로 D_4 양단의 최대 역전압은

$$\text{PIV} = V_{2\,\text{(peak)}}$$

나머지 3개의 다이오드에 대해서도 똑같이 적용되어서 각 다이오드는 피크 2차 전압과 같은 최대 역전압을 견딜 수 있어야 한다. 그러나 다이오드의 정격 PIV는 $V_{2\text{(peak)}}$ 보다 커야 한다.

주파수의 경우는 출력이 전파신호이므로 출력주파수는 입력주파수의 두 배인 120 Hz이다.

1-2 평활회로

인가된 교류전압을 다이오드로 정류한 것만으로는 전압의 맥동이 너무 크고 도저히 통상의 전자회로 전원으로는 될 수 없다. 정류된 맥류파 중의 교류성분을 제거하기 위해 그림 1-10에 나타내는 위치에 평활회로(smoothing circuit)가 사용된다. 평활회로를 경유한 출력전압은 맥동이 거의 없는 일정전압이 된다. 이와 같이 평활회로는 교류 성분을 저지하는 작용을 가지므로 필터회로(filter circuit)라고도 불린다.

1. 콘덴서 입력형 필터

평균정류기의 출력은 진동하는 직류전압이다. 이런 정류기의 출력은 배터리의 충전이나 직류모터 등에만 사용이 제한된다. 모든 전자기기에 사용되는 직류전압은 배터리전압과 같이 일정한 값을 가져야 한다. 이러한 반파나 전파를 일정한 직류전압으로 변환시키기 위해

서는 필터가 필요하다.

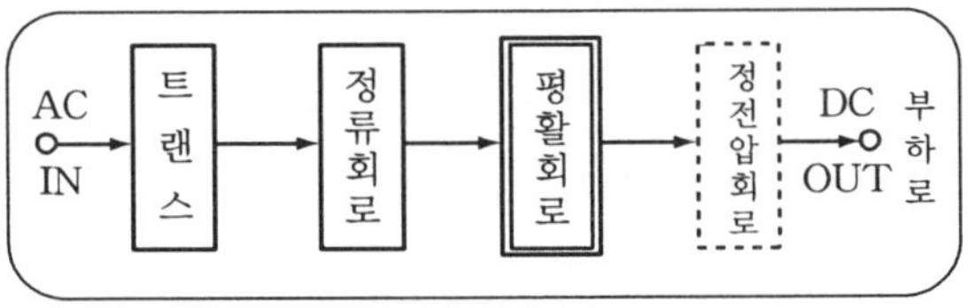

〈그림 1-10〉 전원회로의 구성

(1) 반파의 여파

그림 1-11(a)는 콘덴서 입력형 필터(capacitor-input filter)를 나타낸다. 직류 전압원에서는 피크값이 V_P인 정현파전압을 발생한다. 전압원의 처음 $\frac{1}{4}$ 주기 동안에는 다이오드가 정방향으로 바이어스되어 그림 1-11(b)에서와 같이 닫혀진 스위치와 같다. 콘덴서는 다이오드에 의해 전원에 직접 연결되어 있으므로 피크전압 V_P까지 충전이 된다.

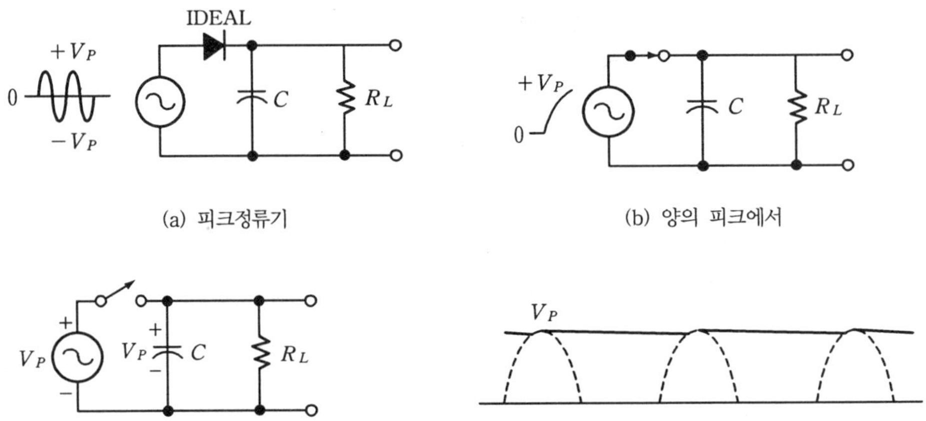

(a) 피크정류기

(b) 양의 피크에서

(c) 양의 피크를 약간 지나서

(d) 반파출력

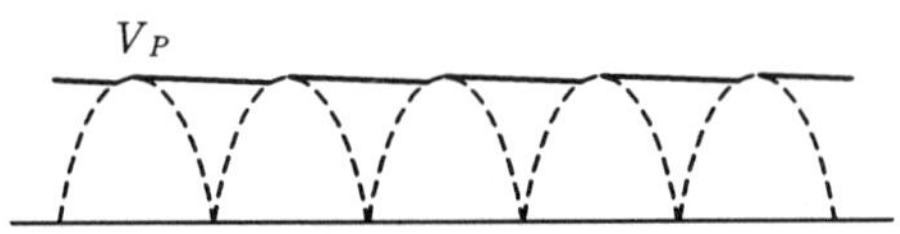

(e) 전파출력

〈그림 1-11〉

양의 피크를 지나자마자 다이오드는 도통이 중단되어 그림 1-11(c)와 같이 열린 스위치 상태로 된다. 왜냐하면 콘덴서는 그림과 같은 극성으로 V_P전압을 갖고 있고 전원의 전압은 V_P보다 작아지므로 다이오드는 역방향으로 바이어스되기 때문이다.

이렇게 다이오드가 개방된 상태에서 콘덴서는 부하저항을 통하여 방전을 한다. 이 콘덴서-입력형 필터를 구성할 때는 방전시정수 $R_L C$가 입력신호의 주기 T보다 훨씬 더 크도록 정해 주어야 한다. 왜냐하면 그림 1-11(d)처럼 콘덴서가 자기충전량의 일부만 방전하게 하도록 하기 위해서이다.

전원전압이 다시 콘덴서 전압값에 이르면 다이오드는 다시 도통이 되어 콘덴서를 피크 전원가지 재충전시킨다. 즉 콘덴서가 처음 $\frac{1}{4}$주기 동안 충전되면 그 충전전압은 거의 피크 전원전압을 유지한다(그림 1-11(d) 참조).

이리하여 부하전압은 거의 완전한 직류전압이 된다. 이 리플을 줄이는 방법의 하나는 방전시정수 $R_L C$를 늘리는 방법이다.

1-3 리미터

1. 양의 리미터(positive limiter)

그림 1-12는 신호의 양의 부분을 제거하는 양의 리미터(보통 클리퍼라고도 한다)를 나타낸다. 그림에서 보듯이 출력전압은 양의 반 주기가 모두 제거된 상태이다. 입력전압의 양의 반 주기 동안에는 다이오드가 도통된다. 이상적으로 따지면 출력전압은 0이고, 두 번째 근사해석으로는 약 +0.7V가 된다.

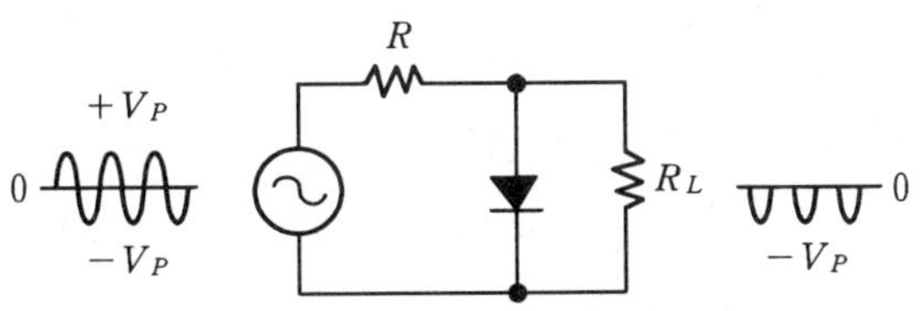

〈그림 1-12〉 양의 리미터

반면에 음의 반 주기 동안에는 다이오드가 역으로 바이어스되어 개방상태와 같이 보인다.

대부분의 리미터에서 부하저항 R_L은 적어도 R보다 100배 이상 크므로 전원은 고정적이고 음의 반 주기가 출력에 타나난다.

2. 바이어스 리미터

그림 1-13과 같은 바이어스 리미터에서는 클리핑 레벨이 $V+0.7$이 된다. 입력전압이 $V+0.7$보다 작을 때는 다이오드가 개방되어 회로가 전압변성기가 된다. 여기서 부하저항 R_L이 직렬저항 R보다 훨씬 커야 전원이 고정적이고 모든 입력전압이 출력에 나타나게 된다.

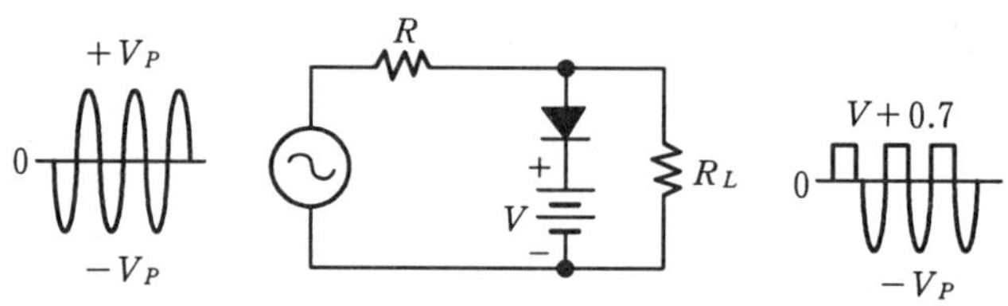

〈그림 1-13〉 바이어스된 양의 리미터

1-4 직류 클램퍼

직류 클램퍼(dc clamper)와 다이오드 클램프는 완전히 별개의 것이다. 직류 클램퍼는 신호에 직류전압을 더하는 것이다. 예를 들어 입력신호가 −10V에서 +10V 사이에서 변화할 때 양의 직류 클램퍼는 0에서 +20V 사이에서 변화하는 출력을 만든다.

1. 양의 클램퍼(positive clamper)

그림 1-14(a)는 양의 클램퍼회로를 나타내고 있다. 여기서 그 동작특성을 알아보면, 입력전압의 첫 번째 음의 반 주기 동안은 그림 1-14(b)처럼 다이오드는 도통상태가 되며, 콘덴서는 그림에 나타난 극성으로 음의 피크값에서 V_P까지 충전하게 된다.

음의 피크값은 조금 지나면 다이오드는 그림 1-14(c)와 같이 off상태가 된다. R_LC시정수는 입력신호의 주기 T보다 훨씬 크다. 이 때문에 콘덴서는 다이오드의 off시간 동안에도 거의 충분한 충전을 하고 있는 상태에 있게 된다. 첫 번째 근사해석방법에 의하면 콘덴서는 V_P볼트의 건전지처럼 동작하게 되고 이 때문에 그림 1-14(a)의 출력전압은 양의 클램프된

신호를 나타낸다.

다이오드가 도통되면 다이오드에 0.7V의 전압강하가 나타나므로 콘덴서전압은 정확히 V_P에 이르지 못한다. 이 때문에 클램핑은 완전치 못하고 음의 피크가 0.7V가 된다(그림 1-14(d)).

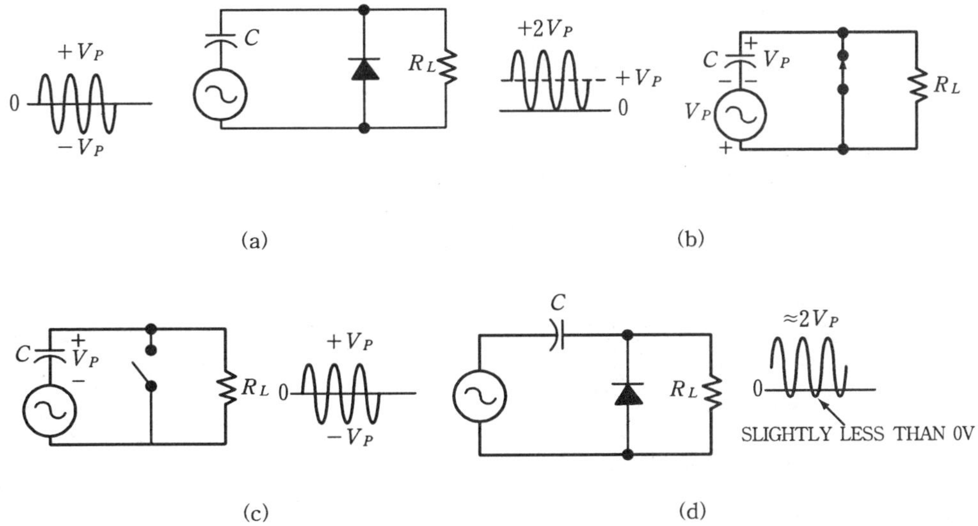

〈그림 1-14〉 양의 직류 클램퍼

예제 1-2

그림 1-15의 DC 클램퍼회로에서 R_L 양단의 출력전압을 구하라. 단, 시정수 RC는 입력주파수보다 훨씬 크다고 가정한다.

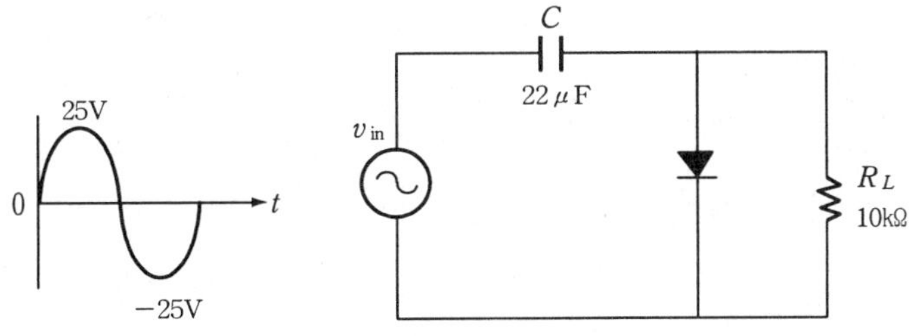

〈그림 1-15〉

풀 이

다이오드의 오프셋전압을 고려하면

$$V_{dc} = V_{in(peak)} - 0.7V$$
$$= 25V - 0.7V$$
$$= 24.3V$$

R_L 양단의 출력전압을 나타내면 다음과 같다.

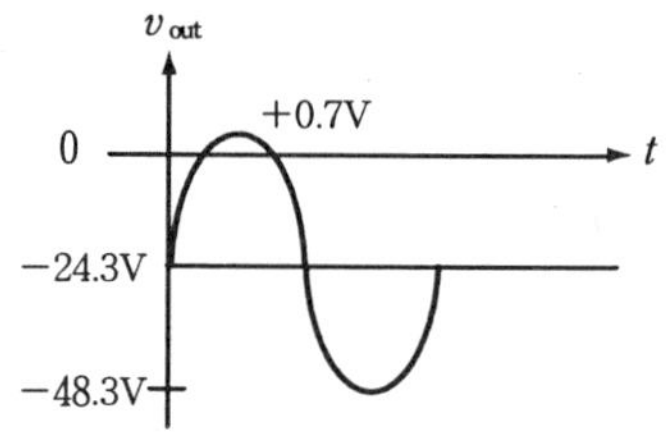

1-5 제너 다이오드

소신호 다이오드나 정류용 다이오드를 항복영역에서 동작시키면 손상이 되므로 의도적으로 항복영역에서 동작시키지 않지만, 제너 다이오드의 경우는 다르다. 제너 다이오드(zener diode)는 항복영역에서 동작하도록 만들어진 실리콘 다이오드로서 항복 다이오드라고도 하며, 부하전압을 거의 일정하게 유지하여 주는 전압안정기(voltage regulator) 구성의 핵심이 된다.

1. $I-V$ 그래프

그림 1-16(a)와 (b)는 제너 다이오드의 부호를 나타내고 있다(기호가 Z자와 유사하며 zener로 표시한다). 제작과정에서 도핑 레벨을 변화시켜 줌으로써 제너 다이오드의 항복전압을 2~200V 사이로 정할 수 있다. 제너 다이오드는 순 바이어스 영역, 누설 영역, 항복 영역의 세 영역에서 동작할 수 있다.

그림 1-16(c)의 그래프는 제너 다이오드의 $I-V$ 특성을 나타낸다.

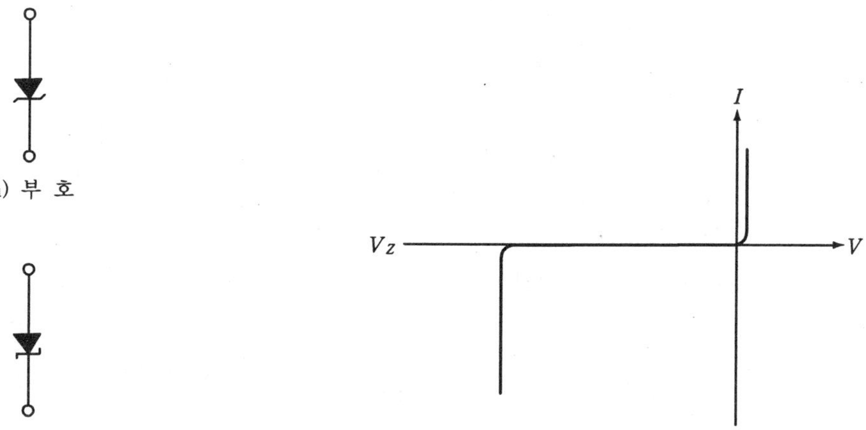

(a) 부 호

(b) 또 다른 부호

(c) $I-V$ 곡선

〈그림 1-16〉 제너 다이오드

2. 전압안정

전류가 변하여도 출력전압이 거의 일정하게 유지되기 때문에 때로는 제너 다이오드를 전압-안정기(voltage-regulator) 다이오드라고도 한다. 제너 다이오드는 정상적인 동작을 위해서는 그림 1-17과 같이 역방향으로 바이어스된다. 뿐만 아니라 항복 현상을 발생시키기 위해서는 전원전압 V_S가 제너 항복전압 V_Z보다 반드시 커야 한다. 이 회로에서 직렬저항 R_S는 제너 다이오드에 흐르는 전류를 정격전류보다 크지 않도록 유지시켜 준다. 그렇지 않으면 과다한 전력소비로 다른 소자와 마찬가지로 타버린다.

직렬저항 양단의 전압은 전원전압과 제너전압의 차이인 $V_S - V_Z$이다. 그러므로 저항을 흐르는 전류는

$$I_S = \frac{V_S - V_Z}{R_S} \tag{1-7}$$

이 회로는 단일 루프회로이므로 제너전류 I_Z는 I_S와 같다.

식 (1-7)은 부하선을 설정하는 데 이용된다. 예를 들어 $V_S = 20\text{V}$이고, $R_S = 1\text{k}\Omega$이면

$$I_Z = \frac{20 - V_Z}{1,000}$$

이 식에서 V_Z를 0으로 놓음으로써 포화점 $I_Z = 20$ mA를 얻을 수 있고, I_Z를 0으로 놓음으로써 차단점 $V_Z = 20$ V를 얻을 수 있다.

이 부하선의 끝값은 다른 방법으로도 얻을 수 있는데, 그림 1-17(a)에서 $V_S = 20$ V, $R_S = 1$ kΩ일 때 제너 다이오드가 단락되면 최대 아이오드전류는 2 mA이고, 다이오드가 개방되면 최대 다이오드전압은 20 V가 된다.

그러므로 제너 다이오드의 항복전압이 12 V라고 하면 $I-V$ 그래프는 그림 1-17(b)와 같다. $V_S = 20$ V와 $R_S = 1$ kΩ에 대한 부하선을 그리면 교차점이 Q_1인 위쪽의 부하선을 얻는다. 제너 다이오드 양단의 전압은 항복에서의 문턱전압보다 약간 크므로 $I-V$곡선은 약간 경사졌다.

어떻게 전압안정이 일어나는지 알아보기 위하여 전원전압이 30 V로 변화였다고 생각하자. 그러면 제너전류도 따라서 변하여

$$I_Z = \frac{30 - V_Z}{1,000}$$

이 식은 그림 1-17(b)처럼 부하선의 끝이 30 mA와 30 V임을 나타낸다. 이 부하선에 의한 새로운 교차점은 Q_2가 된다. Q_2와 Q_1을 비교하여 볼 때 전류는 차이가 많지만 제너전압은 거의 같음을 알 수 있다. 그러므로 전원전압이 20 V에서 30 V로 변했어도 제너전압은 약 12 V를 유지하고 있다. 이것이 바로 입력전압이 크게 변하여도 출력전압은 거의 일정하게 유지되는 전압안정의 원리이다.

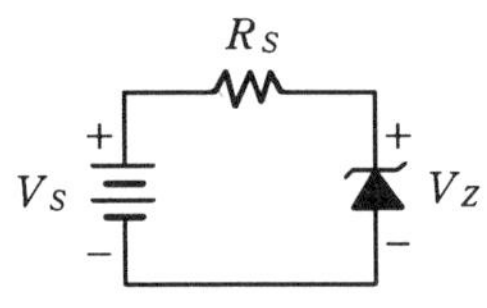

(a) 제너 다이오드회로

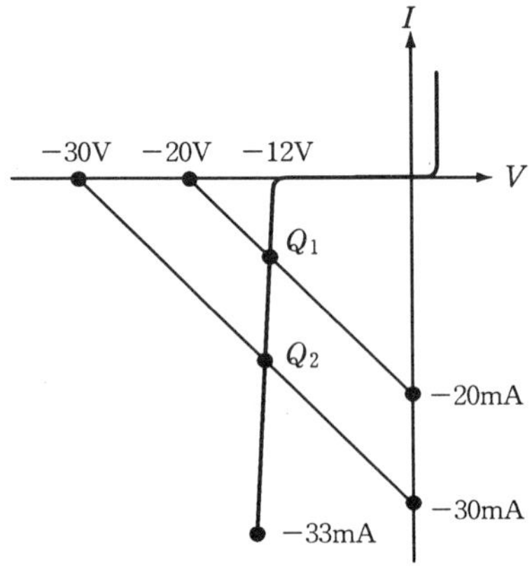

(b) 두 개의 Q점이 거의 같은 전압을 갖고 있다

〈그림 1-17〉

3. 이상적인 제너 다이오드

고장진단이나 예비적인 설계에서는 항복영역을 수직으로 근사화시킬 수 있다. 이것은 제너저항을 무시한 상태로 전류가 변하여도 전압은 거의 일정함을 뜻한다. 그림 1-18(a)는 제너 다이오드를 이상적으로 근사화시킨 것으로 제너 다이오드는 항복영역에서 베터리와 같이 동작함을 나타낸다. 즉, 회로 내에서 제너 다이오드가 항복영역에서 동작하면 제너 다이오드를 전원전압 V_Z로 바꾸어 생각할 수 있다.

(a) 이상적인 방법　　　(b) 두 번째 근사해석방법

〈그림 1-18〉 제어다이오드의 근사화

1-6 트랜지스터의 특성 곡선

트랜지스터가 어떻게 동작하는지를 보여주는 하나의 방법은 트랜지스터전류와 전압의 관계를 설명하는 그래프를 이용하는 것이다.

1. 출력 특성(컬렉터 특성) 곡선

우리는 그림 1-19(a)와 같은 회로를 구성하거나, 트랜지스터 특성 곡선의 추적기를 이용하여 공통 이미터(CE) 특성 곡선에 대한 정보를 얻을 수 있다.

위의 특성 곡선을 얻기 위한 보편적인 절차는 V_{CC}를 변화시키는 동안 I_B를 고정시켜 놓고 I_C와 V_{CE}를 측정하여 I_C와 V_{CE} 사이의 관계를 그래프로 얻어낸다. 예를 들면, 그림 1-19(a)에서 $I_B = 10\mu A$로 고정시켜 놓았다면, V_{CC}를 변화시키면서 I_C와 V_{CE}를 측정하여 그래프로 그리면 그림 1-19(b)처럼 나타내어진다.

이 곡선들은 직류전류와 전압을 나타내기 때문에 때때로 정적 컬렉터 특성 곡선(static

collector curves)이라고 불리기도 한다. 그림 1-20은 I_B를 변화시키면서 I_C와 V_{CE}의 관계를 나타낸 것이다.

그림 1-20에서 $I_B=0$일 때 컬렉터전류의 존재는 컬렉터 다이오드의 누설전류에 기인한다. 실리콘 트랜지스터의 경우 누설전류는 무시될 수 있을 정도로 충분히 작다.

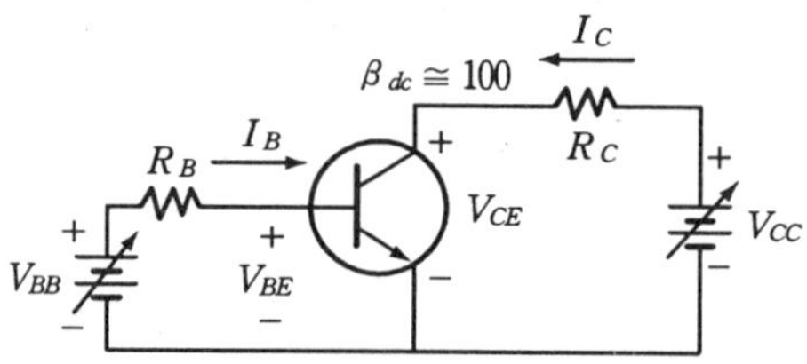

(a) $\beta_{dc} \cong 100$일 때 컬렉터의 전류와 전압을 측정하기 위한 회로

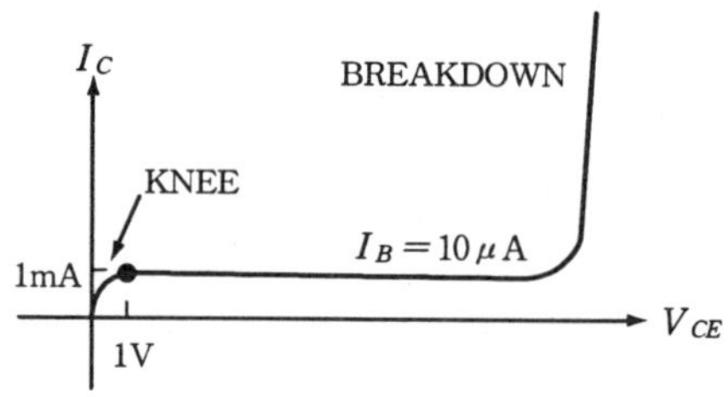

(b) $I_B = 10\mu A$일 때의 특성 곡선(I_C)

〈그림 1-19〉

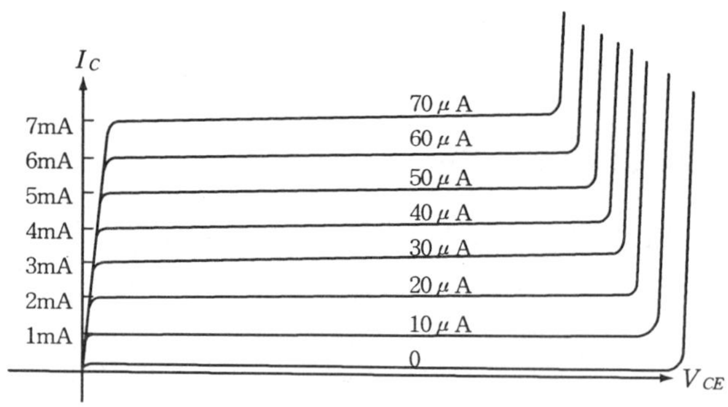

〈그림 1-20〉 $\beta_{dc} = 100$에 대한 트랜지스터 특성 곡선

2. 입력 특성(베이스 특성) 곡선

컬렉터-이미터 간의 전압 V_{CE}를 일정하게 하고, 베이스-이미터 간의 전압 V_{BE}의 변화에 대한 베에스전류 I_B의 변화를 조사하면 그림 1-21과 같이 된다. 이것을 베이스 특성 또는 입력 특성이라고 한다.

이것은 베이스-이미터 간에 순방향전압이 가해지고 있기 때문에, 그 사이의 저항이 작고, pn 접합의 순방향에서의 전압-전류 특성에 가까워지고 있다.

컬렉터-이미터 간의 전압 V_{CE}를 일정하게 하고 입력측의 전류 I_B와 출력측의 전류 I_C와의 관계를 나타낸 것이 그림 1-22이다. 이것을 전류전달 특성이라고 한다. 이 그래프에서 입력전류에 대해 출력전류는 다음과 같이 된다.

$$\frac{I_C}{I_B} = \frac{6\times10^{-3}}{60\times10^{-6}} = 100$$

I_B에 대해 100배의 I_C가 흐른다.

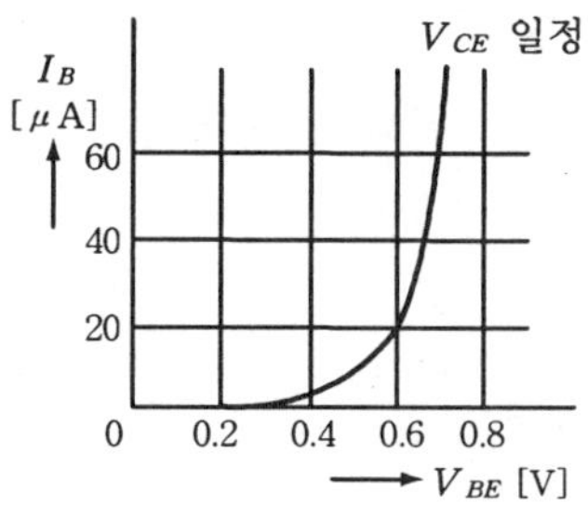

〈그림 1-21〉 V_{BE} - I_B 특성

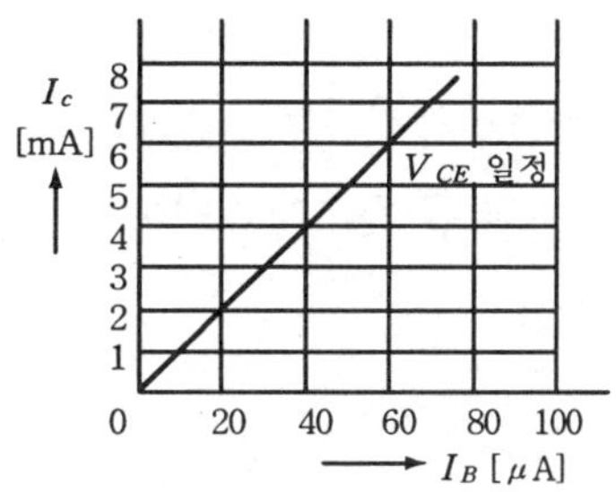

〈그림 1-22〉 I_B - I_C 특성

3. 전류-이득 곡선

트랜지스터에서 β_{dc}를 전류이득(current gain)이라고도 한다. 그림 1-23은 전형적인 β_{dc} 값의 변화를 보여주고 있다. 이 그림에서 보면 어느 고정된 온도에서 I_C가 증가하면 β_{dc}가 최대값에 이르게 되는데, 이 때의 I_C보다 더 큰 컬렉터전류가 흐르면 β_{dc}는 차츰 감소해 간다. β_{dc}의 변화량은 트랜지스터의 형태에 따라 유용한 전류범위에서 3 : 1 정도 된다. 주위 온도의 변화 역시 β_{dc}에 영향을 미친다.

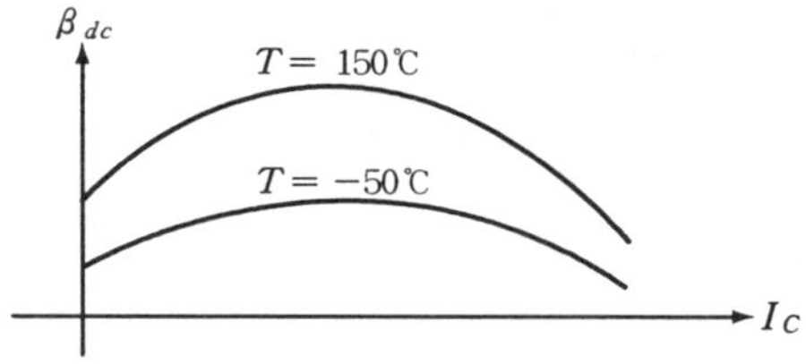

〈그림 1-23〉 I_C와 온도(T)에 의한 β_{dc}의 변화

4. 차단전류와 항복전압

그림 1-20의 컬렉터 특성 곡선에서 가장 낮은 곡선은 베이스전류가 0인 경우이다. $I_B = 0$인 경우는 베이스 단자가 개방되어 있는 상태를 말한다. 베이스 단자가 개방되었을 때 컬렉터전류를 I_{CEO}라고 표시하는데, 여기서 첨자 CEO는 베이스가 개방되었을 때 컬렉터와 이미터를 나타낸다. I_{CEO}의 일부는 열적으로 생성된 캐리어와 또 일부는 표면 누설전류에 의해 생긴 것이다.

그림 1-24(b)는 $I_B = 0$일 때의 특성 곡선이며, 컬렉터전압이 충분히 크면 BV_{CEO}라고 표시된 항복전압에 도달하게 된다. 여기서 첨자는 앞에서와 마찬가지로 베이스가 개방되었을 때의 이미터와 컬렉터를 나타낸다. 정상적인 트랜지스터의 동작에서는 반드시 V_{CE}가 BV_{CEO}보다 작은 값으로 유지되어야만 한다.

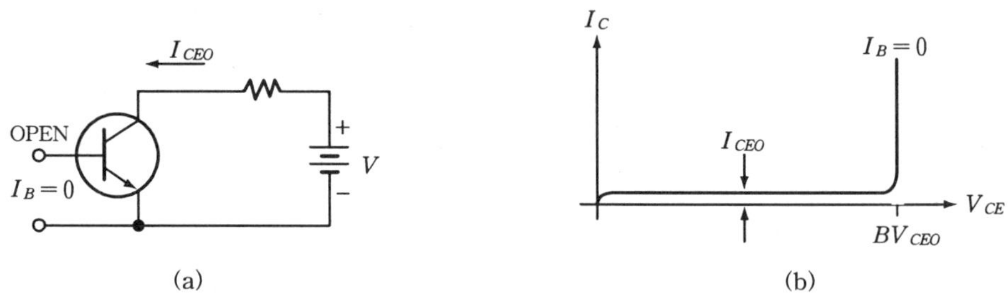

〈그림 1-24〉 차단전류와 항복전압

5. 컬렉터 포화전압

그림 1-25는 컬렉터 특성 곡선 중의 하나를 보여주는데 이 곡선의 처음 단을 포화영역(saturation region), 가로축과 평행인 부분을 활성영역(active region), 그리고 곡선의 마지막 단을 차단영역(breakdown region)이라고 한다.

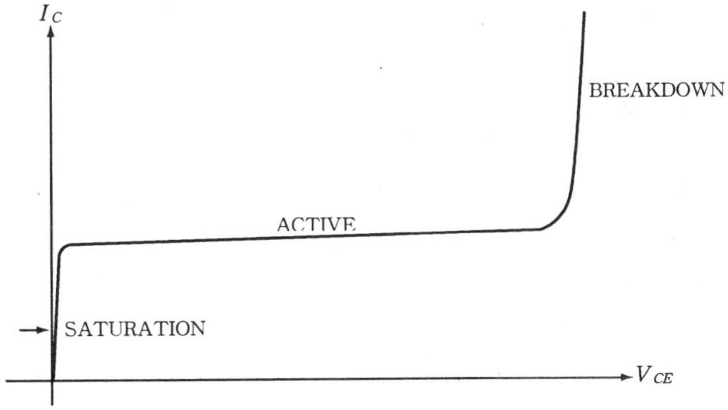

〈그림 1-25〉 포화, 활성, 차단 등 세 영역을 보여주는 컬렉터 특성 곡선 중의 하나

포화영역 내에서는 컬렉터 다이오드는 순방향 바이어스 상태로 들어가기 때문에 트랜지스터의 정상적인 동작기능을 상실하고, 트랜지스터가 전류원이라기보다는 하나의 작은 옴 저항과 같이 작용한다. 베이스전류에서 더 이상의 증가는 컬렉터 전류의 증가를 가져오지 못한다. 포화영역 내에서 컬렉터-이미터전압은 컬렉터전류의 크기에 의존하면서 0.2~0.3V 밖에 되지 않는다.

트랜지스터가 활성영역 내에서 동작하기 위해서는 컬렉터 다이오드는 반드시 역바이어스가 걸려야만 한다. 많은 데이터 표는 $V_{CE(sat)}$ 값을 명시하고 있다. 전형적인 $V_{CE(sat)}$는 0.2~0.3V 정도이다.

1-7 증폭작용

가해진 입력의 진폭을 크게 만들어 출력으로 꺼내는 동작을 증폭(amplification)이라고 하고, 이 작용을 시키기 위한 회로를 증폭회로, 증폭회로를 가진 장치를 증폭기(amplifier)라고 한다.

실제의 증폭회로에서는 전원으로부터 공급받는 에너지를 작은 입력신호에 의해 제어하고, 출력회로에서 큰 출력신호를 꺼내는 것이 트랜지스터를 이용한 증폭기의 구조이다.

증폭회로는 취급하는 입출력신호의 크기에 따라 다음 두 가지로 나눌 수 있다. 하나는 스피커를 울리거나, 안테나로부터 큰 출력의 전파를 내거나, 릴레이를 작동시킬 때와 같이 출력이 큰 전력을 필요로 하는 증폭이다.

다른 하나는 진폭이 작은 전압·전류를 취급하는 회로이다.

여기에서 전자를 대신호 증폭회로 또는 전력 증폭회로라라고 하고, 후자를 소신호 증폭회로라라고 부르고 있다.

1. 증폭의 원리[5)]

트랜지스터에서는 그림 1-26에 나타내는 바와 같이 I_B는 I_C보다 매우 작다.

I_C의 크기는 I_B에 비례하기 때문에 적은 베이스전류 I_B에 의해 큰 컬렉터전류 I_C를 제어할 수 있는 것이며 이것을 전류증폭작용이라고 한다.

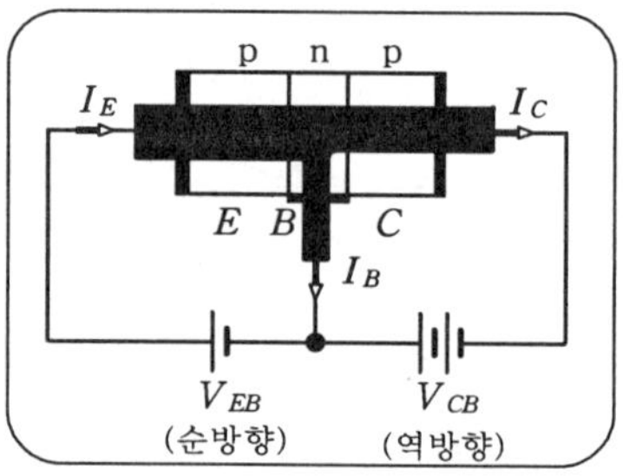

〈그림 1-26〉 트랜지스터의 전류 관계

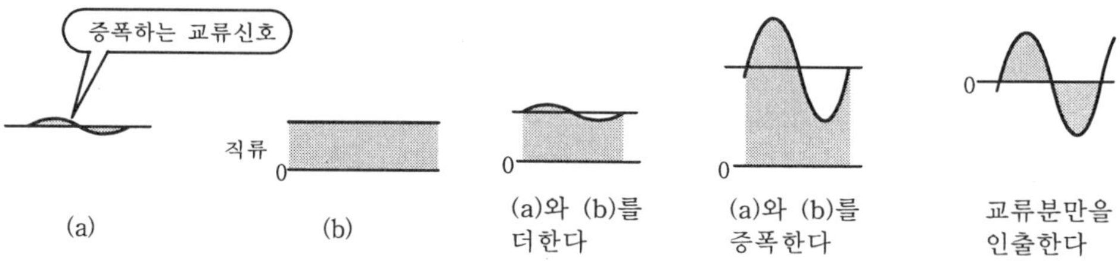

〈그림 1-27〉 트랜지스터에 의한 교류 증폭의 방법

그림 1-27에 나타내는 바와 같이 증폭하는 교류신호에 충분히 큰 직류를 가해 크기가 미소하게 변화하는 직류라고 생각한다. 이것을 트랜지스터로 직류 증폭하고 증폭된 직류분을 제거하고 변화분, 즉 교류분만을 인출한다. 증폭기에 입력된 교류신호와 증폭기에서 출력된 교류 출력신호에 주목하면 교류가 증폭된 것을 알 수 있다.

2. 직류 부하선[9)]

그림 1-28(a)와 같이 베이스-이미터 간에 바이어스전압 $V_{BE}=V_{BB}$[V]를 가하면 베이스전류, 컬렉터전류의 값은 그림 (b), (c)의 특성에서 점 Q_B, Q_C의 값이 된다. 이 베이스전류 I_B, 컬렉터전류 I_C를 동작점 Q_B, Q_C라고 한다.

다음에 그림 1-29(a)와 같이 입력 신호 전압 v_i를 가하면, v_i의 변화에 의해 I_B는 점 Q_B를 중심으로, I_C는 점 Q_C를 중심으로 각각 변화하고, 그림 (b), (c)와 같이 된다.

트랜지스터에 저항 R_C를 접속했을 때, 컬렉터전류 I_C와 컬렉터-이미터전압 V_{CE}의 관계를 나타낸 직선을 직류 부하선이라고 한다. 그림 1-30(a)에서 기본 증폭회로의 $V_{CE}-I_C$ 특성상(그림 1-30(b)) $I_C=0$이 될 때의 V_{CE}의 값($V_{CE}=V_{CC}$)을 A점, $V_{CE}=0$이 될 때의 I_C의 값($I_C=V_{CC}/R_C$)을 B점으로 하고, 그 양점을 연결하는 직선이 직류 부하선이다. 이 직선 AB의 기울기는 부하저항 R_C에 의해 결정되는 것이기 때문에 직류 부하선이라고 한다. 그림 1-30의 회로에서 공급전압 V_{CC}는 R_C를 통해 컬렉터 다이오드에 역방향 바이어스를 걸어준다. 이 저항 양단에 걸리는 전압은 $V_{CC}-V_{CE}$가 되므로 R_C를 통과하는 전류는

$$I_C=\frac{V_{CC}-V_{CE}}{R_C}$$

이 식이 직류 부하선의 방정식이다.

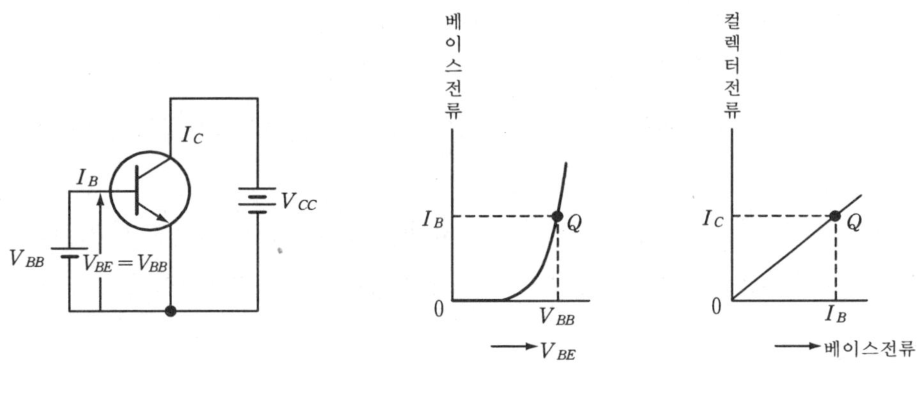

(a) 바이어스회로 (b) I_B-V_{BE} 특성 (c) I_C-I_B 특성

〈그림 1-28〉 바이어스와 동작점(무신호)

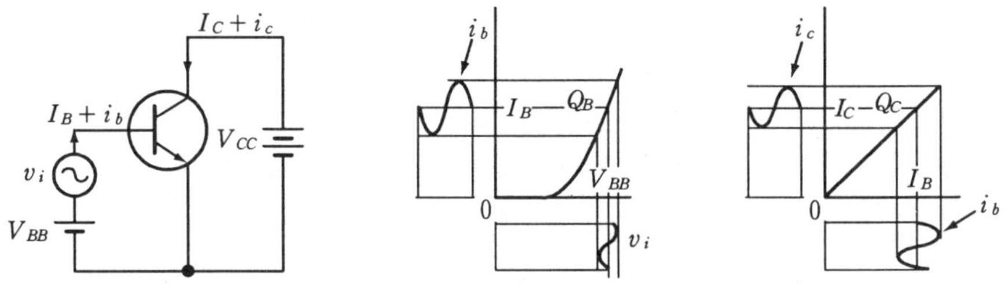

(a) 입력 v_i을 가한 회로 (b) $I_B - V_{BE}$ 특성 (c) $I_C - I_B$ 특성

〈그림 1-29〉 바이어스와 동작점(교류신호 입력시)

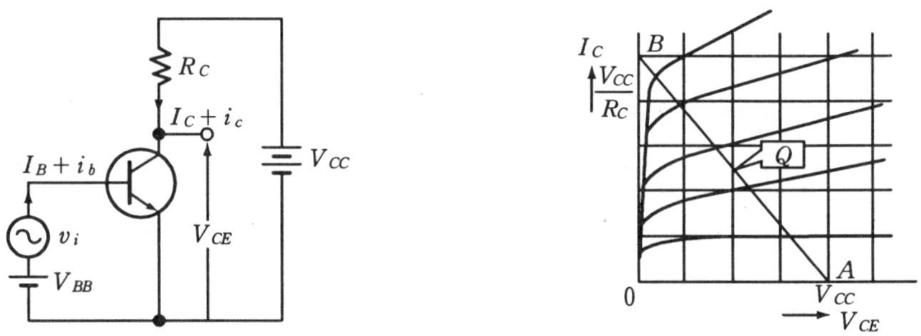

(a) 기본 증폭회로 (b) 직류 부하선

〈그림 1-30〉 직류 부하선을 그리는 법

또한, 직류 부하선으로부터 컬렉터전류 I_C를 알면 출력신호전압 v_0는 작도에 의해 구할 수 있고, 출력신호전류 i_c와 v_0의 위상이 역상으로 되어 있는 것을 알 수 있다. 또한, 부하선상의 점 Q는 동작점으로서 I_C 및 V_{CE}가 변화하는 중심이 되는 점이다.

동작점은 큰 진폭의 신호를 변형없이 증폭시키기 위해서 그림 1-31과 같이 직류 부하선의 거의 중앙에 오도록 정하면 좋다. 만약, 동작점을 Q'와 같이 중앙에서 벗어난 위치에 정하면 변형이 생긴다.

dc 부하선은 이상적으로 50㎃의 I_C축과 교차함을 알 수 있다. 이것은 I_C가 $V_{CE}=0$ 및 $I_C = V_{CC}/R_C$인 점에서 최대(이상적으로 50㎃)이므로 트랜지스터의 포화점(saturation point)이다.[8)]

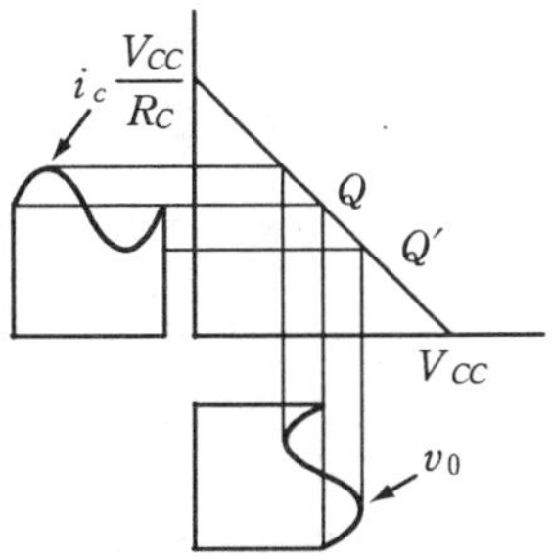

〈그림 1-31〉 직류 부하선과 동작점

1-8 공통 이미터증폭기

그림 1-32(a)는 이미터 접지증폭기를 나타낸다. 이미터가 접지점에 바이패스되었기 때문에 이 증폭기를 이미터가 접지된 증폭기(grounded-emitter amplifier) 또는 공통 이미터증폭기라고도 부른다. 이것은 이미터가 교류 접지점에 놓여 있다는 것을 의미한다. 작은 정현파가 베이스로 입력되면 이것이 베이스전류를 변동시킨다. β 때문에 컬렉터전류는 베이스전류의 주파수와 동일한 증폭된 정현파형이 된다. 이 정현파의 컬렉터전류는 컬렉터저항을 통해 흐르면서 증폭된 출력전압을 만들어낸다.

1. 위상반전

컬렉터전류의 교류파동 때문에, 그림 1-32(a)의 출력전압은 정지전압 위아래로 정현적으로 변화한다. 입력전압의 (+)주기 동안에는 베이스 전류가 증가하여 결국 컬렉터전류의 증가를 가져와 컬렉터저항에서의 전압강하가 커져서 컬렉터전압은 감소하기 시작해서 (−)주기의 출력전압을 만들어낸다. 반대로 입력전압의 (−)주기에서는 컬렉터전류가 적게 흘러 컬렉터저항에서의 전압강하가 작아져서 컬렉터와 접지 사이의 전압은 상승하므로 (+)주기의 출력전압을 만들어낸다.

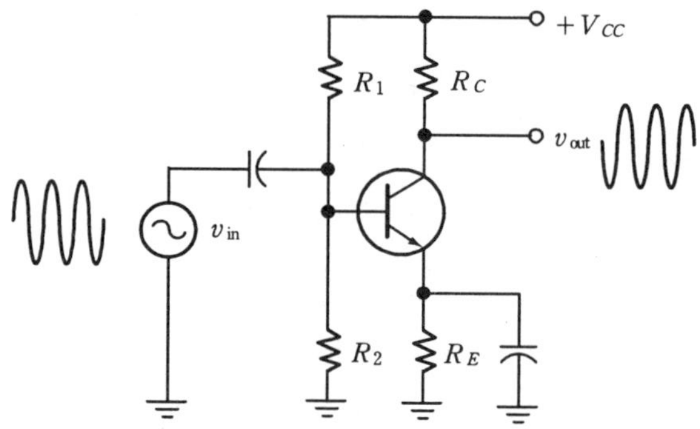

(a) 이미터가 접지된 증폭기

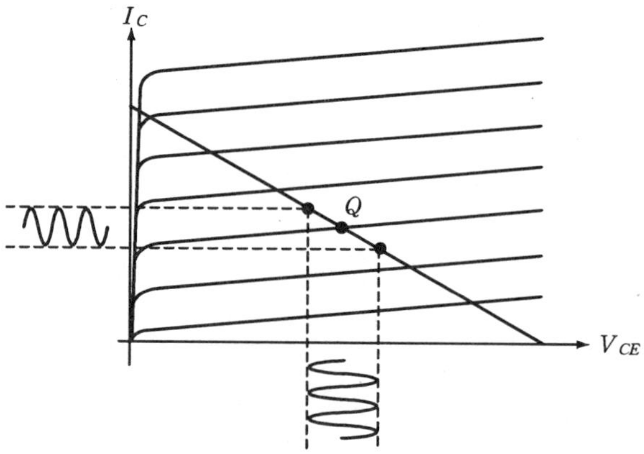

(b) 교류 부하선

〈그림 1-32〉

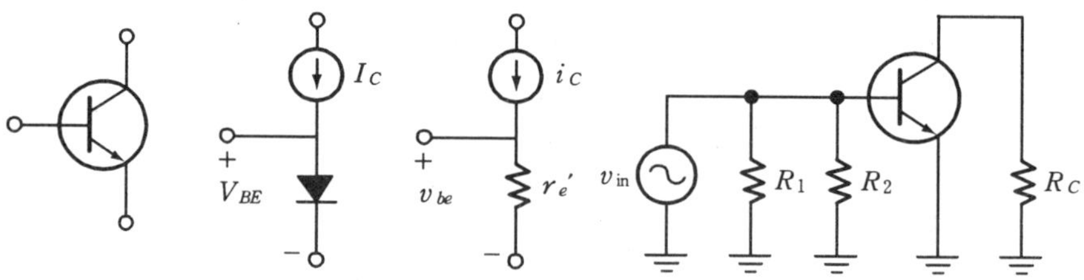

(a) 트랜지스터 (b) 에버스몰 직류모델 (c) 에바스몰 교류모델 (d) 이미터가 접지된 증폭기의 교류 등가회로

〈그림 1-33〉 이미터가 접지된 증폭기의 교류 등가회로

그림 1-33은 트랜지스터의 등가 모델 및 교류 등가회로이다. 컬렉터 저항 R_C는 공급전압이 교류 등가회로에서 단락되기 때문에 접지되었다.

$$i_e = \frac{v_{\text{in}}}{r_e'}, \qquad i_C \cong i_e$$

가 된다. 이 컬렉터전류는 컬렉터저항을 통과하면서 출력전압,

$$v_{\text{out}} \cong -i_e R_C$$

를 나타낸다. 여기서 −부호는 위상의 반전을 나타내기 위해 사용되었다. $i_e = \frac{v_{\text{in}}}{r_e'}$ 이므로

$$v_{\text{out}} \cong \frac{-v_{\text{in}} R_C}{r_e'}$$

위 식을 보면, 전압이득(A)이라는 것은 컬렉터저항 R_C와 교류 이미터저항 r_e'의 비(比)가 된다. 이 관계식을 이용해서 이미터가 접지된 증폭기의 전압이득의 근사값을 신속히 계산할 수 있다.

예제 1-3

오실로스코프가 교류 및 직류 성분을 갖고 있는 신호를 보여주고 있다. 그림 1-34는 이미터가 접지된 증폭기에 베이스, 이미터, 컬렉터에서의 전압을 나타내고 있다. 이들 전압이 무엇을 말해 주는 것인가를 설명하여라.

풀 이

우선, 작은 정현파 전압인 교류 입력신호가 입력측의 결합 커패시터를 통과하여 베이스에 나타난다. 베이스전압의 정지 레벨은 전압분배기의 직류전압 출력이기 때문에 1.8V가 된다. 즉,

$$V_B = \frac{2.2\text{k}\Omega}{10\text{k}\Omega + 2.2\text{k}\Omega} 10\,\text{V} = 1.8\,\text{V}$$

그래서 베이스에 입력되는 총전압은 직류 1.8V와 작은 교류신호 전압의 합이다. 이미터전압은 $V_E = 1.8 - 0.7 = 1.1$ V이다. 그리고 이미터는 측로 커패시터를 통해 바이패스되어 있기 때문에 이미터에는 어떤 교류신호도 나타나지 않는다. 달리 표현하면, 안정한 측로 커패시터는 교류신호를 접지점에 단락시킨다는 것을 말한다. 이미터의 직류전류

$$I_E = \frac{1.1\,\text{V}}{1\text{k}\Omega} = 1.1\ \text{mA}$$

그러므로 이미터의 직류전류로 증폭되고 반전된 교류전압은 컬렉터에 나타나는데 그 값은 다음 계산에 의해 6.04V의 정지레벨을 갖는다.

$$V_C = 10\,\text{V} - (1.1\,\text{mA})(3.6\,\text{k}\Omega) = 6.04\,\text{V}$$

예제 1-4

그림 1-34에서 교류 입력신호의 피크값은 1㎃이다. 교류 출력전압은 얼마인가?

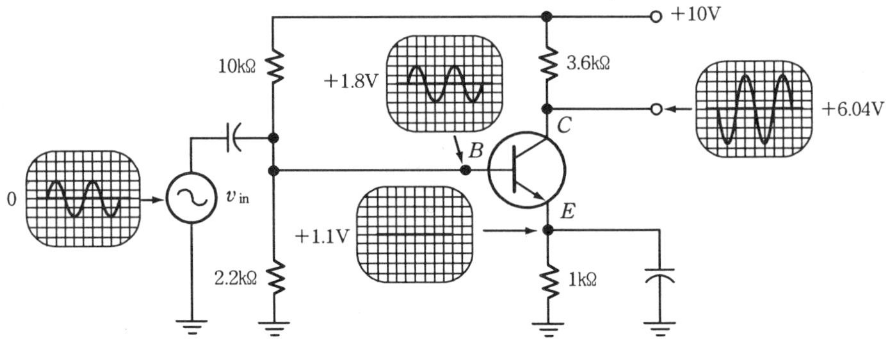

〈그림 1-34〉 오실로스코프에 나타난 직류 성분과 교류 성분

풀 이

앞의 예제에서 직류 이미터전류가 1.1㎃라는 것을 계산해 냈다. 그러므로 교류 이미터저항

$$r_e{}' = \frac{25\text{mV}}{1.1\text{mA}} = 22.7\,\Omega$$

이므로 전압이득 A는 다음과 같다.

$$A = -\frac{3.6\text{k}\Omega}{22.7\,\Omega} = -159$$

이것은 교류 출력전압이

$$v_{\text{out}} = A v_{\text{in}} = -159(1\text{mV}) = -159\text{ mV}$$

라는 것을 의미한다.

여기서 −부호는 앞에서 언급했듯이 입력신호와 출력신호의 위상이 반전됨을 의미한다.

Chapter 2

기본 ON/OFF 제어 소자

제2장에서는 다양한 형태의 기계적 스위치, 릴레이 스위치, 트랜지스터 스위치에 대해서 살펴보고자 한다. 특히 간단한 형태의 온-오프 스위치를 비롯하여 릴레이 및 솔레노이드를 포함한 기본 ON/OFF 제어 소자를 다루고, 이어서 트랜지스터와 JFET, 그리고 MOSFET 소자를 이용한 관련회로에 대해서 학습하도록 한다.

2-1 기계적 스위치

기계적 스위치는 일반 전자회로에서는 별로 다루지 않고 있지만 산업전자 분야에서는 다루어야 할 필요성을 느끼는 제어 장치이다.

비록 반도체를 이용한 전자식 스위치가 일반적으로 많이 쓰인다고 할지라도 기계적인 구조를 갖는 기계적 스위치는 전기 제어 시스템의 액츄에이터(actuator)로서의 기능을 수행하기 때문에 산업전자 분야에 다방면으로 사용되고 있다. 수동조작에 의한 가장 일반적인 형태의 기계적 스위치는 그림 2-1에서 보는 바와 같이 토글(toggle) 스위치, 록(lock) 스위

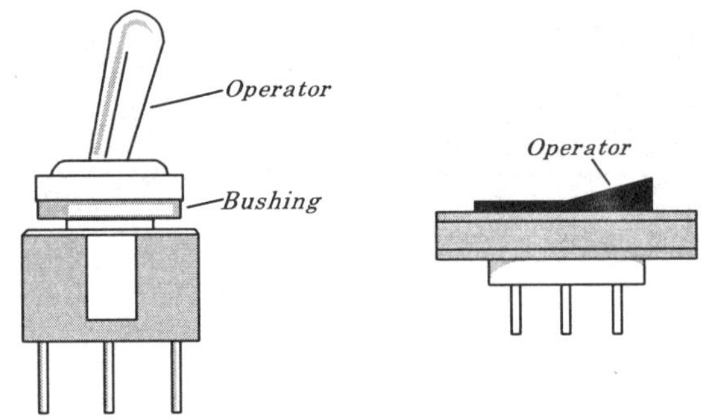

(a) 토글스위치 (b) 록스위치

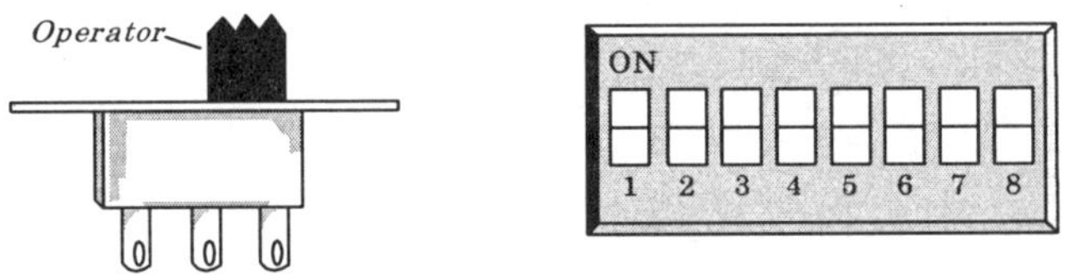

(a) 슬라이드 스위치 (b) 딥스위치(8회로)

〈그림 2-1〉 수동조작에 의한 각종 스위치

치, 슬라이드(slide) 스위치, 그리고 슬라이드 스위치를 패키지화한 딥(DIP : dual in-line package) 스위치가 있다.[1)]

기계적 스위치의 가장 간단한 형태는 그림 2-2에서 보는 바와 같이 SPST(single-pole, single-throw) 형태이다. SPST 형태는 부하에 직렬로 연결되어 전원으로부터 전류를 온, 오프 하는데 주로 이용된다.

(a) OFF (b) ON

〈그림 2-2〉 SPST의 기호

두 번째는 SPDT(single-pole, dual-throw)의 타입으로서 그 기호를 그림 2-3에 나타낸다. 이 SPDT는 공통(common)단자를 비롯하여 NO(normal-open) 및 NC(normal-closed)

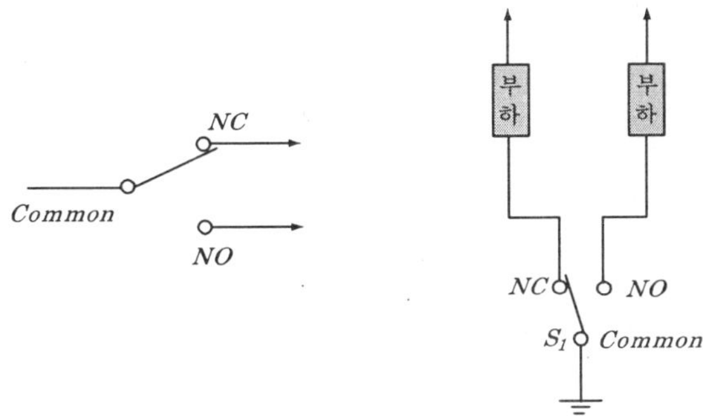

(a) 기 호　　　　(b) 두 개의 부하를 제어하는 SPDT 스위치

〈그림 2-3〉 SPDT의 기호 및 응용

단자를 갖고 있으며, 그림 2-3(b)처럼 투입과 차단을 동시에 할 수 있는 특징을 갖는다.

또 다른 center-off 형태의 SPDT의 기호와 램프의 빛의 밝기를 조절할 수 있는 응용 예를 그림 2-4에 나타낸다.

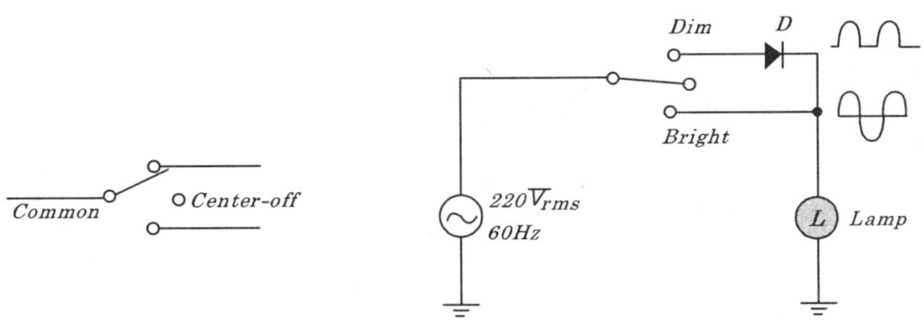

(a) 기 호　　　　(b) center-off 형태의 SPDT 응용 예

〈그림 2-4〉 center-off 형태의 SPDT의 기호 및 응용

다음에 DPST(dual-pole, single-throw) 타입의 기호와 부하의 제어와 동시에 표시기능까지 할 수 있는 그 응용 예를 그림 2-5(a), (b)에 나타낸다.

마지막으로 DPDT(dual-pole, dual-throw)의 기호를 그림 2-5(c)에 나타낸다. 이 DPDT는 SPDT의 쌍(pair)으로 구성된 스위치 타입으로서 6개의 단자를 갖는다.

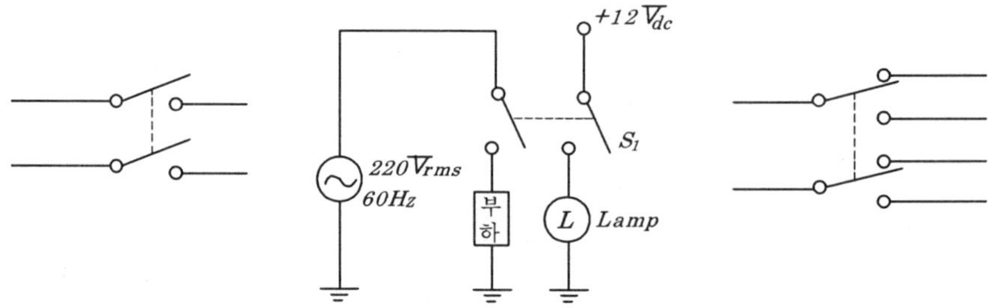

(a) 기 호　　(b) DPST의 응용 예　　(C)

〈그림 2-5〉 DPST 기호(a), 응용 예(b), DPDT의 기호(c)

또 다른 기계적 스위치로서 푸시버튼 스위치가 있다. 이 푸시버튼 스위치(push-button switch)는 수동 조작에 의한 또 다른 형태의 기계적 스위치로서 적어도 한 개의 구동접점을 갖는 구조로 되어 있다. 그림 2-6은 푸시버튼 스위치의 기호를 나타낸다.

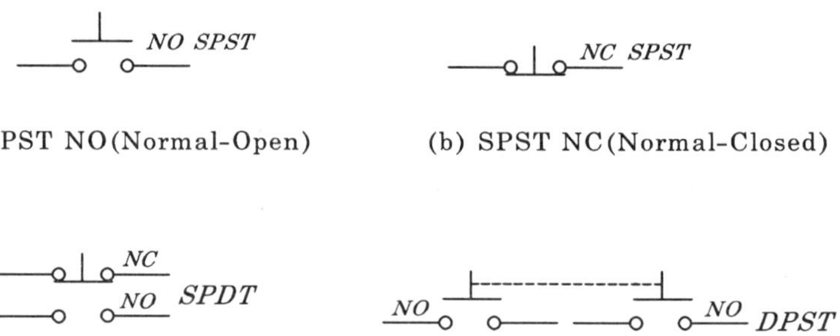

(a) SPST NO(Normal-Open)　　(b) SPST NC(Normal-Closed)

(C) SPDT (NO/NC)　　(d) DPST(NO)

〈그림 2-6〉 푸시버튼 스위치의 기호

산업전자 분야에 이용되는 또 다른 형태의 기계적 스위치로서 위치 검출(position-sensing) 스위치로 불리는 마이크로 스위치(micro-switch)가 있다. 마이크로 스위치는 SPDT 형태의 스위치로서 일명 리밋 스위치(limit switch)로도 불리며 그림 2-7에 그 외관과 기호를 나타낸다.

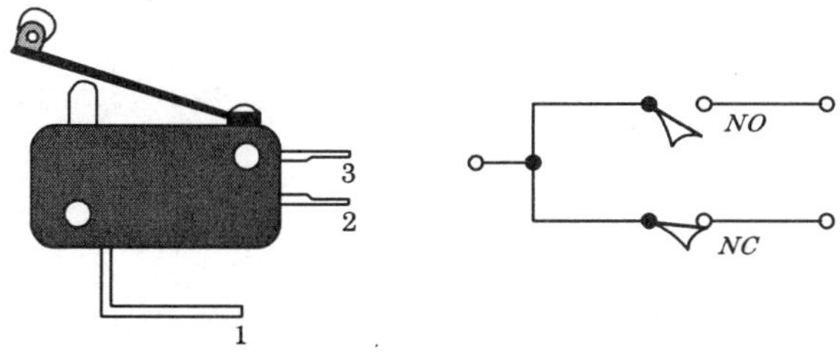

(a) 마이크로 스위치 (b) 기 호

〈그림 2-7〉 마이크로 스위치의 외관 및 기호

2-2 릴레이 스위치

릴레이 그리고 솔레노이드와 같은 자기장(electro-magnetic field)을 이용한 구동방식의 스위치를 일명 릴레이 또는 마그네트 스위치라고도 부르는데, 릴레이의 가장 큰 장점은 고전압, 대전력의 AC 부하의 제어를 저전압의 DC 및 AC 회로로 제어할 수 있다는 데 있다.

릴레이(relay)는 접점(contacts)을 서로 붙게 하거나 떨어지게 하여, 회로를 메이크(make, close)하거나 브레이크(break, open)하는 전기기계적 장치이다. 그림 2-8에 릴레이의 기본 구조 및 기호를 나타낸다.[4] 릴레이는 전자(electromagnetic) 코일을 가지고 있고 여기에 전원을 인가한다. 전원이 가해지면 전자석이 되며 접점을 제어한다. 이 접점들은 전자석이 형성되지 않았을 때 그 접점의 상태에 따라 NO(normally open) 또는 NC(normally closed)로 불린다.

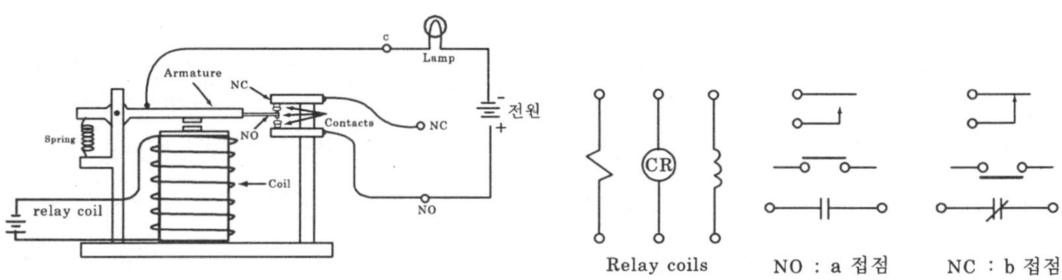

(a) 릴레이의 구조 (b) 코일 및 접점기호

〈그림 2-8〉 릴레이의 구조 및 기호

또한 여기에는 공통(common)접점이 있다. 릴레이에 전원이 인가되어 활성화되면 공통(COM)접점이 자기력에 의하여 NO 접점에 흡인되며, 전원이 차단되면 스프링의 복원력에 의하여 COM 접점은 NC 접점에 붙는다. 릴레이의 접점 형태에 따라 그림 2-9와 같이 구분한다.[4)]

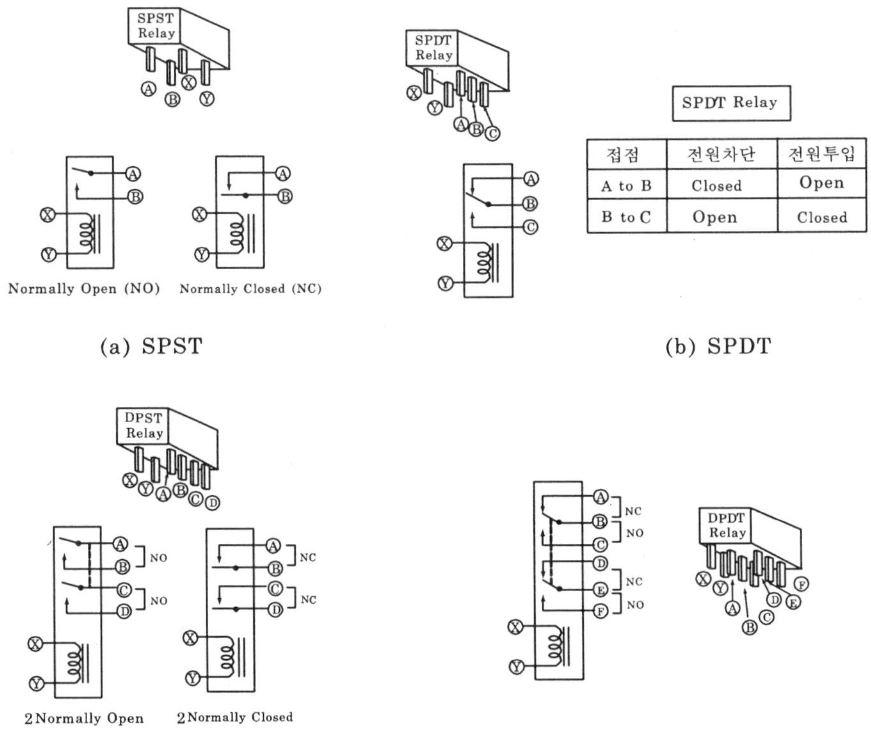

SPDT Relay

접점	전원차단	전원투입
A to B	Closed	Open
B to C	Open	Closed

(a) SPST (b) SPDT

(c)DPST (d) DPDT

〈그림 2-9〉 릴레이의 접점 형태에 따른 분류

솔레노이드(solenoid)는 권선을 다수 감은 코일에 의해서 전기자기력(electromagnetic power)이 발생하여 구동자(moving element)가 움직이는 형태로 구성되어 있다.

솔레노이드는 산업전자 분야에서 유압이나 공압 밸브를 열고 닫거나, 또는 기어(gear)의 위치를 변화시키는데 주로 이용된다. 그림 2-10은 솔레노이드의 구조 및 기호를 나타낸다.

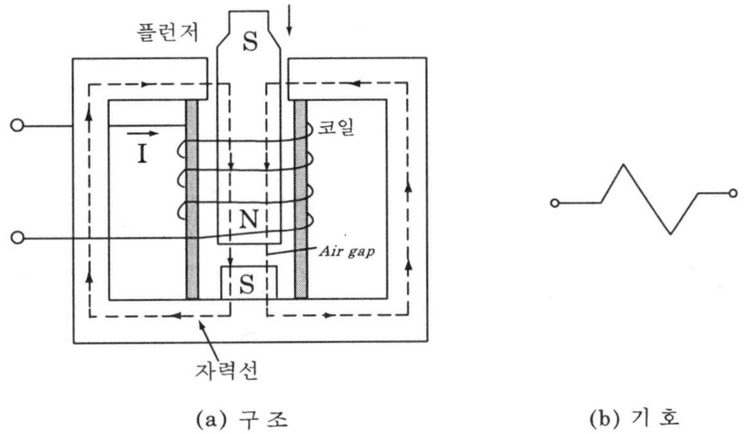

〈그림 2-10〉 솔레노이드의 구조 및 기호

2-3 릴레이 로직

기본 디지털 논리 함수에는 AND, OR, NAND, NOR 등이 있는데 이 논리 함수를 릴레이에 적용하여 릴레이 로직을 구현할 수 있다.

로직 "1"은 릴레이 코일에 전압이 인가된 상태를 의미하며, 로직 "0"은 릴레이 코일에 전압이 차단된 상태를 의미한다. 이 릴레이 로직도 디지털 논리 게이트와 마찬가지로 진리표(truth table)를 갖는다.

1. AND 회로

AND 회로는 그림 2-11의 진리표에서 보는 바와 같이, 입력 A_1, A_2가 모두 논리 "1" 일 때에만 출력 Z가 "1"로 되는 회로이며, 그밖의 입력조합의 경우에는, 출력 Z는 모두 논리 "0"으로 된다. 그림 2-11은 AND 논리와 관련된 것으로서 2개의 a접점 A_1, A_2가 직렬로 접속된 형태이며, A_1, A_2의 접점이 논리 "1" 즉 ON 상태일 때에만 릴레이 X가 동작하고, X의 a접점이 닫혀서, 출력 Z를 얻을(논리 "1") 수 있다.

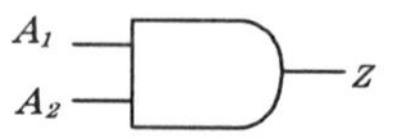

$$Z = A_1 A_2$$

(a) 논리기호

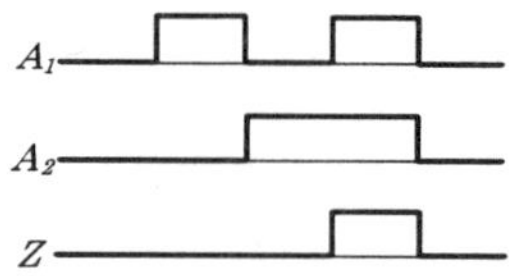

(b) 타임차트

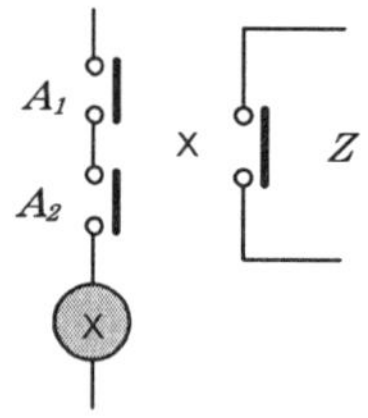

(c) 릴레이 로직

A_1	A_2	Z
0	0	0
1	0	0
0	1	0
1	1	1

(d) 진리표

〈그림 2-11〉 AND 논리

2. OR 회로

OR 회로는, 그림 2-12의 논리식에서 표시한 바와 같이, 출력 Z가 입력 A_1, A_2의 합의 형태로 표현한다.

즉, 그림 2-12의 진리표와 같이, 입력 A_1, A_2의 어느 한편이 논리값으로 "1"일 때이거나, 혹은 A_1, A_2의 양쪽 모두 "1"일 때에, 출력 Z가 논리 "1"이 되는 것이며, A_1, A_2의 양편이 논리 "0"일 때에만, 출력 Z가 "0"이 되는 회로를 OR 회로라고 한다.

그림 2-12와 같이 병렬로 접속한 A_1, A_2의 2개의 a접점 입력으로 릴레이 X를 여자하거나, 릴레이 X의 a접점으로 출력 Z를 개폐한다.

A_1, A_2의 어느 한편이 ON, 즉 논리 "1"의 상태일 때이거나, A_1, A_2 모두 ON일 때에는 릴레이 X가 동작하고, 그 a접점에 의하여 출력 Z가 얻어진다(논리 "1").

A_1, A_2가 모두 OFF(논리 "0")일 때에만, 릴레이 X는 복귀하고, 그 접점은 OFF로 되며, 출력 Z는 복귀(논리 "0")한다.

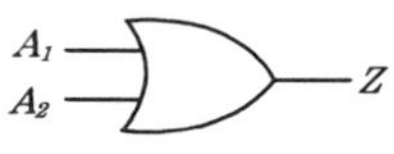

$Z = A_1 + A_2$

(a) 논리기호

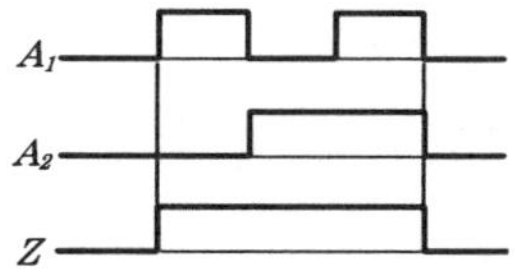

(b) 타임차트

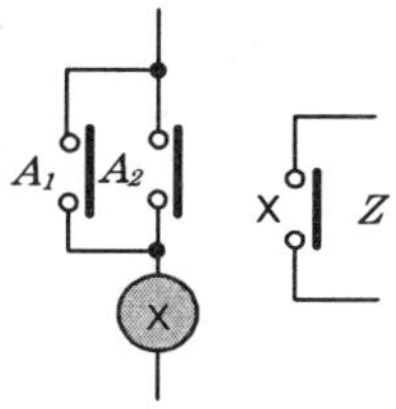

(c) 릴레이 로직

A_1	A_2	Z
0	0	0
1	0	1
0	1	1
1	1	1

(d) 진리표

〈그림 2-12〉 OR 논리

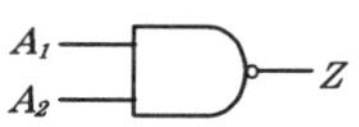

$Z = \overline{A}_1 \cdot \overline{A}_2$

(a) 논리기호

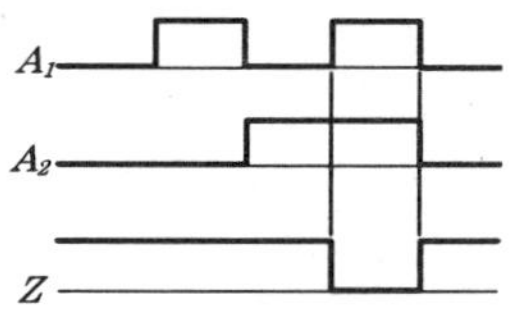

(b) 타임차트

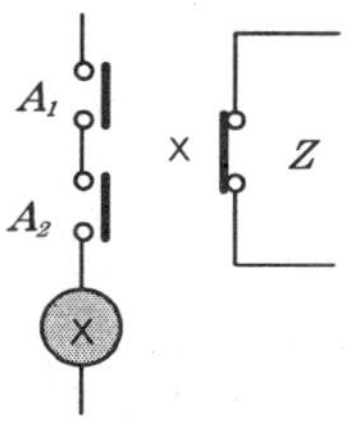

(c) 릴레이 로직

A_1	A_2	Z
0	0	1
1	0	1
0	1	1
1	1	0

(d) 진리표

〈그림 2-13〉 NAND 논리

3. NAND 회로

그림 2-13의 진리표에 나타낸 바와 같이, 입력 A_1, A_2가 모두 논리 "1"일 때에만, 출력 Z가 소멸되는(논리 "0") 것이며, 기타의 입력 A_1, A_2의 조합에서는 어떠한 경우이거나 출

력 Z가 얻어진다(논리 “1”).

이것은 마치 AND 회로의 출력 Z의 논리 “0”, “1”을 반대로 한 형태의 논리 회로라고 할 수 있다.

AND 회로의 출력을 반전시킨 형태이며, 그림 2-13과 같이 2개의 a접점 A_1, A_2의 직렬로 릴레이 X를 동작시키고, 그 b접점으로 출력 Z를 개폐하도록 한다.

즉, AND 회로의 출력을 반전시킨 논리회로이므로, a접점의 릴레이 X를 NAND 회로에서는 b접점으로 해서, 출력 Z를 개폐시키도록 한다.

4. NOR 회로

그림 2-14의 진리표에서와 같이, OR 회로의 출력 Z를 반전시킨 논리이며, 입력 A_1, A_2가 모두 논리 “0”인 경우에만, 출력이 논리 “0”이 된다.

OR 회로와 마찬가지로, 2개의 a접점 A_1, A_2의 병렬에 의해서 릴레이 X를 동작시킨다. 다만, OR 회로의 경우에는 릴레이 X의 a접점으로 부하 Z를 개폐하였으나, NOR 회로에서

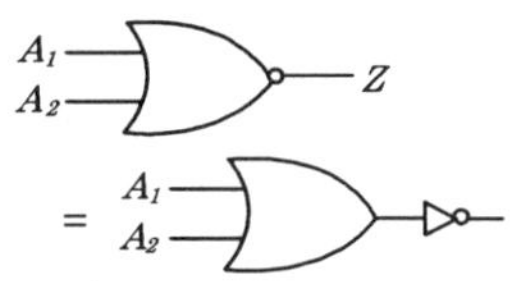

$Z = \overline{A_1 + A_2}$

(a) 논리기호

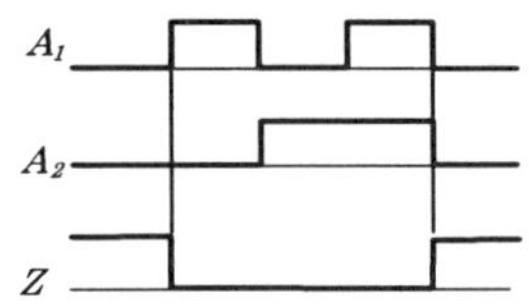

(b) 타임차트

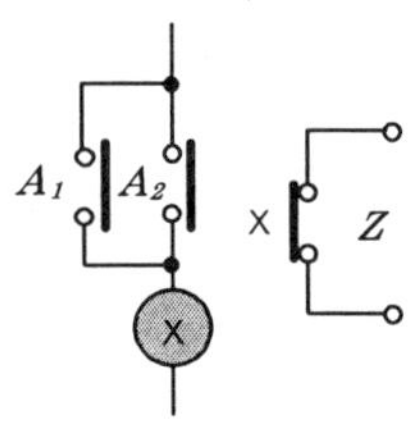

(c) 릴레이 로직

A_1	A_2	Z
0	0	1
1	0	0
0	1	0
1	1	0

(d) 진리표

〈그림 2-14〉 NOR 논리

는 이것을 b접점으로 실시하여, OR 논리를 반전시킨다.

즉, 입력 A_1, A_2의 어느 한편 또는 모두 ON(논리 "1")되었을 때에 릴레이 X가 동작하고, 그 b접점은 OFF가 되며, 부하 Z는 복귀(논리 "0")된다. 그리고, A_1, A_2 모두 OFF(논리 "0")일 때에만 릴레이 X가 복귀되고, 그 b접점은 ON이 되며, 부하 Z는 동작(논리 "1")된다.

2-4 트랜지스터 스위치

트랜지스터는 전류원 소자, 즉 증폭기용으로 사용하는 것 외에 ON, OFF 기능을 하는 스위칭 소자로 이용할 수 있다. 기계적 스위치나 릴레이 스위치와 같이 동작 특성이 약간 다르지만 기계적인 접점 스위치보다 많은 이점을 갖고 있다. 그림 1-15는 트랜지스터 스위치에 대한 등가회로를 나타낸다.

그림 2-15(c)는 트랜지스터 스위치의 회로로서 버퍼 증폭기(buffer amplifier)라고도 불린다.

베이스에 가해지는 입력전압 V_{in}에 따라 트랜지스터가 포화(ON)되거나 차단(OFF)된다. 예를 들어서 V_{in}이 low이면 베이스에 흐르는 전류가 없으므로 트랜지스터가 차단되어 컬렉터의 부하저항에 전류가 흐르지 않는다. 반대로 V_{in}이 high이면 베이스에 전류가 흔히 트랜지스터가 포화되어 컬렉터의 부하저항에 전류가 흐른다.

컬렉터에 있는 부하저항에 전류를 흘리기 위해서는 트랜지스터가 포화가 되도록 입력전압 V_{in}을 충분히 높여야 한다. 포화되었을 때 컬렉터 전류 $I_{C(sat)}$는

$$I_{C(sat)} = \frac{V_{CC} - V_{CE(sat)}}{R_{load}} \qquad (2\text{-}1)$$

베이스 전류 $I_{B(sat)}$는

$$I_{B(sat)} = \frac{I_{C(sat)}}{\beta} = \frac{V_{CC} - V_{CE(sat)}}{\beta R_{load}}$$

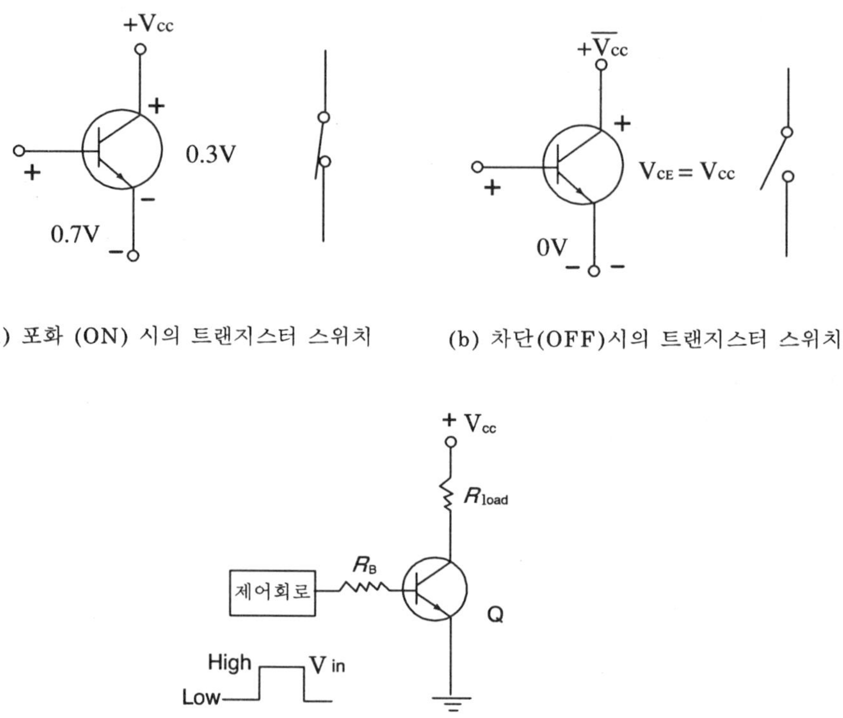

(a) 포화 (ON) 시의 트랜지스터 스위치 (b) 차단(OFF)시의 트랜지스터 스위치

(c) 트랜지스터 스위치

〈그림 2-15〉 트랜지스터 스위치의 회로

여기서 β는 직류 전류이득이며, $V_{CE(sat)}$은 트랜지스터가 포화(ON)되었을 때 컬렉터-이미터간의 전압으로서 일반적으로 0.1~0.3V의 전압이 걸린다. 트랜지스터가 포화(ON)되기 위해서는 V_{in}은 베이스에 충분한 전류가 흐를 수 있도록 높은 전압이 요구된다. 따라서 V_{in}은

$$V_{in} = I_{B(sat)} R_B + 0.7V$$

$$= \frac{(V_{CC} - V_{CE(sat)})R_B}{\beta R_{load}} + 0.7V \qquad (2\text{-}2)$$

여기서 0.7V는 베이스와 이미터간의 오프셋(offset)전압이다. 베이스에 인가되는 입력전압 V_{in}이 식 (2-2)보다 크거나 같다면 트랜지스터는 스위치와 같은 동작을 수행한다.

예제 2-1

그림에서 트랜지스터를 포화시키기 위한 입력전압과 그때의 부하전류를 구하여라.

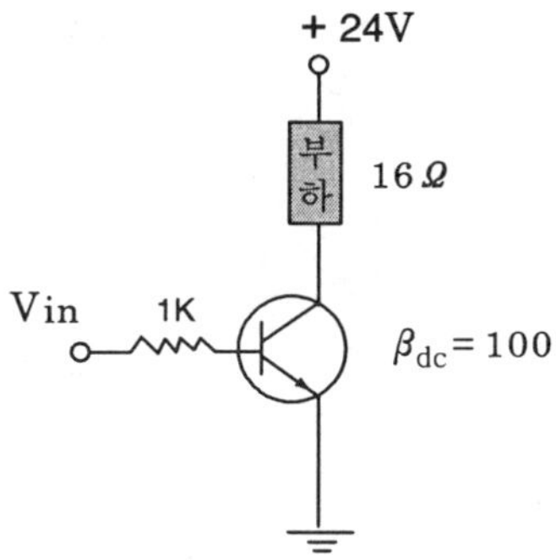

〈그림〉 트랜지스터 스위치 회로

풀 이

식 (2-1)로부터

$$I_{C(sat)} = \frac{V_{CC} - V_{CE(sat)}}{R_{load}} = \frac{24-0.3}{16\Omega} \fallingdotseq 1.5\,\text{A}$$

따라서 $I_{B(sat)}$은

$$I_{B(sat)} = \frac{V_{CC} - V_{CE(sat)}}{\beta R_{load}} = \frac{24-0.3}{100(16\Omega)} \fallingdotseq 15\,\text{mA}$$

$$\begin{aligned} V_{in} &= I_{B(sat)} R_B + 0.7\text{V} \\ &= (15\,\text{mA})(1K) + 0.7\text{V} \\ &= 15.7\text{V} \end{aligned}$$

즉 15.7V의 입력전압을 베이스에 인가할 때. 트랜지스터는 ON되고, 그때 부하에 흐르는 전류는 1.5 A 정도가 흐른다.

또 다른 예를 들어보자. 그림 2-16과 같은 회로에서 TTL NAND 게이트의 출력 전류가 100㎂이고, NAND 게이트 출력단의 논리 "1"은 4.3V, "0"은 0.2V로 가정한다. 트랜지스터를 포화시키기 위한 베이스 저항 R_B와 이때의 부하저항 R_{load}를 각각 구해 보기로 한다.

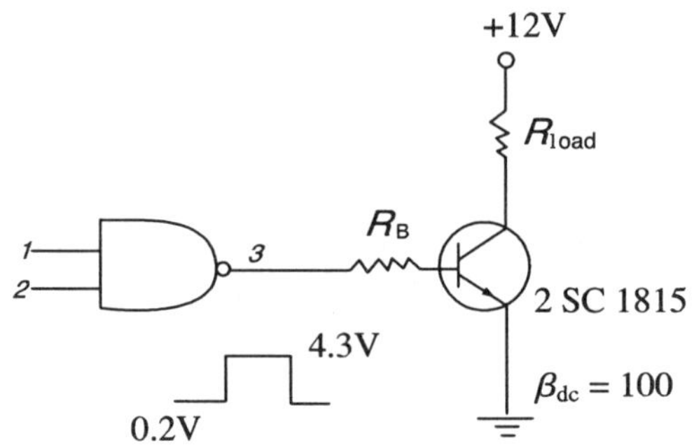

〈그림 2-16〉 트랜지스터 스위치의 저항값

베이스 저항 R_B 양단의 전압은

$$V_{RB} = V_{in} - V_{BE} \text{이므로}$$

$$= 4.3\text{V} - 0.7\text{V} = 3.6\text{V}$$

$$R_B = \frac{V_{RB}}{I_B} = \frac{3.6\text{V}}{100\mu\text{A}} = 36\text{k}\Omega$$

컬렉터에 흐르는 부하전류 I_L은

$$I_L = (\beta_{dc})(I_B) = 100 \times 100\mu\text{A} = 10\text{mA}$$

따라서 최소한의 부하저항 값은

$$R_{load} = \frac{V_{CC} - V_{CE(sat)}}{I_L} = \frac{12\text{V} - 0.3\text{V}}{10\text{mA}} = 1.17\text{k}\Omega$$

이 된다.

산업전자 분야에 디지털 논리회로를 이용하여 시스템을 제어할 경우 시스템의 입력단과 출력단은 고전압, 대전력이 사용되고, 논리회로에서는 저전압이 주로 사용된다. 이와 같이

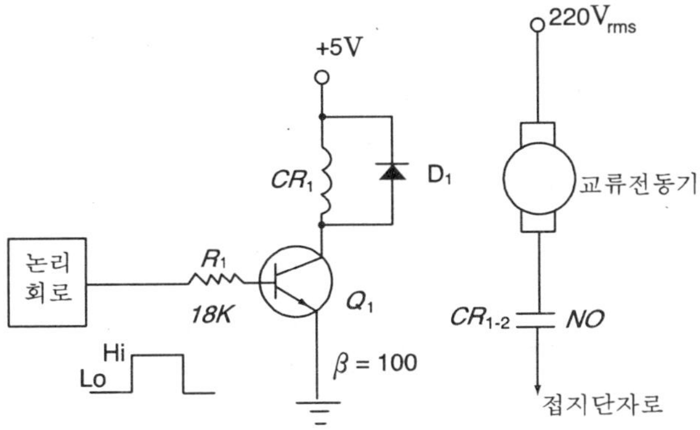

〈그림 2-17〉 논리회로와 출력단의 인터페이스용으로서의 트랜지스터 스위치

입력단-논리회로-출력단으로 이어지는 각 단계에서 전압차가 발생하므로 이 전압차를 맞추어 주는 회로가 요구된다. 이와 같은 회로는 트랜지스터 스위치를 사용할 수 있다.

그림 2-17은 릴레이 코일과 트랜지스터를 사용하여 논리회로와 출력회로를 인터페이스시켜 주는 회로이다. 논리회로로부터 디지털 신호가 트랜지스터의 베이스에 인가될 때 트랜지스터는 ON된다. 트랜지스터가 ON되면 릴레이코일 CR_1이 여기되어, 릴레이 접점 $CR_{1\text{-}2}$가 접속되고 출력단에 교류 220V가 공급된다.

D_1은 킥-백다이오드로서 릴레이코일의 역기전력에 따른 과도전압으로 인하여 트랜지스터를 보호하기 위한 다이오드이다. 트랜지스터 스위치를 기계적 스위치와 비교할 때 가장 큰 결점으로서는 트랜지스터가 포화(ON)되었을 때 나타나는 컬렉터-이미터 간의 포화전압 $V_{CE(sat)}$이다. 이 $V_{CE(sat)}$으로 인하여 트랜지스터 스위치를 기계적 스위치와 같이 직렬로 연결할 수 없게 된다. 그림 2-18(a)와 같이 릴레이 접점을 AND결합시키는 방식은 자주 사용되고 있다. 반면에 트랜지스터 스위치를 그림 2-18(b)와 같이 직렬로 연결할 경우 각 트랜지스터의 $V_{CE(sat)}$ 전압이 각각 더해져 전체적으로는 전압이 커지기 때문에 직렬로 연결할 수 없다.[2)]

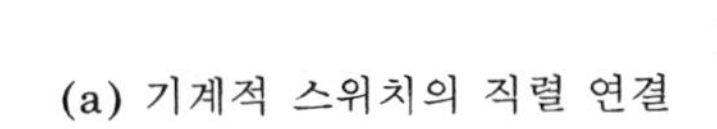

(a) 기계적 스위치의 직렬 연결

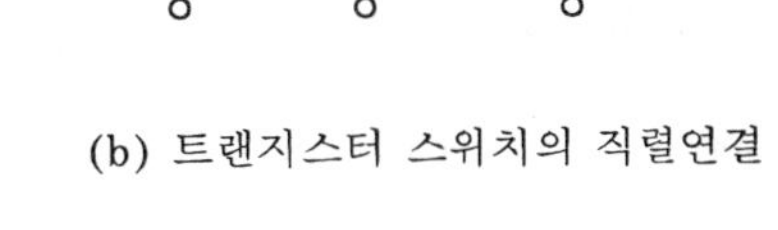

(b) 트랜지스터 스위치의 직렬연결

〈그림 2-18〉 기계적 스위치와 트랜지스터 스위치의 직렬 연결

이러한 단점을 피하기 위해서는 트랜지스터를 그림 2-19와 같이 병렬로 연결하여 사용하면 완전하게 스위치 기능을 할 수 있다.

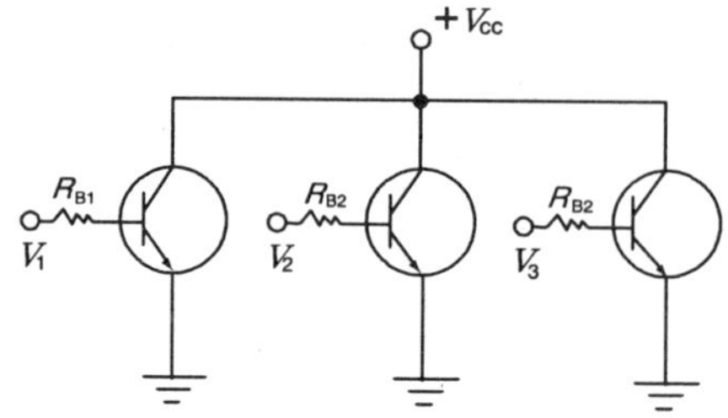

〈그림 2-19〉 트랜지스터의 병렬 연결

트랜지스터 스위치의 장점은 다음과 같다.

① 기계적 스위치와 같은 기계적인 운동부분이 없어 반영구적으로 사용 가능하다.

② 트랜지스터 스위치는 먼지나 오물이 많은 환경이 좋지 못한 곳에서도 사용할 수 있다.

③ 기계적 스위치에 비해 동작 속도가 매우 빠르다(기계적 스위치 : 10^{-3}sec, 트랜지스터 스위치 : 10^{-6}~10^{-9}sec)

④ 기계적 스위치가 바운스(bounce) 현상이 있는 반면, 트랜지스터 스위치는 바운스 현상이 없다.

⑤ 기계적 스위치는 유도성 부하에 전원을 공급할 때 역기전력에 의한 아크가 발생한 반면 트랜지스터 스위치는 역기전력 현상을 일으키지 않는다.

1. 가속 커패시터

트랜지스터 스위치의 스위칭 동작을 가속시키기 위해서는 그림 2-20과 같이 베이스 저항 R_B 에 병렬로 커패시터를 삽입한다.[2)]

입력전압 V_{in} 이 Lo에서 Hi로 될 때, 즉 베이스 전류를 공급하기 시작할 때 커패시터는 충전이 안된 상태로 있기 때문에 커패시터는 단락회로로 작용한다. 따라서 베이스에 공급되는 전류는 커패시터를 통하여 신속하게 공급되어 트랜지스터를 급속하게 ON시킨다. 트랜지스터가 ON되고 난 후, 커패시터의 충전이 완료되면 회로는 개방이 되어 트랜지스터의 동작에 어떤 영향은 주지 않는다. 반대로 입력 전압 V_{in} 이 Hi에서 Lo로 되면 트랜지스터는 OFF로 변환하는데 이때 커패시터에 충전된 전하는 그림 2-20에서와 같이 베이스-이미터를 역방향으로 하는 경우가 있어 트랜지스터를 보다 신속하게 OFF시킨다. 가속 커패시터의 용량은 100 pF ~ 0.001 μF 정도로 한다.

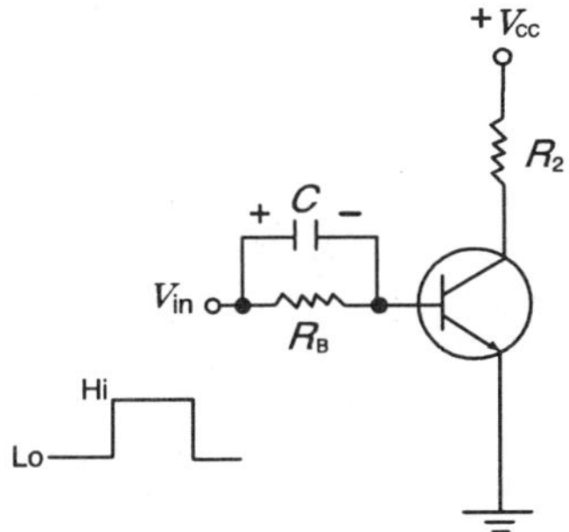

〈그림 2-20〉 가속 커패시터의 삽입

2. 다알링턴-쌍

많은 산업전자 응용분야에서 1개의 트랜지스터 버퍼는 충분한 전류를 흘릴 수 없기 때문에 그림 2-21과 같이 두 개의 트랜지스터를 결합시켜 고전류 이득을 얻는 방법이 사용되고 있다. 이와 같이 결합된 트랜지스터 버퍼를 다알링턴-쌍(Darlington-pair)이라고 부른다. 다알링턴-쌍의 입력 임피던스는 상당히 높고, 출력 임피던스는 상당히 낮은 특징을 지니고 있어 버퍼 증폭기로서 많이 이용하고 있다.

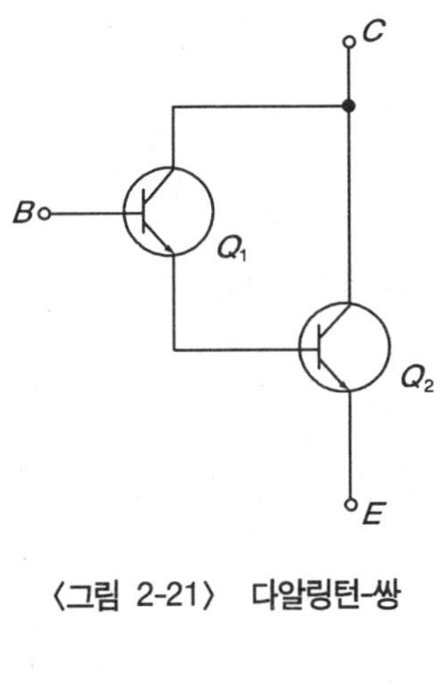

〈그림 2-21〉 다알링턴-쌍

다알링턴-쌍에서 전류이득은 각 트랜지스터의 전류 이득곱과 같다.

$$\beta = \beta_1 \times \beta_2$$

예제 2-2

그림과 같은 다알링턴-쌍의 버퍼 증폭기에서 각 트랜지스터의 전류이득이 각각 100이라고 할 때 트랜지스터를 포화시키기에 충분한 베이스 전류와 그때의 저항값을 구하여라.

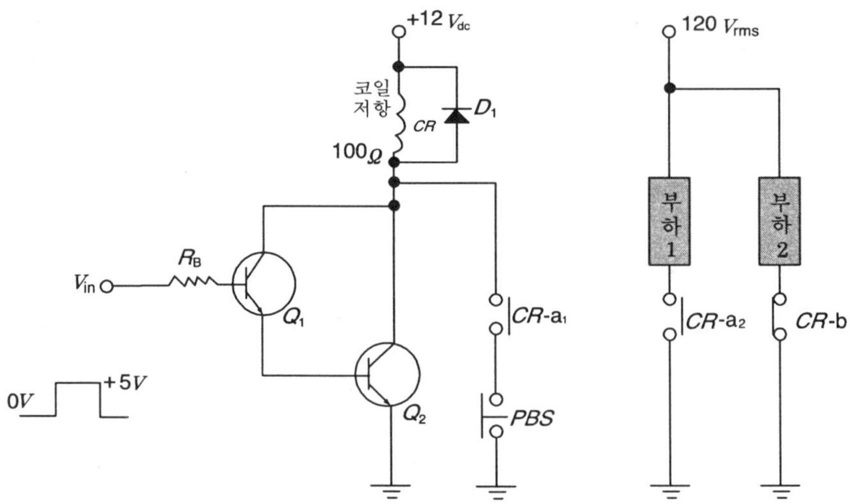

〈그림〉 예제 2-2의 회로

풀 이

다알링턴-쌍의 전류이득 β는

$$\beta = \beta_1 \times \beta_2 = 100 \times 100 = 10,000$$

컬렉터 전류 I_C는

$$I_C = \frac{V_{CC} - V_{CE(sat)}}{R_{coil}} = \frac{12 - 0.3}{100} = 117\,\text{mA}$$

컬렉터에 연결된 릴레이 코일에는 최소한도 117㎃를 흘려주어야 한다. 따라서 트랜지스터를 포화시키기 위한 최소한의 베이스 전류는

$$I_B = \frac{I_C}{\beta} = \frac{117\text{mA}}{10000} = 11.7\,\mu\text{A}$$

가 된다. 11.7㎂의 베이스 전류를 흘려주기 위한 베이스 저항의 최대값은

$$R_B = \frac{V_{in} - (V_{BE1} + V_{BE2})}{I_B} = \frac{5\text{V} - 1.4\text{V}}{11.7\mu\text{A}} = 308\,\text{k}\Omega$$

이다(308㏀의 저항이 없으므로 330㏀의 저항을 사용하도록 한다).

2-5 MOSFET

Metal-oxide semiconductor FET(MOSFET : 금속산화물 FET)는 소스와 게이트 및 드레인으로 구성되어 있으며 JFET와 다른 점은 게이트가 채널로부터 분리(절연)되어 있다는 것이다. 따라서 게이트 전압이 정(+)이든 부(−)이든 간에 게이트 전류는 거의 흐르지 않아, 입력 임피던스가 무한대에 가깝다. 이 MOSFET를 흔히 IGFET(Insulated-Gate FET : 절연 게이트 FET)라고도 부른다. MOSFET는 공핍형과 증가형으로 구분한다.

그림 2-22는 n-채널 증가형 MOSFET이다. 채널의 왼쪽에는 2산화규소(SiO_2)의 얇은 층이 덮여 있으며 이것은 유리와 같은 절연체이다. MOSFET에서 게이트는 금속으로 되어 있고 채널과 전기적으로 절연 상태이므로 게이트 전압이 정(+)일지라도 게이트 전류는 거의 흐르지 않는다.

증가형(Enhancement type) MOSFET는 normally-off 스위치로 동작하기 때문에 μP 및 기억소자 등의 산업전자 분야에 많이 이용된다. n-채널 증가형 MOSFET를 포화시키기 위해서는 게이트-소스 간에 (+)의 전압을 인가해야 하며, 차단(OFF)시키기 위해서는 게이트와 소스간의 전압 V_{GS}를 0으로 해야 한다.

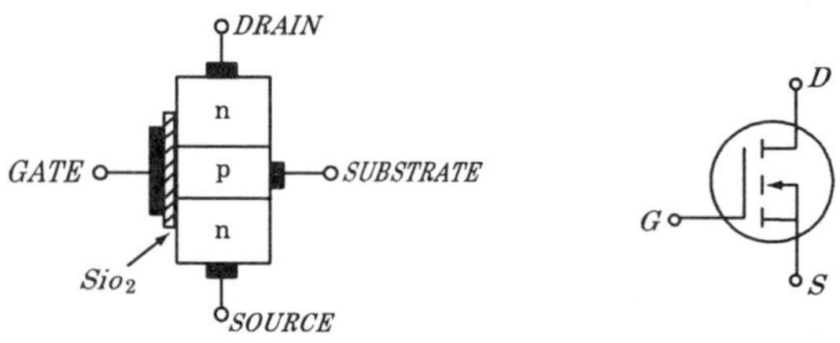

(a) 구 조 (b) 기 호

〈그림 2-22〉 n-채널 증가형 MOSFET의 구조 및 기호

그림 2-23은 증가형 MOSFET를 스위치용으로 쓰기 위한 회로와 등가회로를 나타낸다.

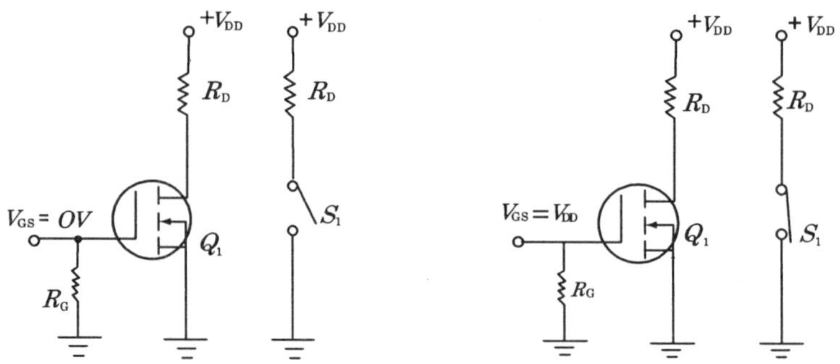

(a) 차단(OFF) 상태 및 등가회로 (b) 포화(ON) 상태 및 등가회로

〈그림 2-23〉 n-채널 증가형 MOSFET의 ON, OFF 상태 및 등가회로

제2장 사 례 문 제

1. 수동조작에 의한 SPST, SPDT, DPST, 그리고 DPDT 스위치의 기호를 표시하여라.

2. 사례그림 2-1의 회로에서 다이오드 D_1 의 목적은 무엇인가. 단 CR_1 은 릴레이의 코일을 나타낸다.

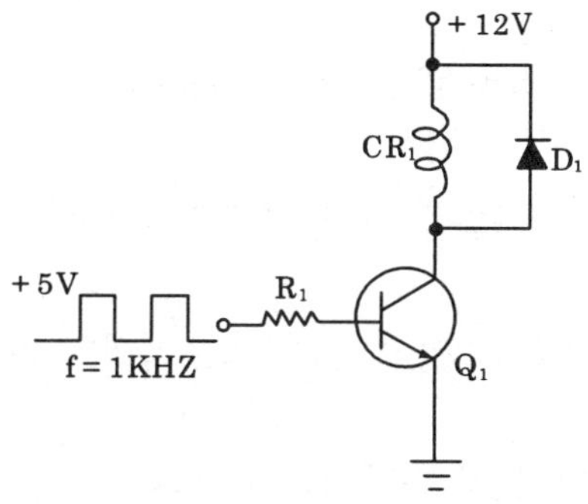

〈사례그림 2-1〉 릴레이 구동회로

3. 사례그림 2-2의 회로에서 논리식을 작성하여라.

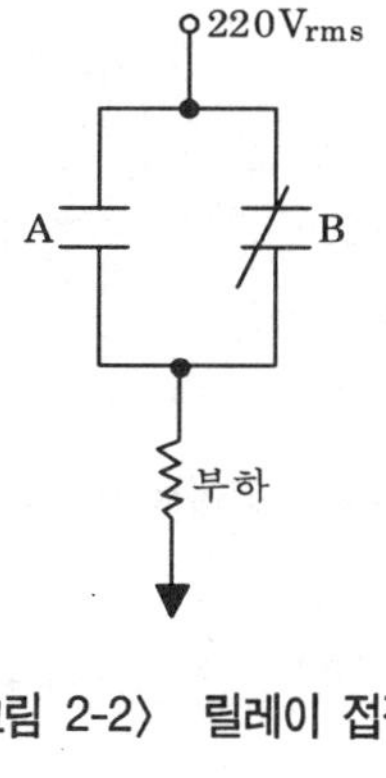

〈사례그림 2-2〉 릴레이 접점 회로

4. 사례그림 2-3에서 트랜지스터가 포화되도록 하기 위한 입력 구형파전압의 진폭을 구하여라. 단, 포화시키기 위한 베이스 전류는 최소포화 베이스 전류의 2배로 하고, $V_{CE(sat)}$ 전압은 0.3V로 한다. 또한 LED의 내부 전압강하는 무시한다.

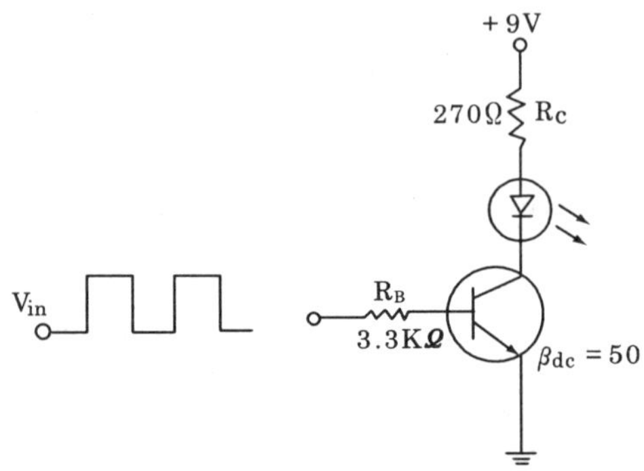

〈사례그림 2-3〉 스위치로서 이용되는 TR 회로

5. 다알링턴-쌍(Darlington-pair)의 회로를 그리고 그 용도를 설명하여라.

6. MOS FET를 취급하기 위해서는 세심한 주의가 요구된다. 이러한 주의가 필요한 이유는 무엇 때문인가?

7. 다음 사례그림 2-4의 공핍형 MOS FET의 회로에서 드레인-소스 간의 전압은 얼마인가?
단, MOS FET의 데이터 시트에 $V_{GS(OFF)} = -0.8\text{V}$, $I_{DSS} = 12\text{mA}$이다.

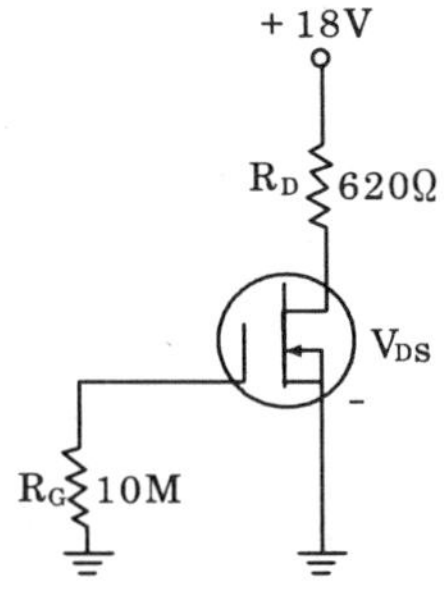

〈사례그림 2-4〉 공핍형 MOS FET의 회로

8. 공통 이미터(CE) 증폭기는 입력과 출력파형이 위상반전된 형태로 나타난다. 그 이유는 무엇인가?

9. 공통 컬렉터(CC) 증폭기의 이상적인 최대 전압이득은 얼마인가? 또한 CC증폭기의 용도는 무엇인가?

10. NAND 게이트 출력파형이 사례그림 2-5와 같을 때 트랜지스터를 스위치로서의 기능을 수행하기 위해서는 부하저항 R_L의 값을 얼마로 해야 하는가? 단 TTL NAND 게이트의 출력 전류는 200μA로 한다.

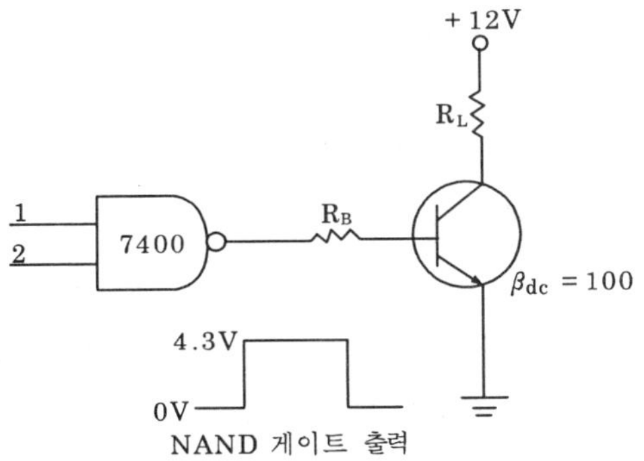

〈사례그림 2-5〉 트랜지스터를 스위치로 사용하기 위한 회로

Chapter 3

연산증폭기 및 활용회로

741을 비롯한 연산증폭기의 동작내용과 구조를 살펴보고 이 연산증폭기를 활용하여 증폭기, 능동필터, 비교기, 슈미트 트리거, 미분기, 적분기 등과 파형변환 회로를 학습하도록 한다. 이 OP AMP를 산업전자회로에 활용하여 제어하는 응용분야를 다루도록 한다.

3-1 연산증폭기

1965년에 Fairchild Semiconductor가 최초로 널리 사용된 모놀리틱 연산증폭기인 μA709를 소개하였다. 이 제1세대 연산증폭기는 크게 성공적이었으나 많은 단점을 지니고 있었으며, 더욱 개선된 μA741 연산증폭기로 발전하였다. 이 μA741 연산증폭기는 값이 싸고 사용하기 쉽기 때문에 대단히 성공적이었으며, 다른 형태의 741이 여러 반도체 제조자들에 의해 설계되었다. 741은 산업표준이 되어 왔으며, 일반적으로 회로설계시 사람들은 우선 741을 이용해 보려고 한다. 그러나 741로 설계사양을 만족시킬 수 없을 경우에는 더 나은 연산증폭기로 대체하여야 한다. 741은 대단히 중요하므로 이에 대해 상세히 분석해 보는 것이 좋으며, 일단 741을 이해하면 다른 연산증폭기에 대해서도 쉽게 이해할 수 있게 된다.

741C(C는 상업적 등급을 나타냄)는 가장 값싸고 널리 이용되고 있으며, 이것의 전형적인 입력 임피던스는 2MΩ, 전압이득은 100,000, 출력 임피던스는 75Ω을 갖고 있다.

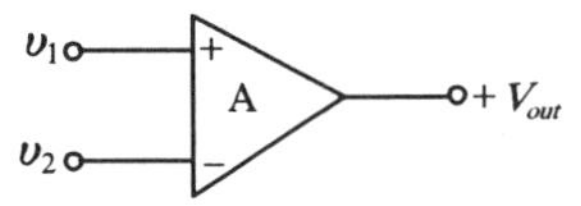

〈그림 3-1〉 연산증폭기의 기호

그림 3-1은 연산증폭기에 대해 가장 널리 사용되는 기호이다. 반전 입력은 (−)부호를 가지며, 이 입력에 대해서 출력의 위상이 반전됨을 의미한다. 반면에 비반전 입력은 (+)부호를 가지며, 이 입력에 대해서 출력의 위상이 반전되지 않음을 나타낸다.

1. 입력 임피던스와 테브난 출력회로

연산증폭기가 선형영역(트랜지스터가 포함되지 않는 영역)으로 동작하는 경우 출력을 그림 3-2와 같이 테브난화할 수 있으며, 이때 테브난 출력전압은

$$v_{TH} = A(v_1 - v_2) \tag{3-1}$$

이고, 테브난 출력저항은 r_{out}이다. 741C의 경우 A는 100,000, r_{out}은 75Ω이다.

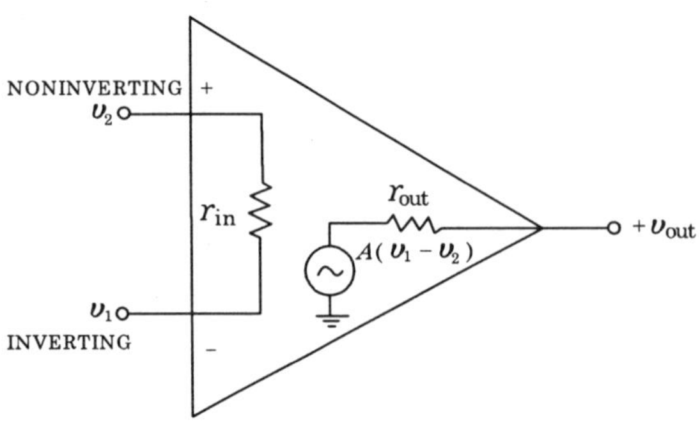

〈그림 3-2〉 입력 임피던스와 테브난 출력회로

연산증폭기를 해석하는 경우 그림 3-2와 같이 입력단자 사이의 입력 임피던스 r_{in}, 무부하시의 전압이득 A, 출력 임피던스 r_{out}이 있음을 기억하여야 하며, 전형적인 연산증폭기의 경우 r_{in}과 A는 크고, r_{out}은 적은 값을 갖는다. 한편 입력 임피던스가 무한대, 전압이득이 무한대, 출력 임피던스가 0인 연산증폭기를 이상적인 연산증폭기라 한다.

3-2 연산증폭기의 특성

이 절에서는 오프셋 문제에 대해서 더 자세히 알아보고, 또한 연산증폭기의 동작에 영향을 미치는 기타 특성에 대하여 검토한다.

1. 입력 오프셋 전압

연산증폭기의 두 입력을 접지시키면 두 입력 트랜지스터의 V_{BE}값이 서로 다르기 때문에 그림 3-3에서와 같이 거의 항상 출력 오프셋 전압이 나타나며, 입력 오프셋 전압은 이와 같은 V_{BE}값의 차(差)와 같다. 예로서 전형적인 741C는 ±2㎷의 입력 오프셋 전압을 갖는데, 이것은 한 입력 트랜지스터의 V_{BE}가 다른 입력 트랜지스터와 2㎷의 차이가 있음을 뜻한다. 이 2㎷가 증폭되어 출력 오프셋 전압으로 나타나는 것이다.

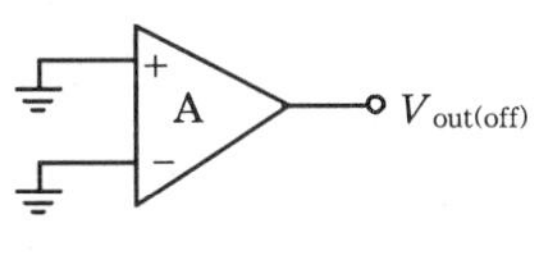

〈그림 3-3〉 출력 오프셋 전압

2. 입력 bias 전류, 입력 오프셋 전류

I_{B1}과 I_{B2}에 차가 생기면 이에 영향을 받아 그림 3-4에서처럼 역시 출력 오프셋 전압이 나타난다. 이 원인으로 되는 I_{B1}과 I_{B2} 전류의 차($I_{B1} - I_{B2}$)를 오프셋 전류 I_{i0} 한다. 평형이 되어 출력전압이 0일 때 2개 입력단자에 들어가는 분류전류(I_{B1}과 I_{B2})의 평균값을 입력 바이어스 전류 I_{Bias}라 한다.

$$I_{Bias} = \frac{I_{B1} + I_{B2}}{2} \text{ (평형, 즉, } V_{os} = 0\text{일 때)} \tag{3-2}$$

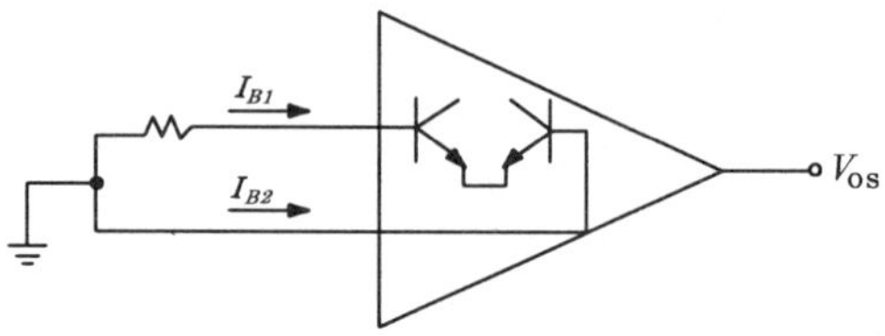

〈그림 3-4〉 입력 바이어스 전류

3. 동상신호 제거비(CMRR)

동상신호 제거비(common-mode rejection ratio)는 741C의 경우, 낮은 주파수에서 CMRR′=90dB이다. 따라서 동일한 신호가 주어지면 하나는 차입력(원하는)이고, 다른 하나는 동상입력(원치 않는)으로, 출력에서 차신호는 동상신호보다 90dB 더 크게 된다. 이를 수치로 나타내면 원하는 신호가 동상신호보다 출력에서 30,000배만큼 커지는 것을 의미한다. 높은 주파수에서는 그림 3-5(a)에서와 같이 CMRR′값을 떨어뜨리는 특성을 갖는다.

4. 교류신호 출력(output compliance)

교류신호 출력 PP는 연산증폭기로 만들어 낼 수 있는 클리핑이 발생하지 않는 최대의 피크-피크 출력전압이다. 예를 들어 $V_{CC}=+15\text{V}$이고 $V_{EE}=-15\text{V}$이며, 100kΩ의 부하저항으로 클리핑되지 않는 최대 피크-피크 전압은 약 27V이다.

부하저항이 감소함에 따라 교류 부하선의 기울기가 변화하여 교류신호 출력이 감소한다. 그림 3-5(b)는 부하저항에 따른 교류신호 출력(output compliance)의 전형적인 변화를 나타낸다.

5. 주파수 응답

부귀환(negative feedback)으로 전압이득은 다소 희생하는 대신에 전압이득은 안정되고 일그러짐(distortion)이 적어지며 증폭기의 성능면에서 기타 문제들이 개선된다.

그림 3-5(c)는 741C의 소신호 주파수 응답으로, 중대역에서 개루프 전압이득은 100,000

이다. 741C의 개루프 차단주파수 f_{OL}은 10Hz이며, 이 차단 주차수에서 전압이득은 70,700이다. 차단주파수 이상에서의 전압이득은 −20dB/decade의 이상적인 비율로 감소한다.

단위이득(unity-gain) 주파수 f_{unity}는 전압이득이 1이 되는 주파수이며, 그림 3-5(c)에서 f_{unity}는 1㎒이다. 데이터 표에 f_{unity}의 값을 명시하는데, 이것은 연산증폭기의 유용한 이득의 상한(上限)을 나타내 준다. 예를 들어 318의 데이터 표에는 f_{unity}가 15㎒로 적혀 있다. 이것은 318연산증폭기가 741C보다 훨씬 더 높은 주파수까지 신호를 증폭할 수 있다는 뜻이다.

그림 3-5(c)에 보인 바와 같이 741C의 개루프 동작시 중대역 전압이득은 100,000이며 차단주파수는 10Hz이다. 일반적으로 연산증폭기는 부귀환을 사용해야 하며 그렇지 않으면 연산증폭기의 동작은 불안정해진다.

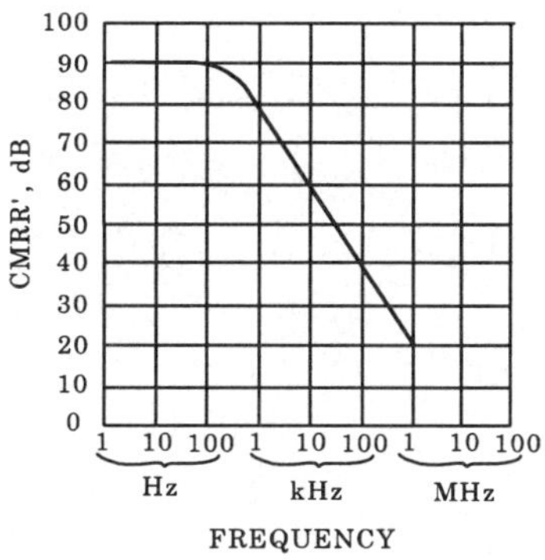

(a) 동상신호 제거비

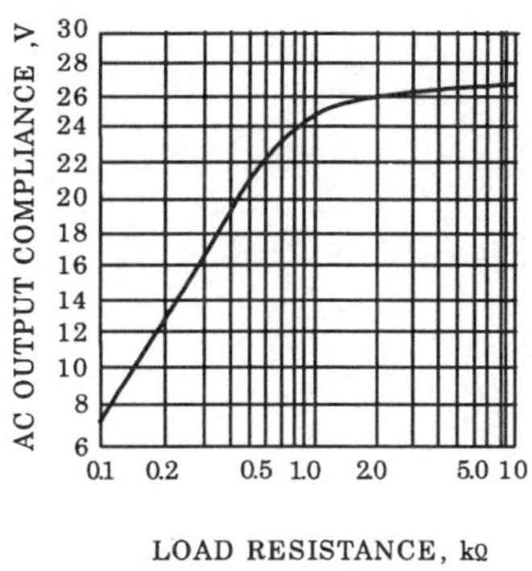

(b) 교류신호 출력

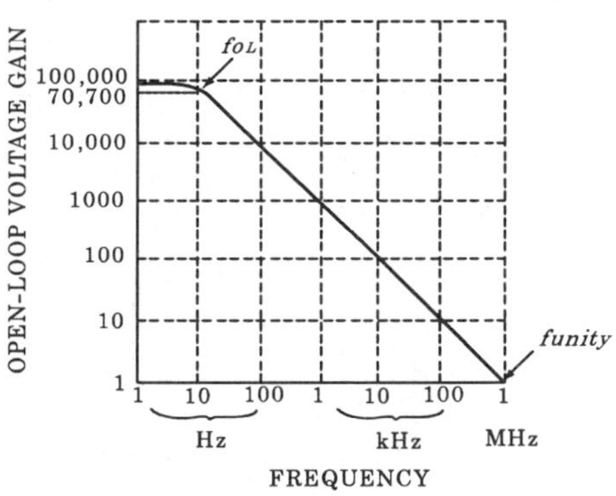

(c) 개루프 전압이득

〈그림 3-5〉 연산 증폭기의 특성

6. 회전율(slew rate)

연산증폭기의 교류동작에 영향을 미치는 사양(specification) 중에서 회전율은 가장 중요하며, 그 이유로 회전율은 고주파수에서 출력전압의 크기를 제한하기 때문이다. 커패시터의 충전전류는 다음과 같다.

$$i = C\frac{dv}{dt} \tag{3-3}$$

여기서, i : 커패시터 내로 흐르는 전류

C : 커패시터의 용량값

$\frac{dv}{dt}$: 시간변화에 대한 커패시터의 전압변화율

충전전류를 크게 할수록 커패시터의 충전속도는 빨라진다. 만일 어떤 이유로 충전전류가 최대값으로 제한되는 경우, 전압변화율 역시 최대값으로 제한된다.

그림 3-6(a)는 제한전류와 제한전류가 출력전압에 미치는 영향에 대한 개념을 나타내는 그림으로 커패시터에는 $I_{\max}$의 전류로 충전된다. 이 $I_{\max}$는 일정하기 때문에 커패시터의 충전전압은 그림 3-6(b)와 같이 직선적으로 증가한다. 따라서 시간에 대한 전압변화율은

$$\frac{dv_{\text{out}}}{dt} = \frac{I_{\max}}{C_C} \tag{3-4}$$

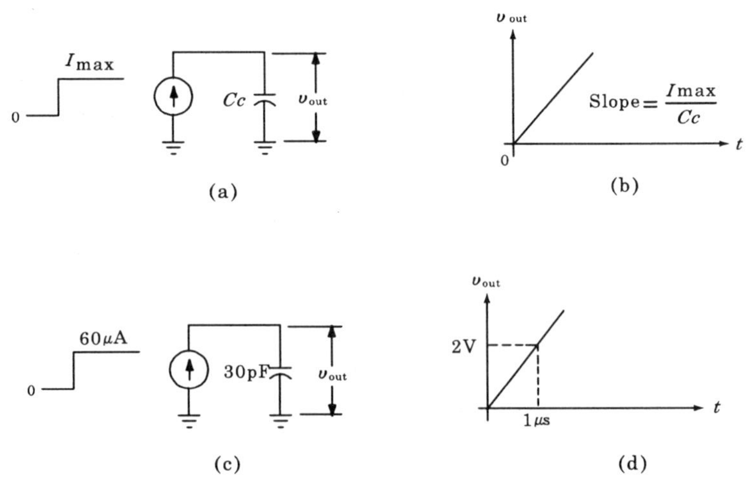

〈그림 3-6〉 회전율은 최대 충전전류를 커패시터의 용량값으로 나눈 것과 같다

예로써 만일 $I_{max} = 60\mu A$이고, $C_C = 30\text{pF}$라면(그림 3-6(c) 참조), 출력전압의 최대 변화율은

$$\frac{dv_{out}}{dt} = \frac{60\mu A}{30\text{pF}} = 2\text{V}/\mu s$$

이것은 커패시터 양단의 출력전압이 최대 $2\text{V}/\mu s$의 비율로 변화함을 뜻한다. 회전율 S_R은 출력전압의 최대 변화율로 정의된다. 따라서 식 (3-4)는 다음과 같이 쓸 수 있다.

$$S_R = \frac{I_{max}}{C_C} \tag{3-5}$$

그림 3-6(a)에서 슬루레이트는 출력전압이 변화할 수 있는 비율을 제한한다. 따라서 $I_{max} = 60\mu A$, $C_C = 30\text{pF}$인 경우, 이 회로의 C_C 양단전압은 $2\text{V}/\mu s$보다 빨리 변화할 수 없음을 의미한다.

7. 전력대역폭

정현파의 회전율 왜곡은 정현파 입력의 초기 기울기가 연산증폭기의 회전율과 같아지는 지점에서부터 시작된다.

$$f_{max} = \frac{S_R}{2\pi V_p} \tag{3-6}$$

여기서, f_{max} : 왜곡이 발생되지 않는 최대 주파수

S_R : 연산증폭기의 회전율

V_p : 정현파 출력의 피크전압

예로써 741C의 $V_p = 10\text{V}$이고 $S_R = 0.5\text{V}/\mu s$이라면, 대신호 동작시 일그러짐이 발생되지 않는 최대 주파수는

$$f_{max} = \frac{0.5\text{V}/\mu s}{2\pi(10\text{V})} = 7.96\text{kHz}$$

로, 이 주파수 이상에서는 오실로스코프상에 슬루레이트 일그러짐이 관측되기 시작한다.

주파수 f_{max}를 연산증폭기의 전력대역폭(또는 대신호 대역폭)이라 한다. 전력대역폭을

증가시키기 위한 한가지 방법은 보다 적은 출력전압을 감소하는 것이다. 그런데 진폭이 감소하더라도 주파수를 중요시함으로써 전력대역폭을 개선시킬 수 있다. 예를 들어 어떤 응용에서 최대 전압이 1V로도 가능하다면 741C의 전력대역폭은 80㎑로 증대된다. 만일 최대 진폭이 0.1V라도 좋다면 전력대역폭은 800㎑로 증대된다.

3-3 비반전 전압증폭기

비반전 전압귀환증폭기는 높은 입력 임피던스, 낮은 출력 임피던스 및 안정된 전압이득 때문에 근사적으로 이상적인 전압증폭기(voltage amplifier)이다.

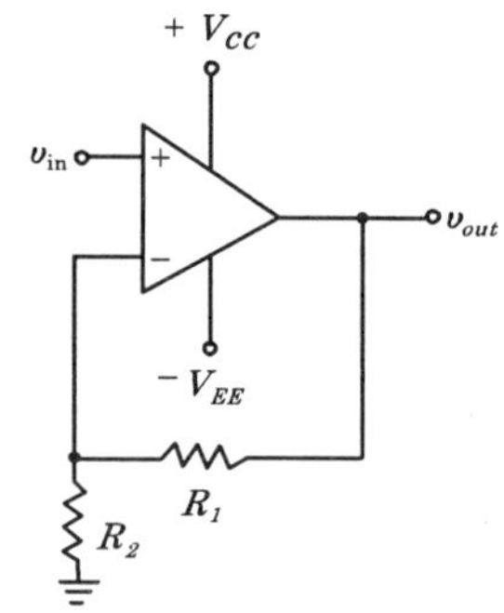

〈그림 3-7〉 비반전 전압귀환을 가진 증폭기

그림 3-7은 비반전 전압증폭기의 기본 회로이다. 폐루프 전압이득은

$$A_{CL} = \frac{R_1}{R_2} + 1 \tag{3-7}$$

대역폭은

$$f_{2(CL)} = \frac{f_{unity}}{A_{CL}} \tag{3-8}$$

이다. 이득대역폭 곱이 상수이기 때문에 더 큰 대역폭을 갖기 위해서는 폐루프 전압이득을 감소시켜야 한다.

1. 대역폭

비반전 전압귀환에서 폐루프 고역 차단주파수 $f_{2(CL)}$은 다음과 같이 나타낼 수 있다.

$$f_{2(CL)} = (1 + A_{mid} B) f_2 \tag{3-9}$$

여기서, f_2 : 개방 루프 고역 차단주파수

A_{mid} : 중간대역에서의 개방 루프 전압이득

B : 귀환율

중간대역회로 이득이 1보다 매우 클 때 폐루프 차단주파수는 개방 루프 차단주파수보다 매우 크다. 증폭기의 중간대역에서의

$$1 + A_{mid} B = \frac{A_{mid}}{A_{CL}}$$

이므로

$$f_{2(CL)} = \frac{A_{mid}}{A_{CL}} f_2$$

혹은

$$A_{CL} f_{2(CL)} = A_{mid} f_2 = f_{unity} \tag{3-10}$$

로 쓸 수 있다. 이 식의 $A_{mid} f_2$를 개방이득-대역폭 곱(gain-bandwidth product)이라 부르며, $A_{CL} f_{2(CL)}$을 폐루프 이득-대역폭 곱이라 부른다. 또한 f_{unity}를 단위이득 주파수라고 한다.

3-4 반전 전압증폭기

비반전 전압증폭기는 입력전압에 대해 동상인 출력전압을 공급하며 여러 가지 경우에 사용되나, 많은 응용에서 반전된 출력신호가 필요하다. 그림 3-8은 전형적인 반전 전압증폭기(inverting voltage amplifier)를 보여준다. 이 회로는 전류원 대신 전압원에 의해 구동되는 전류-전압변환기이다. 소스(source)저항 R_S 때문에 귀환율과 몇 가지 귀환특성이 변한다.

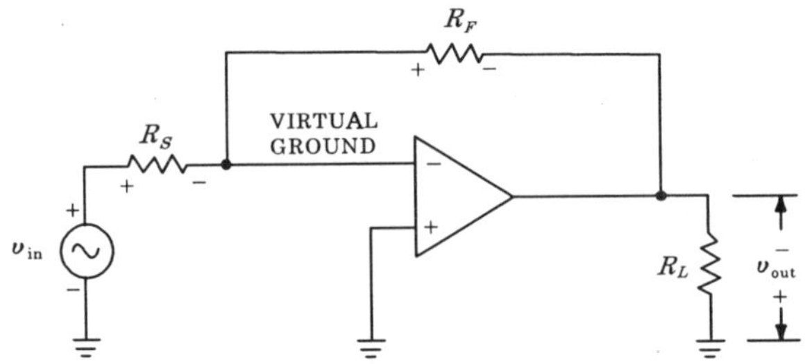

〈그림 3-8〉 반전 전압귀환을 이용한 반전 전압증폭기

전류-전압변환기의 반전 입력은 가상접지이다. R_S의 우측이 접지 되었으므로 입력 전류는

$$i_{in} = \frac{v_{in}}{R_S}$$

이다. 가상접지는 전류가 흐르지 않기 때문에 모든 입력전류는 R_F를 통해서 흐르며, 이 때 다음과 같은 출력전압을 공급한다.

$$v_{out} \cong -i_{in} R_F$$

혹은

$$v_{out} \cong \frac{-v_{in} R_F}{R_S}$$

다시 정리하면

$$\frac{v_{out}}{v_{in}} \cong \frac{-R_F}{R_S} \tag{3-11}$$

이다. 여기서 (−)부호는 위상반전을 의미한다. 가상접지 때문에 R_S의 우측은 접지로 나타나며 전원에서 본 입력 임피던스는

$$r_{in(CL)} \cong R_S$$

이다. 반전 전압증폭기가 널리 사용된 이유 중의 하나는 설계자로 하여금 전압이득은 물론 입력 임피던스(input impedance)도 정확한 값으로 정할 수 있게 하는 것이다. 귀환율은

$$B \cong \frac{R_S}{R_F + R_S} \tag{3-12}$$

로 된다. 폐루프 출력 임피던스는

$$r_{\text{out}(CL)} \cong \frac{r_{\text{out}}}{1 + AB} \tag{3-13}$$

이다(주의 : R_S가 무한대로 되면, B는 1로 접근하고, 회로는 전류-전압변환기로 된다).

1. 가상접지

그림 3-9와 같은 전류-전압변환기를 해석할 때 다음과 같은 간단한 방법을 사용할 수 있다. 이상적으로 반전 전압귀환은

① 오차전압은 0(0전압)

② 연산증폭기로 흐르는 전류는 0(0전류)

높은 개방전압이득은 첫 번째 근거이고, 연산증폭기의 높은 입력저항은 두 번째의 이유가 된다. 이들은 회로의 어떤 점에서 전위가 0이며 전류가 흐르지 않는 가상접지(virtual ground)의 개념으로 요약된다. 그림 3-9의 반전 입력회로는 전압에 대해서는 접지작용을 하므로 가상접지이다.

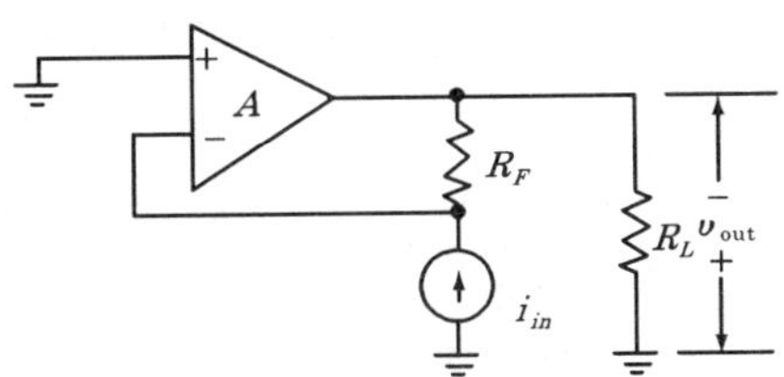

〈그림 3-9〉 가상접지의 개념

가상접지에는 전류가 흐르지 않으므로 모든 입력전류 i_{in}은 R_F를 통해 흐른다. 그러므로 R_F 양단전압은 $i_{\text{in}} R_F$로 나타내어진다. 가상접지는 접지에 대해 거의 0전위를 가지므로 키르히호프 전압법칙에 따라 출력전압은 R_F 양단전압과 같다는 것을 알 수 있다.

$$v_{\text{out}} = -i_{\text{in}} R_F \tag{3-14}$$

3-5 가산증폭기

반전 전압증폭기의 또 다른 장점은 동시에 한 입력 이상을 조정할 수 있는 능력이다. 그림 3-10(a)에서 가상접지 때문에 각 입력저항은 오른쪽에 효율적으로 접지되어 있다. R_1을 흐르는 입력전류는

$$i_1 = \frac{v_1}{R_1}$$

이고, R_2를 흐르는 입력전류는

$$i_2 = \frac{v_2}{R_2}$$

이다. 합 $i_1 + i_2$는 R_3를 흐르게 된다. 그러므로 출력전압은

$$v_{\text{out}} = -(i_1 + i_2) R_3$$

혹은

$$v_{\text{out}} = -\frac{R_3}{R_1} v_1 - \frac{R_3}{R_1} v_2$$

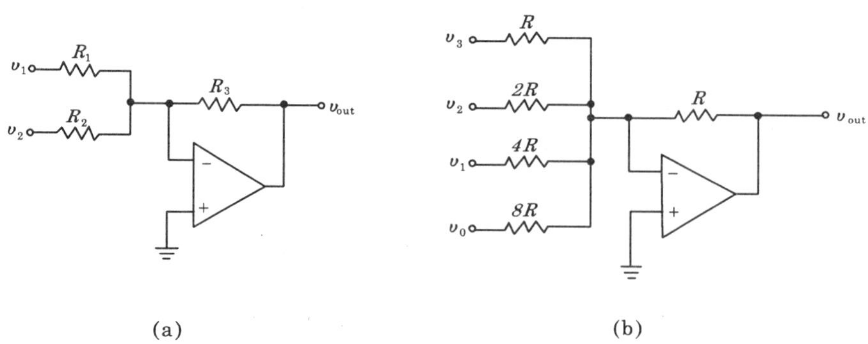

〈그림 3-10〉 가산회로

로 된다. 이것은 각 입력에서 각각 다른 전압이득을 가질 수 있다는 것을 의미한다. 출력은 증폭된 입력의 합이 된다. 위와 같은 방법으로 어떤 수의 입력에도 각각 새로운 입력신호에 다른 저항을 첨가시키는 같은 방법이 도입된다.

1. 가산기

때로는 2개 혹은 그 이상의 입력을 첨가하는 회로가 필요하다. 이 경우 여러 개의 입력을 가진 반전증폭기로서, 그리고 전압이득이 각각 1인 가산기를 사용할 수 있다. 그림 3-10(b)는 2개의 입력을 가진 가산기이다. 모든 저항이 같기 때문에 각 입력은 1의 전압이득을 가지며 출력은,

$$v_{\text{out}} = -(v_1 + v_2) \tag{3-15}$$

로 주어진다.

2. D/A 변환기

만약 디지털 전자공학을 공부했다면 디지털-아날로그(digital-to-analog, D/A) 변환기를 알 것이다. 그림 3-10(b)는 어떻게 연산증폭기가 D/A 변환기를 조립하는 데 사용되는가를 보여준다. 여기에는 2진수로 표현된 4개의 입력이 있다. 입력저항 때문에 출력은

$$v_{\text{out}} = -(v_3 + 0.5v_2 + 0.25v_1 + 0.125v_0)$$

로 된다. 입력전압이 디지털이기 때문에 단지 높고 낮은 2개의 값밖에 가질 수가 없다. 출력전압은 입력전압의 아날로그 등가이다.

3-6 차동증폭기

그림 3-11은 차동증폭기로 구성된 연산증폭기이며, 이것은 v_1과 v_2의 차를 증폭한다. 반전 입력의 전압이득은

$$\frac{v_{\text{out}}}{V_2} \cong \left(\frac{R_1}{R_1+R_2}\right)\left(\frac{R_1}{R_2}+1\right)$$

이고, 간단히 하면

$$\frac{v_{\text{out}}}{v_2} \cong \frac{R_1}{R_2}$$

이다. 그러므로 전압이득은 각 단일 단(single-ended)입력에서 크기는 같다.

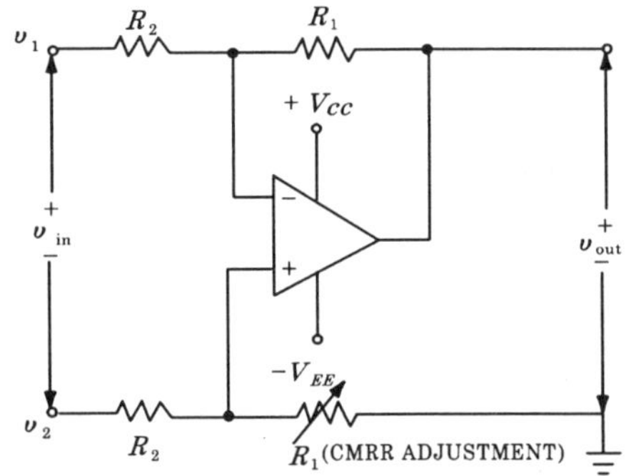

〈그림 3-11〉

항상, 회로는 차동입력에 따라 동작된다. 즉 단일 입력전압 v_{in}은 v_1과 v_2 사이에서 인가된다. 이 경우 $v_{\text{in}} = v_1 - v_2$이고, 출력전압은 다음과 같다.

$$v_{\text{out}} \cong \frac{R_1}{R_2} v_{\text{in}}$$

3-7 능동 RC 필터

좁은 의미에서 '필터'는 입력신호에 포함된 어떤 범위의 주파수 성분을 잘 통과시키고 나머지 주파수 성분을 저지하는, 즉 주파수 선택성이 강한 신호처리회로를 말한다.

그림 3-12는 LP(Low Pass : 저역통과), HP(High Pass : 고역통과), BP(Band Pass :

대역통과), BR(Band Rejection : 대역제거)필터의 주파수 특성과 입력신호에 대한 작용을 나타낸다.

필터는 과거에는 R, L, C 등 수동소자만으로 실현하였으나 L은 크고 비싸고 특성이 나쁘기 때문에 이것을 전혀 쓰지 않은 능동 RC 필터가 전자회로의 소형화와 함께 각광을 받고 있으며, OP 앰프의 가격저하와 설계기술의 발달로 그 실용화가 이루어졌다.

연산증폭기를 사용하여 수동 LC 필터와 관련한 날카로운 roll-off를 일으키는 능동 RC 필터를 구현할 수 있다.

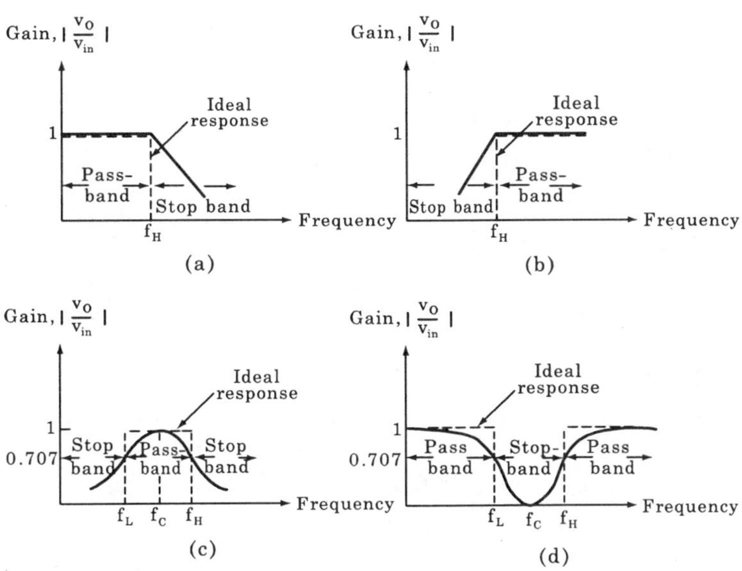

〈그림 3-12〉 능동 필터의 주파수 응답 (a) 저역통과 필터, (b) 고역통과 필터, (c) 대역통과 필터, (d) 대역저지 필터

1. 1계 저역통과 필터(Butterworth 필터)[3)]

그림 3-13은 RC 회로를 이용한 1계 저역통과 필터(first-order low-pass filter)를 나타낸다. 연산 증폭기는 비반전 전압 귀환이 이용되며, R_1과 R_F 저항은 필터의 이득을 결정하는데 사용된다. 전압분배에 따라서 비반전 단자(C양단)에서의 전압은

$$v_1 = \frac{-jX_C}{R-jX_C}\, v_{in} \tag{3-16}$$

$$v_1 = \frac{v_{\text{in}}}{1 + j2\pi fRC} \tag{3-17}$$

출력전압 v_{out}은

$$v_{\text{out}} = \left(1 + \frac{R_F}{R_1}\right) v_1$$

즉,

$$v_{\text{out}} = \left(1 + \frac{R_F}{R_1}\right) \frac{v_{\text{in}}}{1 + j2\pi fRC} \tag{3-18}$$

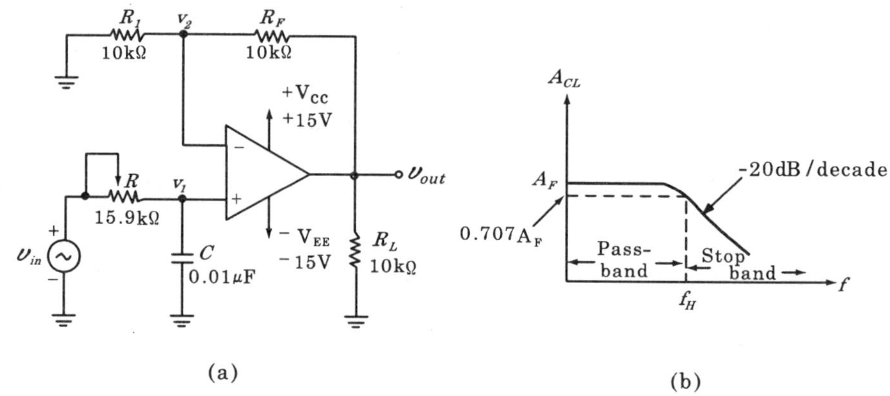

〈그림 3-13〉 1계 저역통과 필터 회로(a), 주파수 응답(b)

따라서

$$\frac{v_{\text{out}}}{v_{\text{in}}} = \frac{A_F}{1 + j(f/f_H)}$$

여기서 $\frac{v_{\text{out}}}{v_{\text{in}}}$ = 필터의 전압이득

$A_F = 1 + \frac{R_F}{R_1}$ = OP AMP의 전압이득

f = 입력신호 주파수

$f_H = \frac{1}{2\pi RC}$ = 필터의 차단주파수

저역통과 필터의 이득값과 위상각을 얻기 위해서 다음 식 (3-19), (3-20)과 같이 하기 바란다.

$$\left|\frac{v_{\text{out}}}{v_{\text{in}}}\right| = \frac{A_F}{\sqrt{1+(f/f_H)^2}} \tag{3-19}$$

$$\phi = -\tan^{-1}\left(\frac{f}{f_H}\right) \tag{3-20}$$

여기서 ϕ는 위상각이다.

① 낮은 주파수에서, $f < f_H$,

$$\left|\frac{v_{\text{out}}}{v_{\text{in}}}\right| \cong A_F$$

② $f = f_H$에서

$$\left|\frac{v_{\text{out}}}{v_{\text{in}}}\right| = \frac{A_F}{\sqrt{2}} = 0.707A_F$$

③ $f > f_H$에서

$$\left|\frac{v_{\text{out}}}{v_{\text{in}}}\right| < A_F$$

f_H에서 이득은 $0.707A_F$가 되며, f_H 이후의 이득은 주파수의 증가에 따라 일정한 비율로 감소한다. 즉 주파수가 10배 증가할 때 전압이득은 1/10로 감소하게 된다. dB 크기로 표현하면 20 dB(20 log 10) 감소한다.

f_H 이후의 전압이득 감소율은 20 dB/decade가 되며, 이것은 주파수가 10배(decade) 증가할 때 전압이득이 20 dB 감소함을 의미한다. $f = f_H$에서의 주파수를 차단주파수라고 부르는데 전압이득이 3 dB 감소하는 점에서의 주파수이다(20 log 0.707). 이 차단주파수를 −3 dB 주파수, 브레이크(break) 주파수, 절점(corner) 주파수라고도 부른다.

예제 3-1

차단주파수가 1㎑이고 OP 앰프의 전압이득 A_F가 2일 때의 a) 저역통과 필터를 설계하고, b) 주파수 응답 곡선을 예시하여라. 단, $C = 0.01\mu F$, $R_1 = R_F = 10k\Omega$으로 한다.

풀 이

a) 차단주파수 $f_H = 1$㎑,
$C = 0.01\mu F$로 하여 R값을 구한다.

$$R = \frac{1}{2\pi(10^3)(10^{-8})} = 15.9k\Omega$$

OP 앰프의 전압이득 A_F가 2이므로 $\left(1 + \frac{R_F}{R_1} = 2\right)$

R_1과 R_F는 같다.
$R_1 = R_F = 10k\Omega$으로 하여 그림 3-13과 같은 필터를 구현한다.

b) $\left|\frac{v_{out}}{v_{in}}\right| = \frac{A_F}{\sqrt{1 + \left(\frac{f}{f_H}\right)^2}}$ 이므로

$A_F = 2$, $f_H = 1$㎑

표 3-1과 같은 데이터를 작성하여 그림 3-14와 같은 그래프를 그린다.

〈표 3-1〉 주파수응답 데이터

입력주파수 f(Hz)	이득값 $\lvert v_{out}/v_{in}\rvert$	(dB) = 20 log $\lvert v_{out}/v_{in}\rvert$
10	2	6.02
100	1.99	5.98
200	1.96	5.85
700	1.64	4.29
1,000	1.41	3.01
3,000	0.63	-3.98
7,000	0.28	-10.97
10,000	0.20	-14.02
30,000	0.07	-23.53
100,000	0.02	-33.98

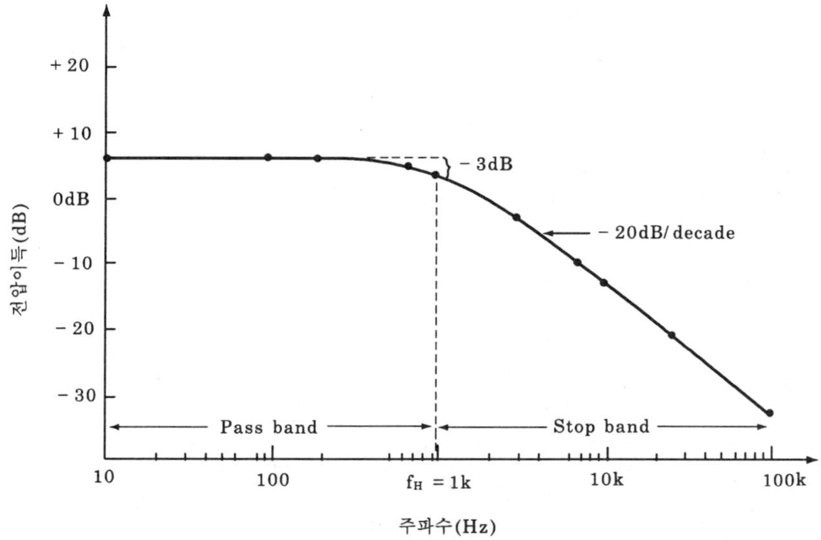

〈그림 3-14〉 예제 3-1의 주파수응답

2. 1계 고역통과 필터(Butterworth 필터)[3)]

그림 3-15는 앞에서 살펴 본 1계 저역 통과 필터의 R과 C의 값을 서로 바꾸어 줌으로써 고역 통과 필터의 기능을 수행할 수 있다. 비반전 전압 귀환을 이용하여 OP 앰프의 전압이득 A_F를 결정한다. 고역통과 필터는 차단주파수 f_L보다 큰 입력 신호 주파수에 대해서는 대역통과의 기능을 수행한다. 그림 3-15의 고역통과 필터에서 출력 전압은

$$v_{\text{out}} = \left(1 + \frac{R_F}{R_1}\right)\frac{2\pi fRC}{1 + j2\pi fRC}v_{\text{in}} \tag{3-21}$$

$$\frac{v_{\text{out}}}{v_{\text{in}}} = A_F\left[\frac{j(f/f_L)}{1 + j(f/f_L)}\right] \tag{3-22}$$

여기서 $A_F = 1 + \dfrac{R_F}{R_1}$ =OP 앰프의 전압이득

f = 입력신호의 주파수(Hz)

$$f_L = \frac{1}{2\pi RC} = \text{차단주파수(Hz)}$$

전압이득값은 다음과 같다.

$$\left| \frac{v_{\text{out}}}{v_{\text{in}}} \right| = \frac{A_F(f/f_L)}{\sqrt{1+(f/f_L)^2}} \tag{3-23}$$

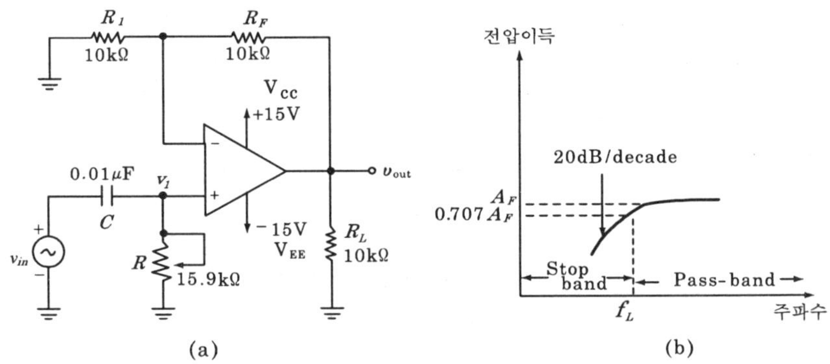

〈그림 3-15〉 1계 고역통과 필터(a), 주파수 응답(b)

예제 3-2

차단주파수가 1㎑이고 OP 앰프의 전압이득 A_F를 2로 했을 때. a) 고역통과 필터를 설계하고, b) 주파수 응답 곡선을 예시하여라. 단, $C=0.01\mu F$, $R_1 = R_F = 10k\Omega$으로 한다.

〈표 3-2〉 예제 3-2에 대한 고역통과 필터의 주파수응답 데이터

입력주파수 f (Hz)	이득값 $\lvert v_{out}/v_{in}\rvert$	(dB) = 20 log $\lvert v_{out}/v_{in}\rvert$
100	0.20	-14.02
200	0.39	-8.13
400	0.74	-2.58
700	1.15	1.19
1,000	1.41	3.01
3,000	1.90	5.56
7,000	1.98	5.93

입력주파수 f (Hz)	이득값 $\|v_{out}/v_{in}\|$	(dB) = 20 log $\|v_{out}/v_{in}\|$
10,000	1.99	5.98
30,000	2	6.02
100,000	2	6.02

풀 이

a) $R = \dfrac{1}{2\pi(10^3)(10^{-8})} = 15.9\,\text{k}\Omega$

$A_F = 2$,

$R_1 = R_F = 10\text{k}\Omega$,

차단주파수 $f_L = 1\,\text{kHz}$일 때의 고역통과 필터를 설계하여 그림 3-16에 나타낸다.

b) 입력신호의 주파수 f를 100Hz에서 100kHz까지 하여 식에 대입시킴으로써 주파수 응답에 대한 그래프를 그리도록 한다. $A_F = 2$, $f_L = 1\,\text{kHz}$에 대한 표 3-2에 있는 데이터를 이용하여 그래프를 그려서 나타낸 것이 그림 3-16이다.

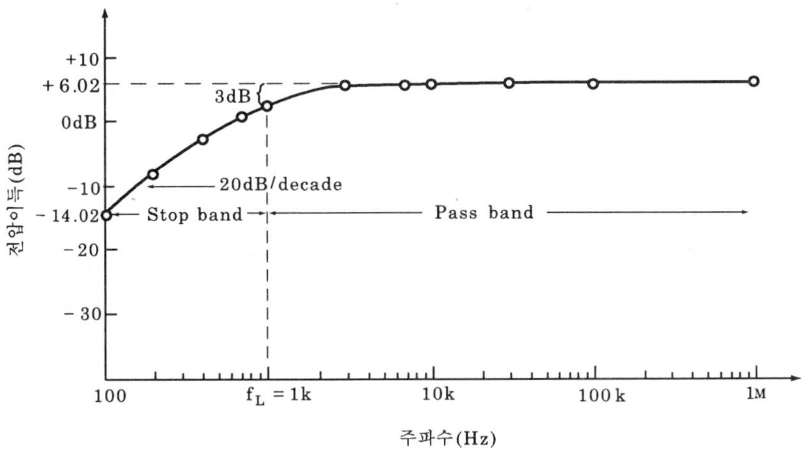

〈그림 3-16〉 예제 3-2의 주파수응답

3-8 비교기

때때로 어떤 전압과 다른 전압과의 크기를 비교할 필요가 있는데, 이때 필요한 것은 yes/no라는 대답뿐이다. 비교기(comparator)는 두 개의 입력전압(반전된 것과 그렇지 않은 것)과 하나의 출력전압을 갖는 회로이다. 반전되지 않은 전압이 반전된 전압보다 크면 비교기는 높은 출력전압을 나타내고, 반전된 전압보다 작으면 낮은 출력전압을 나타낸다.

1. 기본 회로

비교기를 만드는 가장 간단한 방법은 그림 3-17(a)에 나타낸 것과 같이 귀환저항이 없는 연산증폭기에 연결하는 것이다. 반전된 입력이 접지되면 입력전압의 일부(㎷)로도 연산증폭기는 포화된다. 예를 들어, 전원 공급전압이 15V이면 출력은 대략 −13V에서 +13V이다.

741C에서 개방회로 전압이득의 대표적인 값은 100,000이므로 양의 포화를 일으키는 데 필요한 입력전압은

$$v_{in} = \frac{13\,V}{100,000} = 0.13\,mV$$

이다. 이것은 매우 작아서 그림 3-17(b)의 전달특성과 같이 $v_{in} = 0$ 에서 수직천이가 나타난다. 741C로 인해서 +0.13㎷의 입력전압으로 양의 포화를 일으킬 수 있고 −0.13㎷로 음의 포화를 일으킬 수 있다.

포화를 일으키는 입력전압이 매우 작기 때문에 그림 3-17(b)의 천이는 수직축에 나타난다. 근사적으로 수직으로 다루는 것이며, 이것은 양의 입력전압이 양의 포화를 일으키고 음의 입력전압이 음의 포화를 일으키는 것을 의미한다.

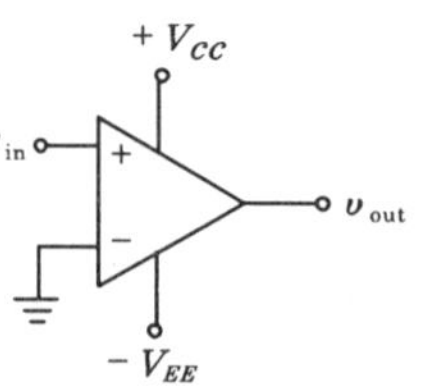

(a) 비교기로 사용되는 연산증폭기

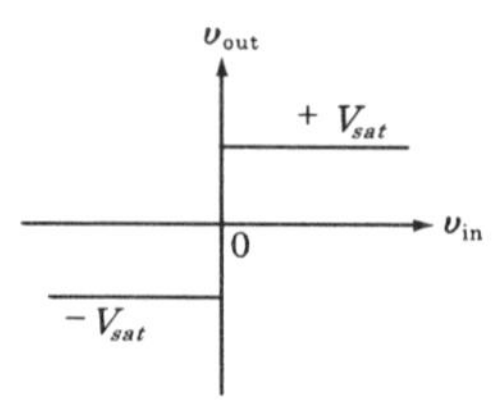

(b) 비교기의 전달 특성

〈그림 3-17〉 비교기(제로크로싱 검출기)

2. 속도문제

741C 연산증폭기는 비교기로 사용할 수 있으나 속도가 제한되어 있다. 이미 알고 있는 바와 같이 회전율은 출력전압의 변화율을 제한한다. 741C로는 출력은 0.5V/㎲ 이상으로는 변화할 수 없다. 이 때문에 741C는 낮은 출력인 −13V에서 높은 출력인 +13V로 변화하는 데 50㎲ 이상 걸린다. 스위칭 동작을 가속화시키는 한 가지 방법은 318과 같은 고속 회전율 연산증폭기를 사용하는 것이다. 318은 회전율이 70V/㎲이므로 −13V에서 +13V로 변화하는 데 대략 0.3㎲ 정도 소요된다.

3-9 슈미트 트리거

만일 비교기의 입력에 잡음이 가해지면 v_{in}이 트립점 근처에 있을 때 출력에 오차가 발생할 수 있다. 예를 들어 제로 크로싱 검출기에서 v_{in}이 양이면 출력은 높은 상태이고 음이면 낮은 상태이다. 만일 입력에 최대치가 1㎷ 이상의 잡음을 포함한다면 비교기는 잡음 때문에 오동작을 일으킬 것이다. 마찬가지로, 입력이 창 비교기의 트립점 근처에 있을 때 잡음이 가해져 출력이 낮은 상태와 높은 상태를 왔다갔다할 것이다. 비교기에 슈미트 트리거(Schmidt trigger)를 사용하면 이런 오동작을 막을 수 있다.

1. 기본 회로

그림 3-18(a)는 연산 증폭기의 슈미트 트리거를 나타낸다. 전압분배기로서 전압의 정(正) 귀환이 형성된다. 출력전압이 양의 포화에 있을 때 양의 전압이 비반전 입력으로 귀환된다. 반면에 출력전압이 음의 포화에 있으면 음의 전압이 비반전 입력으로 귀환되고 출력은 낮은 상태를 유지한다. 귀환율은,

$$B = \frac{R_2}{R_1 + R_2}$$

이다. 출력이 양으로 포화되면 비반전 입력에 인가되는 기준전압은

$$v_{ref} = +BV_{sat}$$

이다. 출력이 음으로 포화되면 기준전압은

$$v_{ref} = -BV_{sat}$$

이다. 이 v_{ref}는 회로의 트립점과 같다. 즉, $UTP = +BV_{sat}$, $LTP = -BV_{sat}$이다.

입력이 이 상태에 대한 기준전압을 초과할 때까지 출력은 유지된다. 예를 들어, 만일 출력이 양으로 포화되면 기준전압은 $+BV_{sat}$이다. 입력전압 v_{in}은 $+BV_{sat}$ 이상으로 증가되어야 한다. 그러면 오차전압은 역전되고 출력전압은 그림 3-18(b)에 나타난 것처럼 낮은 상태로 바뀐다. 일단 출력이 음의 상태에 있으면 입력전압이 $-BV_{sat}$ 미만이 될 때까지 유지된다. 그러면 출력은 음에서 양으로 스위칭하게 된다(그림 3-18(b)).

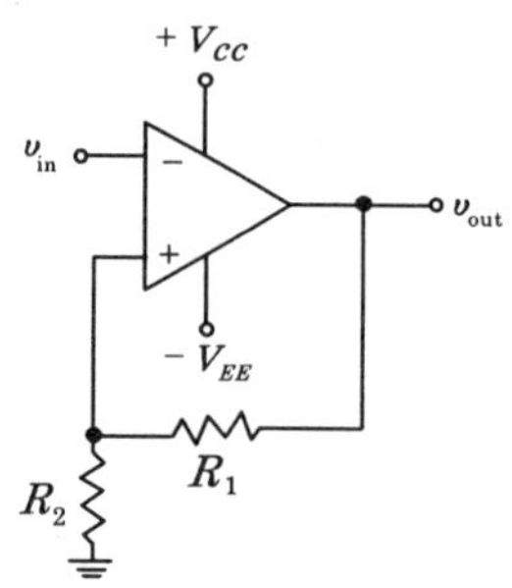

(a) 시미트 트리거

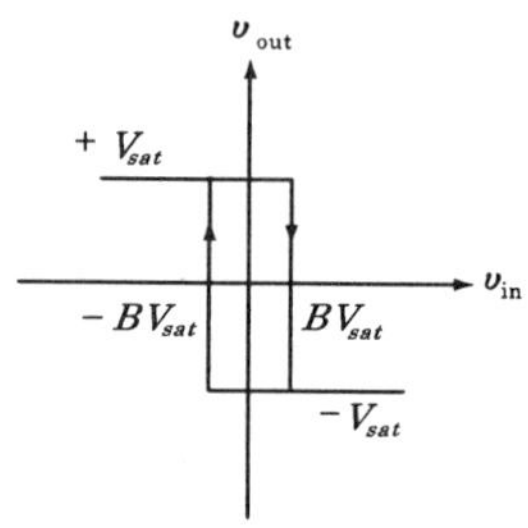

(b) 전달 특성에서의 히스테리시스

〈그림 3-18〉 슈미트 트리거

2. 히스테리시스

정귀환은 회로에 색다른 영향을 미친다. 그것은 기준전압이 출력전압과 같은 극성을 갖도록 한다. 출력이 높은 상태이면 기준전압이 양이고 낮은 상태이면 음이다. 이것은 상・하 트립점을 갖기 때문이다. 슈미트 트리거에서 두 트립점 사이의 차이를 히스테리시스(hysteresis)라 한다.

히스테리시스는 오동작을 일으키는 잡음을 막아 주기 때문에 필요하다. 히스테리시스가 없는 슈미트 트리거의 경우 입력에 나타난 잡음은 슈미트 트리거를 임의적으로 낮은 상태에서 높은 상태로 뛰게 하고, 또 그 반대의 작용을 일으키게 한다. 이제 히스테리시스가 없는 슈미트 트리거를 보면 만일 피크-피크 잡음전압이 히스테리시스보다 작으면 잡음이 오동작을 일으키지 못하게 한다. 적당한 히스테리시스를 가진 회로는 잡음의 동작을 막아준다. 예를 들어, 만일 UTP가 +1V이고 LTP가 −1V이면 2V 이하의 피크-피크값을 갖는 잡음은 회로를 동작시키지 못하게 한다.

3. 가속 커패시터

슈미트 트리거 회로의 R_1에 C_1이 병렬로 연결된다. 이 커패시턴스는 그림 2-19의 가속 커패시터(speed-up capacitor)로 R_2 양단에 걸린 표유 커패시턴스 C_2에 의해 형성된 지연회로를 상쇄시키는데 도움이 된다. 이 표유 커패시턴스는 비반전 입력 전압이 변화하기 전에 충전되고, 가속 커패시터는 이 전하를 공급한다.

C_1의 값은 C_2의 위상 지연 효과를 상쇄시키는 최소값보다 일반적으로 2배 이상 크게 하는 것이 좋다.

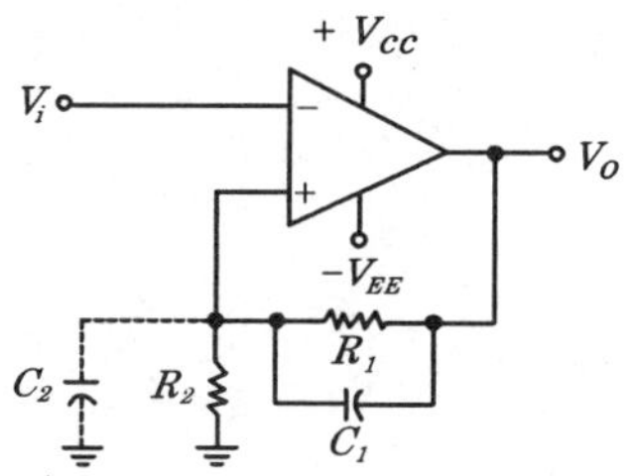

〈그림 3-19〉 표유 커패시턴스를 보상하는 가속 커패시터

3-10 미분기

그림 3-20(a)의 회로에 있어서 반전 입력단자는 가상접지되어 있으므로 커패시터 C에 흐르는 전류는

$$i = C\frac{dv_s}{dt}$$

출력전압은($i' = i$를 고려해서)

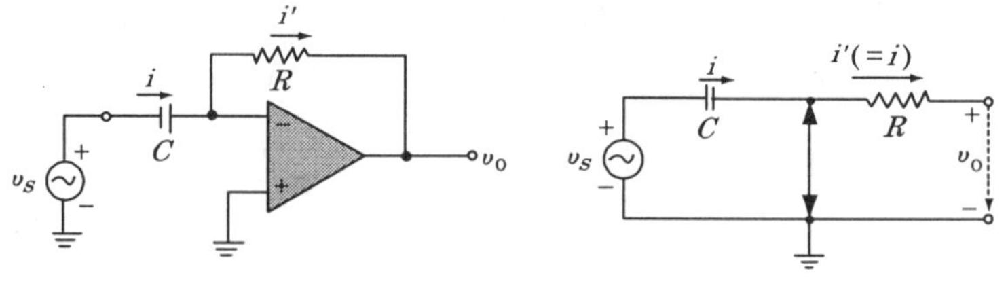

(a) 미분연산기 (b) 가상접지를 포함한 등가회로

〈그림 3-20〉 미분기

$$v_0 = -R_i{}' = -RC\frac{dv_s}{dt} \tag{3-24}$$

이 회로는 미분기(differentiator)로서 동작한다. 주파수가 높아질수록 커패시터의 리액턴스($1/2\pi fc$)는 매우 작아지므로 고주파대역에서는 전압이득은 점점 커진다.

따라서 미분기에서 출력은 고주파잡음에 대해서는 매우 민감하게 된다. 고주파이득을 줄이기 위해서 입력 capacitor에 직렬로 저항 R_S를 연결하면 고주파 이득은 R_f/R_S' 비율로 줄어든다(그림 3-21). 단, 이 회로는 입력이 $f_C = 1/2\pi R_S C$보다 낮은 주파수에서 미분기로 작용한다.

이보다 높은 주파수에서는 전압이득이 $\dfrac{V_0}{V_i} = -\dfrac{R_f}{R_S}$가 되는 반전증폭기가 된다.

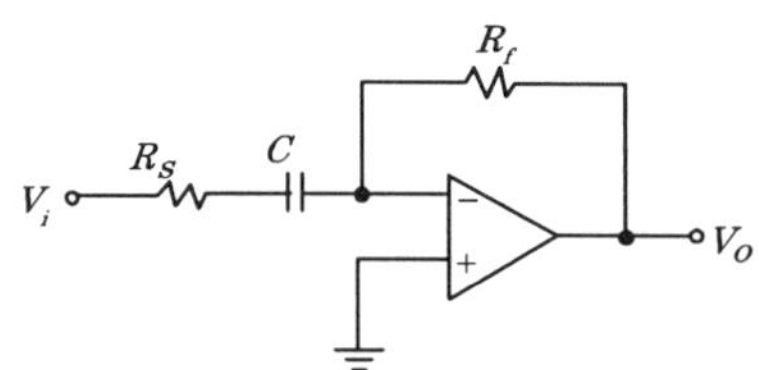

〈그림 3-21〉 고주파 이득을 제한한 미분기

예제 3-3

그림 3-22의 미분기회로에서 삼각파의 입력이 인가되었을 때 OP AMP의 출력파형을 나타내어라.

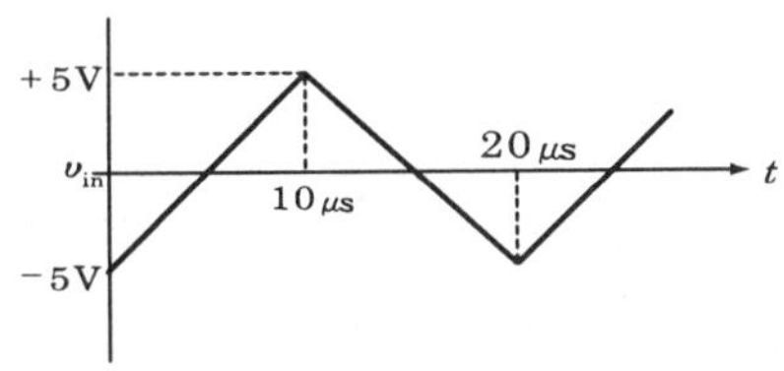

(a)

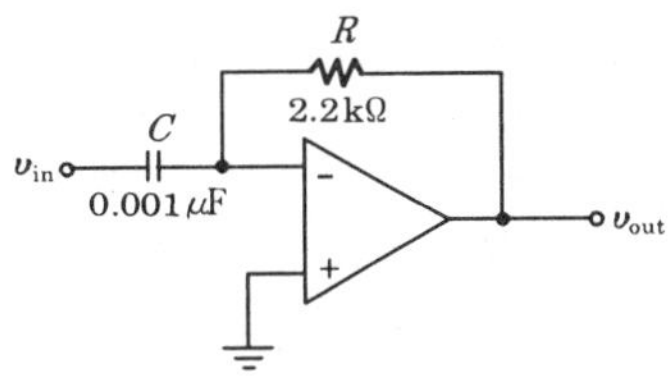

(b)

〈그림 3-22〉

풀 이

정(+)의 램프파의 기울기는

$$\frac{V_c}{t} = \frac{10\,\text{V}}{10\mu\text{s}} = 1\,\text{V}/\mu\text{s}$$

이때의 출력전압을 구하면

$$v_{out} = \left(\frac{V_c}{t}\right)(RC)$$
$$= (1\,\text{V}/\mu\text{s})(2.2\text{k}\Omega)(0.001\mu\text{F})$$
$$= 2.2\,\text{V}$$

부(−)의 램프파의 기울기는 −1V/μs이므로 이때의 출력 전압을 구하면

$$v_{out} = (-1\text{V}/\mu\text{s})(2.2\text{k}\Omega)(0.001\mu\text{F})$$
$$= -2.2\,\text{V}$$

출력파형을 그리면 다음과 같다.

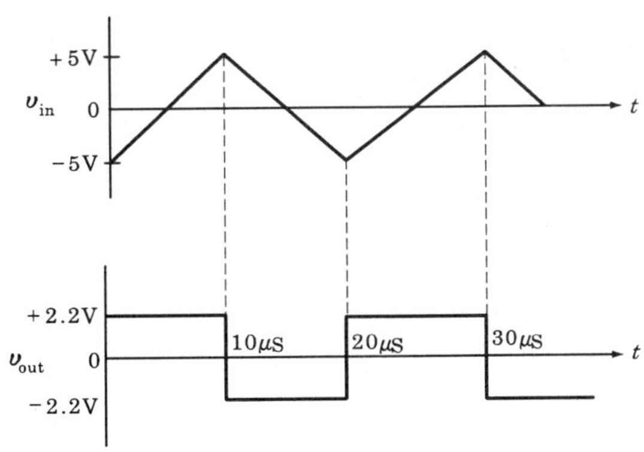

3-11 적분기

그림 3-23의 회로는 입력신호를 적분하는 적분기(integrator)로 동작한다. 커패시터 C는 처음에 V_0로 충전되어 있다고 가정하고, $t=0$에서 스위치 S를 연다고 한자. 이 경우 출력은 $t > 0$에서

$$v_0 = -\frac{1}{C}\int_0^t i\,dt - V_0 = -\left\{\frac{1}{CR}\int_0^t v_s\,dt + V_0\right\} \tag{3-25}$$

여기서 $R = 1\,\mathrm{M\Omega}$, $C = 1\,\mu\mathrm{F}$로 택하는 것이 보통이다. 이 경우

$$v_0 = -\left\{\int_0^t v_s\,dt + V_0\right\} \tag{3-26}$$

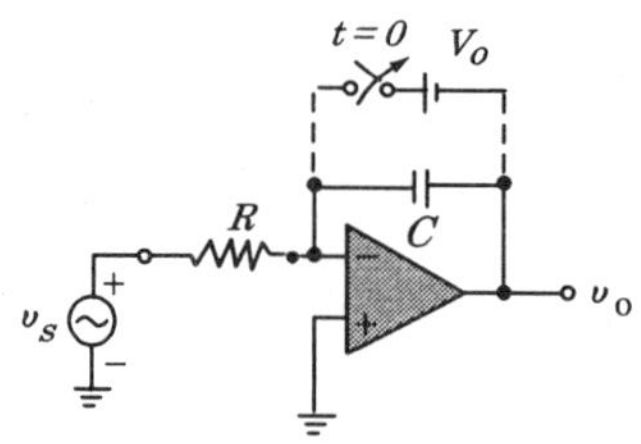

(a) 적분기

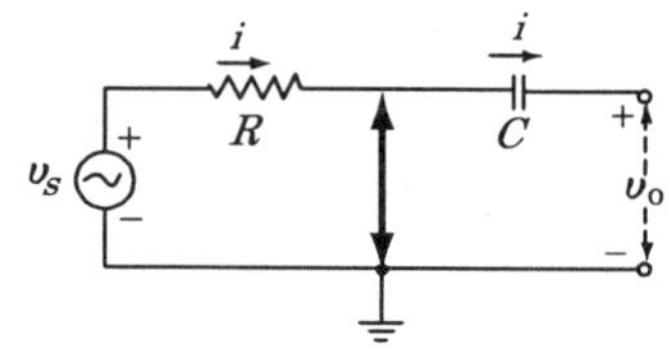

(b) 가상접지를 포함한 등가회로

〈그림 3-23〉

입력전압이 일정하고, 또 초기조건이 0인 경우(즉 $v_s = V =$ *constant*, $V_0 = 0$일 때) 출력은 $v_0 = -(V/RC)t$이며, 이때 적분기는 오실로스코프에 사용되는 톱니파형을 발생

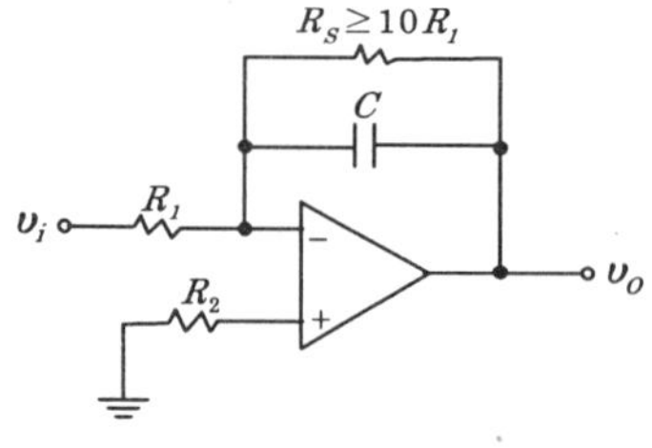

〈그림 3-24〉 저주파이득 제한한 적분기

하는 훌륭한 스위프 회로로 된다.

실제의 적분회로에서는 그림 3-24와 같이 귀환소자 C양단에 병렬로 R_s를 접속하여 저주파이득을 제한한다.

예제 3-4

그림 3-25의 적분기에서 단일펄스 입력에 대한 출력의 변화율은 얼마인가? 또한 출력 파형을 그려라.

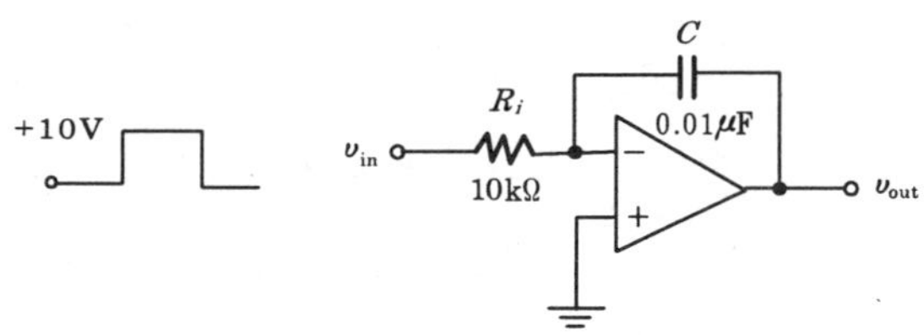

〈그림 3-25〉

풀 이

$$\frac{dv_{out}}{dt} = \frac{-1}{R_iC}v_{in}$$

$$= \frac{-10\,V}{(10k\Omega)(0.01\mu F)}$$

$$= -100\,mV/\mu S$$

출력파형은 다음과 같다.

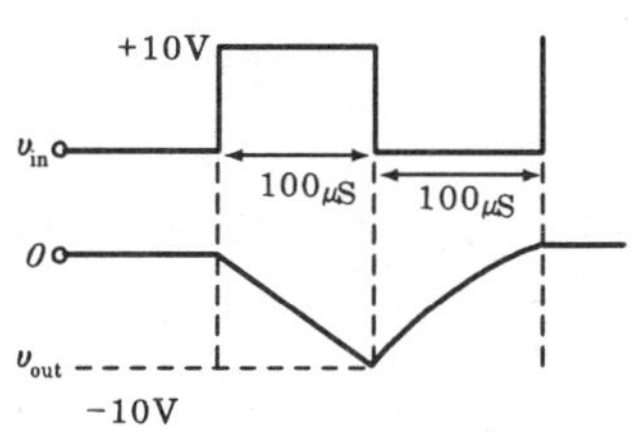

3-12 계측증폭기(Instrumentation Amplifier)

트랜스듀서(transducer)는 온도, 빛, 장력, 움직임, 위치 등의 물리적 형태의 에너지를 전기적 형태의 에너지로 변환시키는 장치이다.

계측 시스템(instrumentation system)은 변환기로부터의 출력 신호를 측정하고 종종 온도, 빛, 이동, 팽팽함, 위치 등의 물리적 신호를 제어한다. 그림 3-26은 계측 시스템의 간단한 형태이다. 입력단은 전치증폭기(pre-amplifier)와 변환기로 구성되고, 출력단은 계기, 오실로스코프, 차트나 자기 기록계와 같은 장치들이 사용된다.

입력단은 전체적인 전압이득을 제공하면서 높은 입력 저항을 갖는 차동 입력이 되도록 하며, 다음 단의 회로들과의 dc결합특성을 위해 적절한 레벨 변환을 하게 되고 때때로 차동신호에서 단일 신호로서의 변환을 하게 된다.

중간단의 회로에서는 입력회로에 큰 부하를 주지 않는 범위 내에서 전압 이득을 얻도록 하고 또 출력 회로에 적절한 dc직접결합을 제공한다.

출력단은 낮은 부하 저항을 구동하는데 충분한 전력 공급 용량으로 단위 이득을 갖도록 B급이나 AB급으로 구성된다. 이는 이 단의 출력전압이 낮음을 의미한다.

그림 3-26에서 블록들 사이의 연결되는 전송선로는 신호가 한 유닛으로부터 다른 유닛으로 전달되게 한다. 전송선로의 길이는 제어되는 물리적 양과 시스템이 요구하는 것에 의존한다.

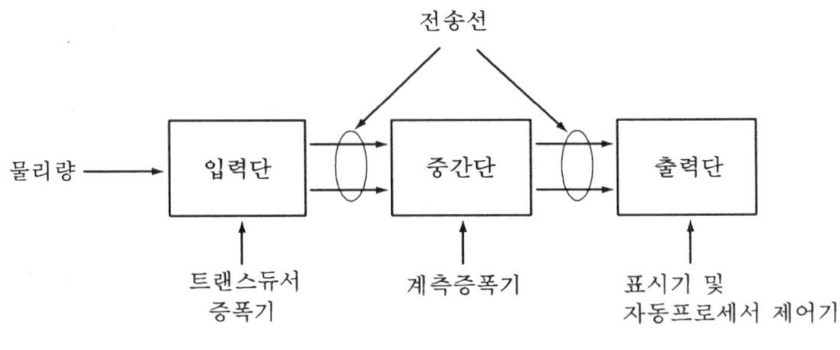

〈그림 3-26〉 계측 시스템의 블록 다이어그램

계측증폭기(instrumentation amplifier)의 입력신호는 변환기의 저레벨 출력신호이다. 출력단의 지시기나 표시기를 구동시킬 수 있도록 변환기의 저레벨 출력신호를 증폭하는 것이 계측증폭기의 주요 기능이다.

계측증폭기는 높은 이득을 가지는 DC 결합회로이다. 단일 출력, 높은 입력 임피던스, 높은 동상 신호 제거비를 갖는 차동 증폭기는 종종 계측증폭기로서 사용된다. 계측증폭기는 대개 높은 동상 모드 신호를 나타내는 변환기에 의해서 발생된 작은 차동 모드 신호를 증폭한다.

μA725, ICL7605, LH0036로 구성된 계측증폭기가 있다.

1. 트랜스듀서브리지를 이용한 계측증폭기

그림 3-27은 브리지 변환기(bridge transducer)를 이용한 간단한 차동 계측증폭기이다.[3)] 저항의 비가 식 (3-27)을 만족하면 브리지는 평형을 이루게 된다.

$$\frac{R_C}{R_B} = \frac{R_T}{R_A} \tag{3-27}$$

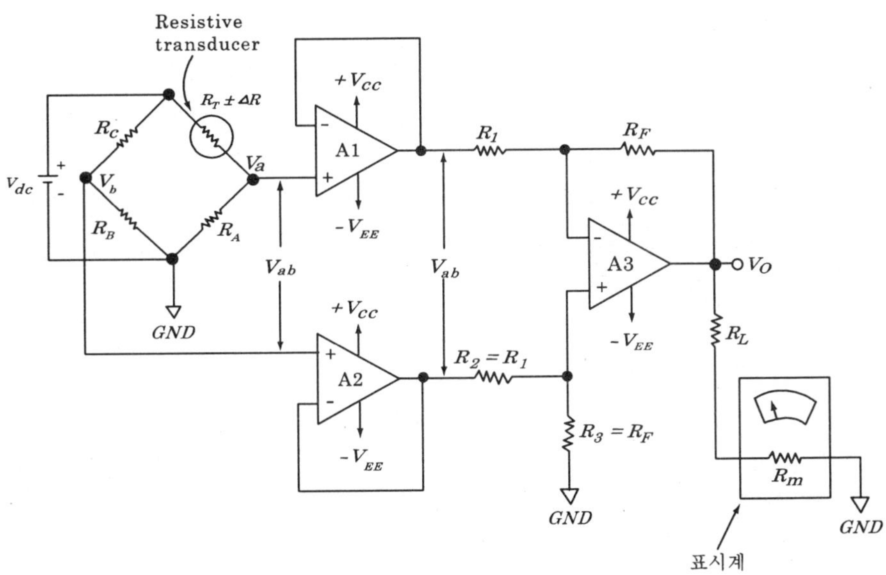

〈그림 3-27〉 트랜스듀서 브리지를 이용한 차동 계측증폭기

일반적으로 저항 R_A, R_B 그리고 R_C는 기준 조건에서 변환기 저항 R_T값과 같다. 브리

지는 초기 기준 조건에서 평형이다. 그러나 측정된 물리적 양이 변함으로써 변환기의 저항 또한 변한다. 여기에 불평형이 야기되며, 브리지의 출력전압은 변환기의 저항 변화의 함수로 써 표현된다. 변환기의 저항 변화량 ΔR, R_B와 R_C는 고정 저항이고, 전압 V_b는 일정하다.

이 때 전압 V_a, V_b는

$$V_a = \frac{R_A(V_{dc})}{R_A + (R_T + \Delta R)}$$

$$V_b = \frac{R_B(V_{dc})}{R_B + R_C}$$

이고, V_{ab}는 다음과 같다.

$$\begin{aligned} V_{ab} &= V_a - V_b \\ &= \frac{R_A V_{dc}}{R_A + R_T + \Delta R} - \frac{R_B V_{dc}}{R_B + R_C} \end{aligned}$$

$R_A = R_B = R_C = R_T$이라면

$$V_{ab} = -\frac{\Delta R(V_{dc})}{2(2R + \Delta R)} \tag{3-28}$$

이다. 식 (3-28)에서 R_T값이 증가하면 $V_a < V_b$가 되므로 음(−)의 부호를 갖는다.

브리지의 출력전압 V_{ab}는 3개의 연산증폭기로 구성된 차동 계측증폭기에 인가된다. 차동 증폭기의 이득은 $-R_F / R_1$이므로 출력전압 V_O는

$$V_O = V_{ab}\left(-\frac{R_F}{R_1}\right) = \frac{(\Delta R) V_{dc}}{2(2R + \Delta R)} \frac{R_F}{R_1} \tag{3-29}$$

이다. 변환기의 저항 ΔR의 변화는 매우 작기 때문에 $(2R + \Delta R) \fallingdotseq 2R$이므로 출력전압 V_O는

$$V_O = -\frac{R_F}{R_1} \frac{\Delta R}{4R} V_{dc} \tag{3-30}$$

이다. 식 (3-30)에서 V_O는 변환기 저항의 변화량(ΔR)에 비례한다. 저항의 변화는 물리적

에너지 변화를 만들어내고, 출력단에 연결된 계기는 물리적 에너지 단위로 측정될 수 있다.

2. 저항 타입 트랜스듀서

여기서 언급하는 서미스터, 광도전셀, 스트레인 게이지는 4~5장에서 자세하게 다루기로 하고 개괄적인 것만 언급하면 다음과 같다.[3)]

(1) NTC 서미스터

① 온도 변화에 따라 저항이 변하는 소자이다.

② 음(−)의 온도계수를 갖는다.

③ 온도에 따른 전력 손실은 1㎽/℃이다.

④ 열적 특성으로 인해 온도 측정이나 제어에 널리 이용되고 있다.

⑤ 온도 측정이나 보상에 사용되는 서미스터들은 실온에서 수천 Ω의 저항을 가지고 −50℃～+300℃의 온도에서 동작한다. 표준 서미스터는 0.0005℃의 온도 변화까지 감지한다.

(2) 광도전셀(Photoconductive cell)

① 빛의 세기에 따라 저항이 변하는 소자이다. 즉, 광도전셀은 빛이 밝으면 그 광도전체의 저항값이 감소하는 광도전 효과를 이용한 반도체 포토 센서이다.

② Cds(유화 카드뮴), CdSe(셀렌화 카드뮴), Cd(S, Se)(유화 셀렌화 카드뮴) 등이 있다.

③ 세라믹 기판 위에 금속 리드선과 광도전체 층으로 구성된 내후성을 고려한 수지 코팅 타입이 일반적이다.

④ 파장 특성에 따라 자외선용(ZnO, ZnS), 가시광선용(CdS, CdSe), 적외선용(PbS, PbSe, InSb, GaAs) 광도전셀로 분류된다.

⑤ 빛의 세기(조도)의 단위는 lux이다.

(3) 스트레인 게이지(strain gauge)

① 외부의 압력이 가해 질 때 확장, 수축에 의해 저항이 변하는 가는 선을 스트레인 게이지라 한다.

② 압력, 토크, 변위 단위는 [N/㎡]이다.

③ 금속과 반도체의 두 가지 타입이 있다.

3. 브리지 회로 응용

(1) 온도 측정기(temperature indicator)

그림 3-27 회로에서 휘스톤 브리지의 일부분으로서 서미스터가 사용되고, 출력 계기가 섭씨나 화씨로 측정된다면 온도 측정기로 사용될 수 있다.

25℃에서 균형을 이루고 있는 브리지가, 온도가 변하면 서미스터의 저항이 변화하여 브리지는 불균형이 되여, 증폭기의 출력이 계기를 움직인다.

그림 3-27에서 계기의 움직임은 브리지의 불균형 양(ΔR)에 의존한다.

따라서 ΔR =(저항의 온도계수)×(마지막 온도－기준 온도)이다.

(2) 온도 제어기(temperature controller)

그림 3-27 회로에서 휘스톤 브리지의 일부분으로서 서미스터가 사용되고, 계기가 연결된다면 온도 제어기로 사용될 수 있다.

소자의 온도는 내부와 외부의 상태로 인해서 변화 될 수 있다. 소자를 통해 흐르는 전류의 양에 따라서 온도가 상승하여 단자저항이 떨어질 수도 있고, 외부에서 인가된 열에 의해서 소자의 몸체가 달구어지고 그로 인해서 저항을 떨어뜨릴 수도 있다. 이러한 형태의 동작은 소자 자체의 제어용으로 작용된다.

(3) 조도계

그림 3-27 회로에서 휘스톤 브리지의 일부분으로서 광도전셀이 사용되면 조도계로 동작한다. 브리지는 암흑 속에서 균형을 이룬다. 빛에 노출되면, 브리지는 불균형이 될 것이며 계기는 움직인다. 계기는 빛의 강도를 측정하기 위해 lux 단위로 측정된다.

브리지를 이용한 계측증폭기를 사용한 조도계가 단일 입력 반전 증폭기 또는 비반전 증폭기 보다 훨씬 정확하고 안정하다. 왜냐하면 동상 모드(잡음) 전압이 차동구조에 의해 제거되기 때문이다.

(4) 유체와 열전도도의 측정

그림 3-27의 브리지회로에 두개의 서미스터를 사용하면 유체 및 열전도도를 측정할 수 있다. 유체 측정을 위해 한 개의 서미스터는 작은 구리 캐비티 실린더에 다른 하나는 구리 파이프 내에 설치한다.

파이프내 공기의 흐름이 없다면 브리지는 출력이 0인 균형을 이룬다. 공기가 서미스터에 흐른다면 온도는 감소되고 저항은 증가하고, 브리지는 불균형을 이룬다. 이 불균형 전압이 차동증폭기에 의해 증폭되고 계기에 인가된다. 계기의 편향 정도는 파이프내 공기의 흐름에 비례하고 계기는 ㎥/초로 측정된다.

열전도도를 측정하기 위해 두개의 서미스터는 작은 구리 실린더에 분리된다. 양쪽 실린더에 공기가 있다면 브리지는 균형이며, 출력은 0 이다. 한쪽 실린더 내에 공기가 매질로 대체되면 서미스터의 온도가 변하기 때문에 저항도 변한다. 매질이 CO_2라면 열전도도가 낮기 때문에 서미스터의 온도는 증가할 것이고 서미스터의 저항은 감소한다. 이런 불균형이 계기를 움직인다. 계기는 (cal/s-cm℃)로 측정된다.

(5) 아날로그 중량 스케일

그림 3-28은 아날로그 중량 스케일을 위한 스트레인 게이지 회로이다. 브리지는 4개의 금속을 배열한 것으로서 부가된 물질의 신장이나 수축을 저항의 변화로 바꾸게 된다.

저항들의 값이 모두 같다고 하더라도 이들은 각기 서로 다른 장력의 영향을 받게 된다. 즉, R_{T1}과 R_{T3}의 저항이 감소할 때, R_{T2}과 R_{T4} 저항은 감소한 양만큼 증가한다. 단자의 두 곳에 DC전압(V_{dc})을 가하고 다른 두 단자(V_{ab})에서 전압을 측정하게 되면 불균형 전압 V_{ab}는 다음과 같다.

$$V_{ab} = -V_{dc}\left(\frac{\Delta R}{R}\right) \qquad (3\text{-}31)$$

여기서, V_{dc} : 브리지의 여기 전압

$R = R_{T1} = R_{T2} = R_{T3} = R_{T4}$

ΔR : 게이지 저항의 변화량

V_{ab}는 차동 계측증폭기에 의해 증폭되고 이것은 계기를 구동시킨다. 증폭기의 이득은 $-R_F / R_1$이므로 출력전압 V_O는 다음과 같다.

$$V_O = V_{dc}\left(\frac{\Delta R}{R}\right)\frac{R_F}{R_1} \tag{3-32}$$

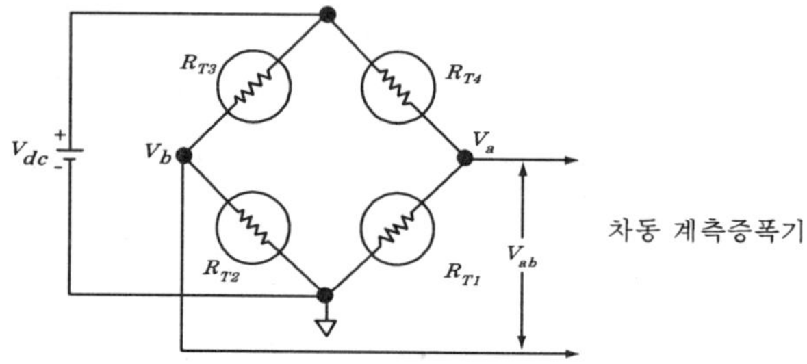

〈그림 3-28〉 아날로그 중량 스케일을 위한 스트레인 게이지 회로

제3장 사 례 문 제

1. 대부분의 연산증폭기 IC는 오프셋 전압의 보상회로를 제공한다. 이것은 사례그림 3-1과 같이 IC 패키지의 지정된 단자에 가변저항을 연결하여 구성한다. 이 가변저항기(10㏀)를 연결하는 IC의 연결단자는 각각 몇 번 핀인가? 또한 가변저항을 가변시켜 오프셋 전압을 없애기 위한 OP 앰프의 출력전압은 몇 V가 되어야 하는가?

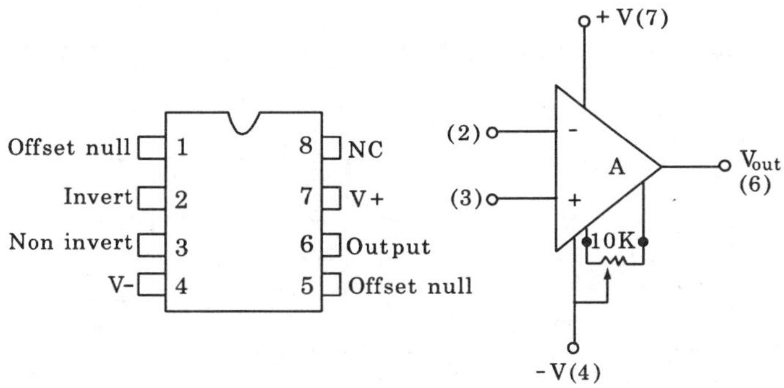

(a) pin 배열 (b) 앰프 기호

〈사례그림 3-1〉 OP 앰프의 핀 연결

2. 사례그림 3-2의 OP 앰프에서 개방 루프 이득이 50dB, 단위이득 대역폭이 1㎒일 때 이 증폭기의 대역폭은 얼마인가?

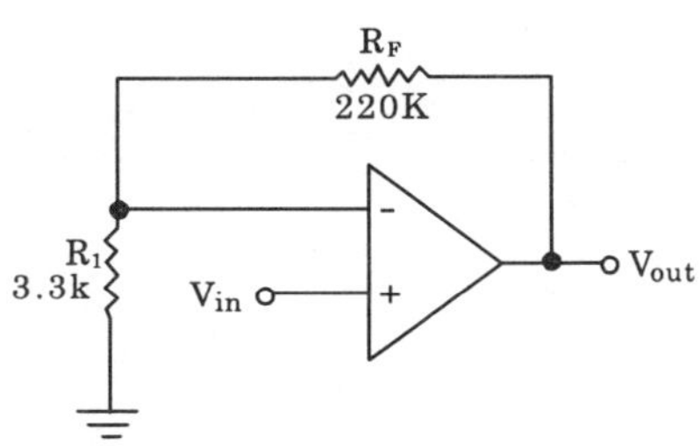

〈사례그림 3-2〉 OP 앰프 회로

3. 정현파 입력이 사례그림 3-3의 비교기 회로에 공급되었다. 출력파형을 그려라. 단, 최대 출력 레벨은 ±12V 이다.

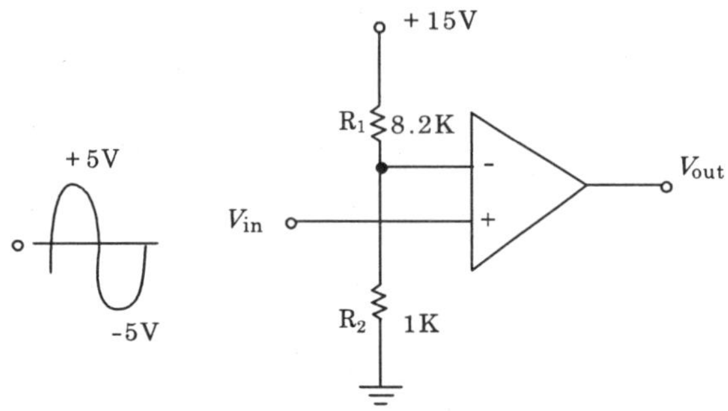

〈사례그림 3-3〉 비교기 회로

4. 사례그림 3-4의 D/A 변환기에서 그림 (b)와 같은 입력 파형이 공급될 때 D/A 변환기의 출력파형을 그려라.

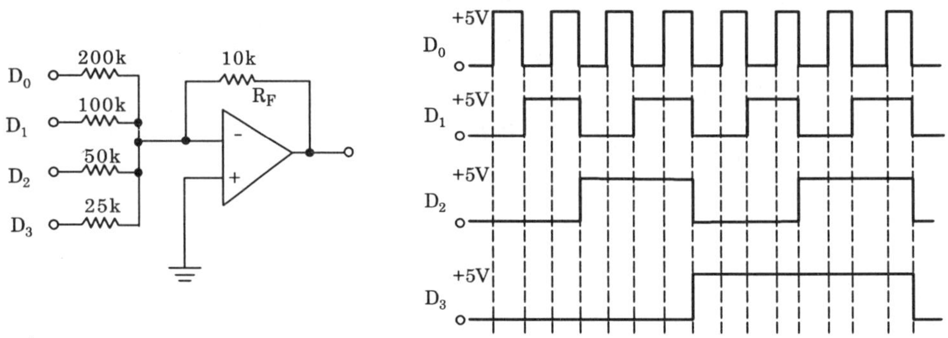

(a) D/A 변환기 (b) 입력파형

〈사례그림 3-4〉 D/A 변환기 회로 및 입력파형

5. 계측증폭기의 회로를 사례그림 3-5에 나타낸다. 휘이스톤 브리지의 R_4가 9.8kΩ일 때, 계측 증폭기의 출력전압 V_0는 얼마인가? 또한 계측 증폭기의 특징과 용도는 무엇인가?

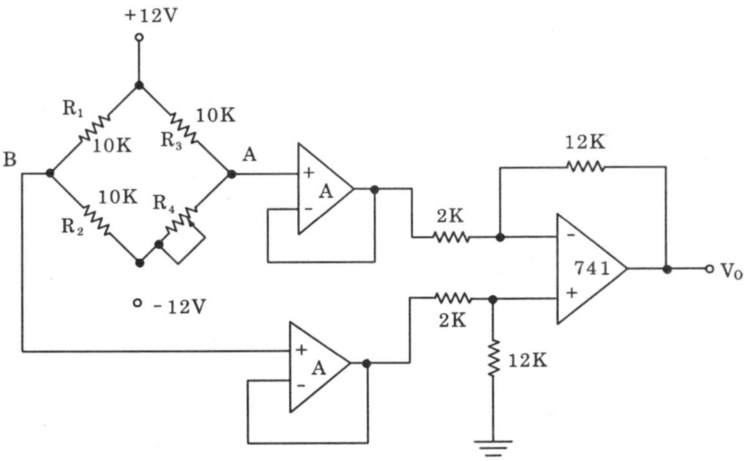

〈사례그림 3-5〉 계측증폭기 회로

6. 사례그림 3-6의 슈미트 트리거 회로에서 출력파형 V_{out}을 나타내어라.

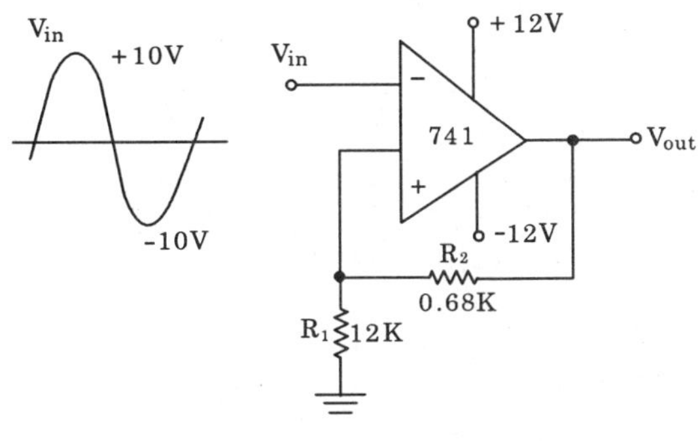

〈사례그림 3-6〉 슈미트 트리거 회로

7. 사례그림 3-7과 같은 적분기에서 출력파형을 그려서, (+)피크 전압과 (-)피크 전압을 각각 구하여라. 또한 출력주파수는 얼마인가?

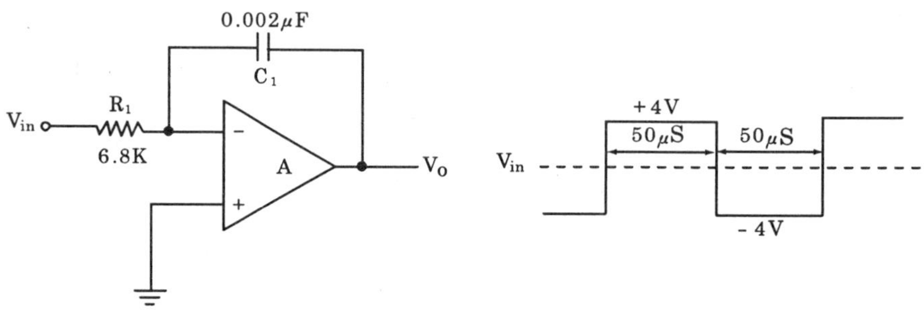

(a) (b)

〈사례그림 3-7〉

8. 영점검출기(Zero-crossing detector)로 동작하는 비교기 회로를 그림에 나타낸다. 입력파형이 정현파로 주어질 때 그 비교기의 출력파형을 그려라.

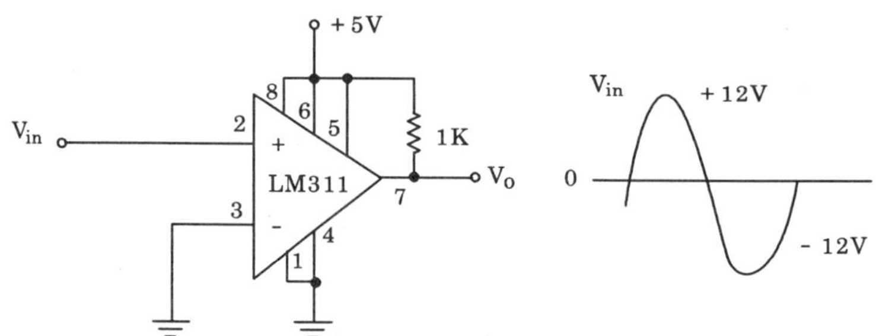

(a) 영점검출기 회로 (b) 입력파형

〈사례그림 3-8〉

9. 이장발진기(relaxation oscillator)에 대해서 회로와 동작내용을 설명하여라.

10. 정현파를 구형파로, 구형파를 삼각파로 변환하는 OP 앰프 회로를 각각 그리고, 설명하여라.

Chapter 4

광 센서 및 주변회로 활용

광 센서란 빛을 검출하여 사용가능한 전기량으로 변환하는 소자를 말하는데 실제로 시판되고 있는 광 센서는 제어의 용이함 때문에 전기신호로 변환되는 경우가 많다.

일반적으로 광 센서는 자외광에서 적외광까지 광파장 영역의 광 에너지를 검지하는데, 그 분류는 광변환 원리에 기초를 두고 광기전력 효과형, 광도전 효과형, 광전자 방출형으로 분류한다. 광기전력 효과형에는 포토다이오드, 포토트랜지스터, CCD와 MOS의 이미지 센서, 태양전지 등이 이에 속하며 광전자 방출형에는 광전자 증배관이 속한다. 한편 반도체에 빛이 닿으면 자유전자와 정공이 증가하고 광량에 비례한 전류증가(반도체의 저항변화)가 일어나는 현상인 광도전 효과를 이용한 것에는 카메라의 조도계로서 사용되는 CdS가 대표적이다. 표 4-1은 여러 종류의 광 센서를 나타낸 것이다.

〈표 4-1〉 광 센서의 종류

분 류	센서의 종류	특 징	주 용 도
광도전 효과형 광 센서	광도전 셀	소형, 고감도, 저코스트	카메라 노출계, 포토릴레이, 광 제어.

분 류	센서의 종류	특 징	주 용 도
광기전력 효과형 광 센서	포토다이오드 포토트랜지스터 광사이리스터	소형, 저코스트, 전원불필요 대출력, 대전류 제어.	스트로보, 광전스위치, 바코드 리더, 카드리더, 화상판독, 조광 시스템, 레벨 제어
광전자 방출형 광 센서	광전 증배관 광전관	초고감도, 응답속도가 빠름. 펄스 계측, 미약광 검출, 펄스 카운터.	정밀 광계측 기기 초고속·미약 광 검출
자외선 센서	Si자외선포토다이오드 UV 트론	소형, 전원 불필요. 고감도.	의용기기, 분석기기
복합형 광 센서	포토카플러 포토인터럽터	전기적 절연, 아날로그 광로에 의한 검출	무접점 릴레이, 전자장치, 노이즈 컷, 광전스위치, 레벨 제어, 광전식 카운터

4-1 포토다이오드

1. 구조 및 종류[10)]

n형 기판상에 p형층을 형성시킨 pn 접합부에 발생하는 광기전력 효과를 이용한 소자이며, 입사광을 유효하게 이용하기 위해 표면에 반사 방지층이 설치되어 있다. 포토다이오드의 재료는 pn 접합을 형성할 수 있는 것, 예를 들면 Si, Ge, GaAs, InGaAs 등이 사용되고 있다. 재료, 형상, pn접합의 위치 등에 의해서 수광 파장 영역이 다르다.

그림 4-1은 동작 원리를 나타낸다. 입사광의 에너지가 반도체의 공핍층 전계에 의해서 정공은 p형으로, 전자는 n형으로 이동해 분리되고 p형은 정(+)으로 n형은 부(−)로 대전한다. 이 양단을 결선하면 p형에서 결선을 통하여 n형으로 전류가 흐르고 빛이 조사되고 있는 동안은 외부 전원이 없이 전류가 흐른다.

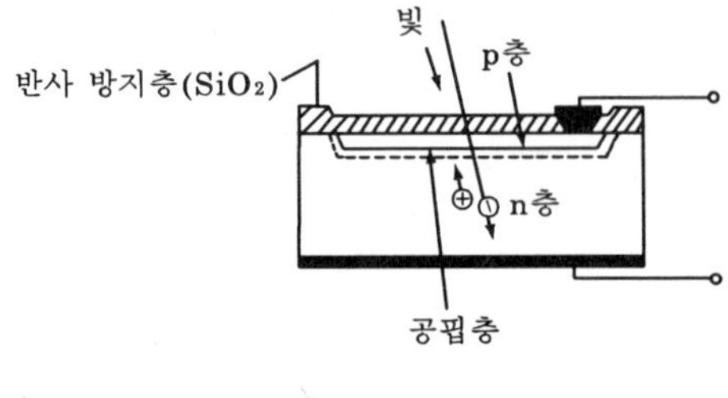

〈그림 4-1〉 포토다이오드의 동작 원리

포토다이오드의 수광 영역은 주로 접합의 구조에서 정해지지만 일반적으로 400~1,000nm의 파장 영역에서 사용할 수 있고 특히 700~900nm에서 감도가 최대가 된다. 이를 그림 4-2에 나타낸다. 입사광에 대한 광전류 출력의 직선상이 양호하므로 아날로그를 동작시키는데 적당하다. 이외의 특징은 다음과 같다.

- 입사광량에 따른 출력전류의 직선성이 우수하다.
- 신뢰성이 높다.
- 수명이 길다.
- 고속응답 및 적은 암전류
- 출력분산이 작고 온도에 대한 특성 변화가 적다.

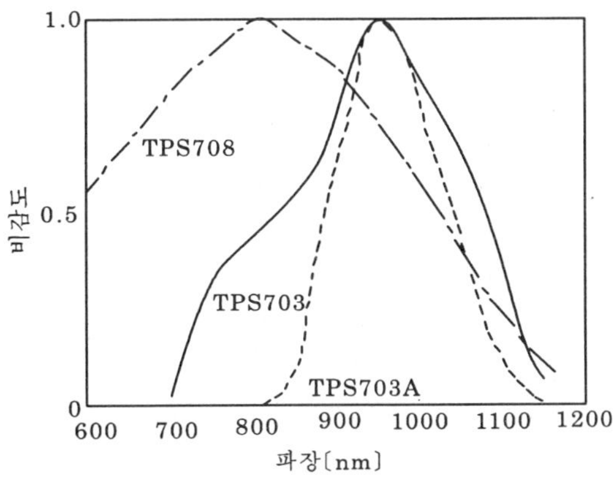

〈그림 4-2〉 Si-pin 포토 다이오드의 감광 특성 예

이러한 포토다이오드의 기술적 발전을 전망하면, 변환 효율의 개선, 잡음의 개선, 잡음의 감소, 제조 코스트의 절감, 특성의 균일화(제품의 비율 향상)를 꾀하고 있으며 또한 광통신 이용에서는 1㎛ 이상의 장파장 영역 특성이 우수한 소자의 개발이 기대된다. 재료면에서는 Si가 가장 우수하며 일부 Ge(장파장용), GaAs가 사용되고 또한 InGaAs, GaAsSb 등의 화합물 반도체의 연구가 진행되고 있다.

광 센서에도 여러 가지가 있으나 그 중에서도 포토다이오드의 장점을 종합해 보면 입사광에 대한 직선성의 양호함과 고속 응답 특성, 광대역(廣帶域)의 파장 감도, 저잡음 등이 있다. 포토다이오드의 단점은 일반적으로 출력 전류가 작다는 것이다. 이 때문에 일부 조도

(照度)가 높은 센싱 이외에는 대부분 트랜지스터나 IC 등의 증폭 수단을 병용하고 있다.

그림 4-3은 조도대 출력신호의 특성을 나타낸다.

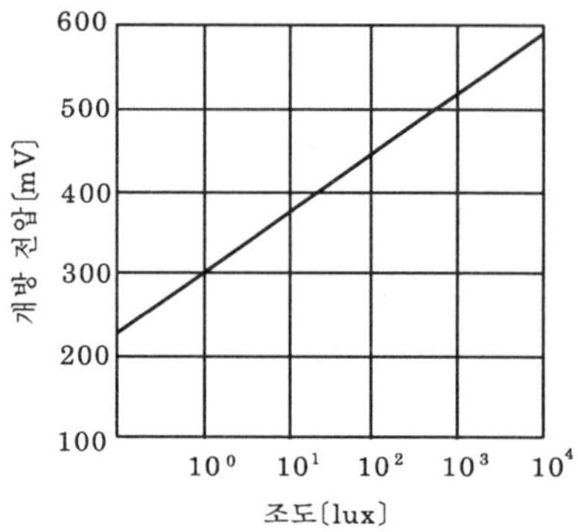

(a) 다이오드의 출력 단자 개방의 경우

〈그림 4-3〉 조도 대 출력 신호의 특성

2. 무바이어스 회로

포토다이오드는 자체에 기전력을 지니고 있는 센서 일레멘트이므로 이것을 작동시킬 경우에는 별다른 외부 전원이 필요하지 않기 때문에, 전원이 없어도 간단히 광검출회로를 구성할 수 있다. 그림 4-4는 무바이어스 회로의 예를 든 것이다. 여기에서는 고부하 저항타입(a)과 저부하 저항타입(b)을 각각 예로 들어 놓았다.[5)]

출력 특성은 부하 저항이 높아질수록 그림의 출력 단자 개방형에 가까워지고 부하 저항

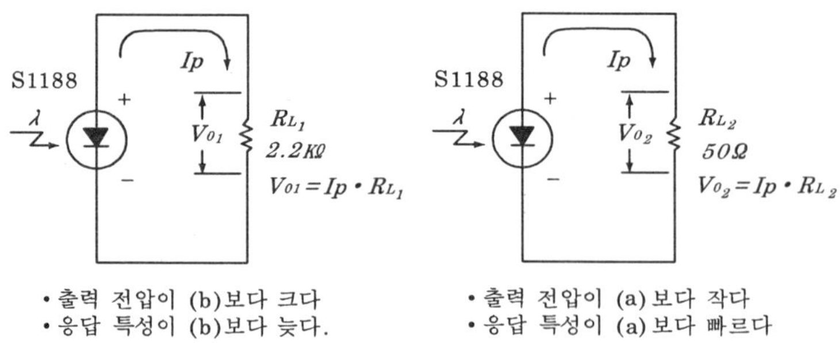

(a) 부하 저항 큼 (b) 부하 저항 작음

〈그림 4-4〉 무바이어스 회로

이 낮으면 출력 단자 단락형으로 된다. 그러나 소자 단체이기 때문에 출력 신호는 매우 미약해서 약간의 증폭을 필요로 한다.

3. 역바이어스 회로

포토다이오드의 성질로서 역바이어스를 걸면 그 응답 특성을 몇 배 이상 개선할 수 있는 것이 있다. 이것은 역바이어스에 의한 접합 용량의 저하에 의한 것이지만 일반적으로 몇 V 정도로 일정한 수치를 나타낸다.

그림 4-5는 역바이어스 회로의 예이다.[5] 여기에서는 부하 저항이 큰 경우 (a)와 부하 저항이 작은 경우 (b)를 각각 나타내었다.

또한 포토다이오드에 역바이어스를 가하는 것은 소자의 응답성과 직선성의 개선에 도움이 되나, 그 반면에 암전류(暗電流)와 잡음의 증대에 관계되기 때문에 많은 배려가 요구된다.

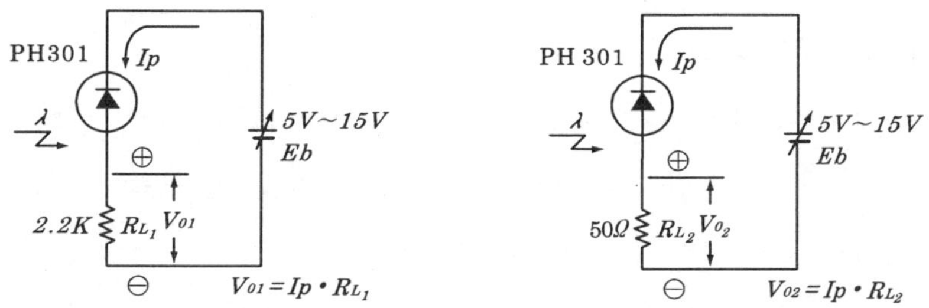

- 출력 전압이 (b)보다 크다
- 응답 특성이 (b)보다 늦다.
- 무바이어스 회로에 비해 응답 특성이 좋다.
- 무바이어스 회로에 비해 암전류가 많다.

(a) 부하 저항 큼

- 출력 전압이 (a)보다 작다.
- 응답 특성이 (a)보다 빠르다.
- 무바이어스 회로에 비해 응답 특성이 좋다.
- 무바이어스 회로에 비해 암전류가 많다.

(b) 부하 저항 작음

〈그림 4-5〉 역바이어스 회로

4. 트랜지스터와의 조합 회로

포토다이오드의 출력 전류는 극히 미약해서 소자 단체로 사용할 수 없기 때문에 약간의 증폭 수단을 병용하여야 한다. 이것을 실생활에 실현한 것이 포토트랜지스터이고, 여기에서는 그 원형으로서 포토다이오드와 트랜지스터의 결합 회로를 예로 들어보았다.

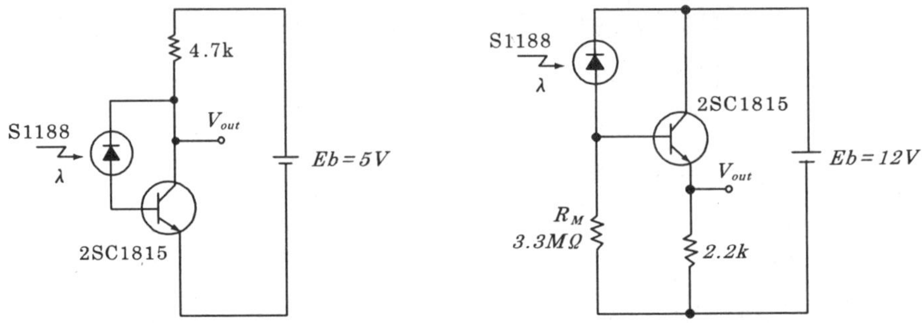

• 펄스 입사광 회로에 적합하다.
• 출력 신호는 입사 신호와 위상이 역전한다
• 출력 신호가 크다.

(a)컴렉터 출력 회로

• 아날로그 신호 회로에 적합하다. R_B에 의해 암전류를 경감한다.
• 출력 신호는 입사 신호와 같은 위상
• 출력 신호가 작다.

(b) 이미터 출력 회로

〈그림 4-6〉 트랜지스터와의 조합 회로

그림 4-6은 트랜지스터와의 조합 회로의 예이다.[5] 여기에서는 그 대표적인 컬렉터(collector)출력 회로 형식(a)과 이미터(emitter)출력 회로 형식(b)을 각각 예로 들었다.

5. OP 앰프와의 조합 회로

앞에서 설명한 바와 같이 다이오드의 출력 신호는 미약하기 때문에 소자 단체로 사용하는 일은 드물고 약간의 증폭 수단을 함께 사용하고 있다. 여기에서는 증폭수단으로 OP 앰프(operational amplifier)를 이용한 회로를 소개해 본다[5].

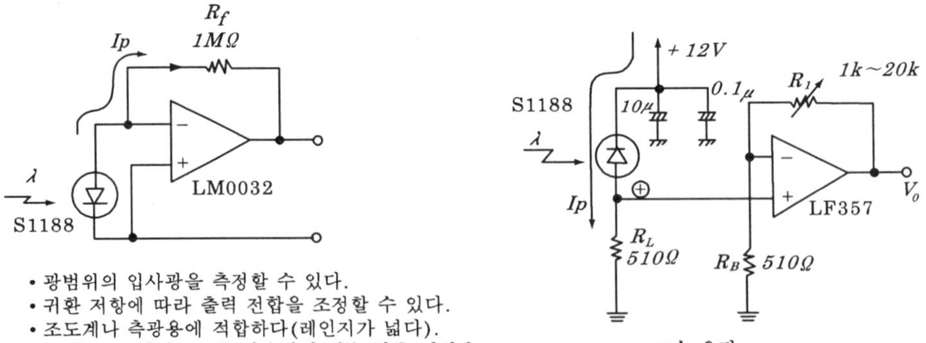

• 광범위의 입사광을 측정할 수 있다.
• 귀환 저항에 따라 출력 전합을 조정할 수 있다.
• 조도계나 측광용에 적합하다(레인지가 넓다).
• R_f에 로그 다이오드를 사용하면 대수 압축 전압을 얻을 수 있다.

(a) 무바이어스

• 고속 응답
• 비반전 출력

(b) 역바이어스 있음

〈그림 4-7〉 OP 앰프와의 조합 회로

그림 4-7은 OP 앰프와 포토다이오드의 조합 회로의 예이다. 여기에서는 무바이어스 방식(a)과 역바이어스 방식(b)을 각각 예로 들었다.

4-2 포토 다이오드를 이용한 전자 브레이크 응용회로

그림 4-8은 포토센서의 출력을 이용하여 전자 브레이크를 구동시키기 위한 회로의 예이다.[5)] 여기서는 포토센서를 이용하여 그 출력을 2개의 트랜지스터로 적절하게 증폭하고 최종적으로는 수 100㎃ 수준의 전류증폭을 하고 있다.

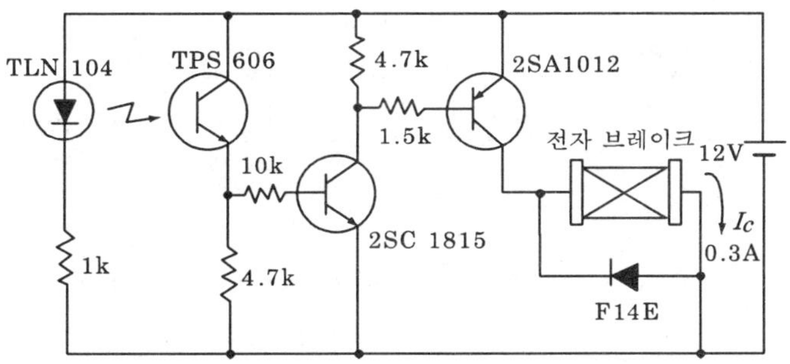

〈그림 4-8〉 포토센서를 사용한 전자 브레이크 회로

이 회로는 메카트로닉스의 브레이크 회로로서 많이 사용되고 있으며, 그림 4-8의 회로 구성에서는 포토 트랜지스터에 빛이 조사된 경우에만 전자 브레이크에 전류가 흐르고 이에 따라 제동력이 주어진다.

또한 전자 브레이크와 병렬로 접속된 역방향 접속의 다이오드는 유도성 부하의 스위칭시에 유발하는 스파크 전압을 흡수하기 위한 것이며, 이것에 의해 출력 트랜지스터를 보호하고 있다. 그런데 이 회로에서는 전자 브레이크를 구동하고 있지만 여기에 모토 또는 램프를 접속해도 무방하다.

1. 포토 다이오드를 이용한 리모콘용 수신기 응용회로

그림 4-9는 적외선에 의한 리모콘(리모트 콘트롤)의 수신장치이다. 여기에 LED를 사용

한 송신기를 조합하면 일련의 원격제어 시스템을 구성할 수 있다.

적외선 센서로는 여러 가지가 있지만 여기서는 포토 다이오드 센서를 사용하고 있다. 기본동작으로서는 먼저 변조된 적외선이 포토센서에서 수광되고, 다음에 수광된 미약한 입력 신호가 FET 2SK117(전계효과 트랜지스터)에서 증폭되며, 다시 트랜지스터 2SA105에서 적절히 증폭된다.

그림 4-9에서는 적외선 센서로 포토 다이오드를 사용하고 있지만 포토 트랜지스터로도 대체할 수 있다는 것은 말할 필요도 없다.

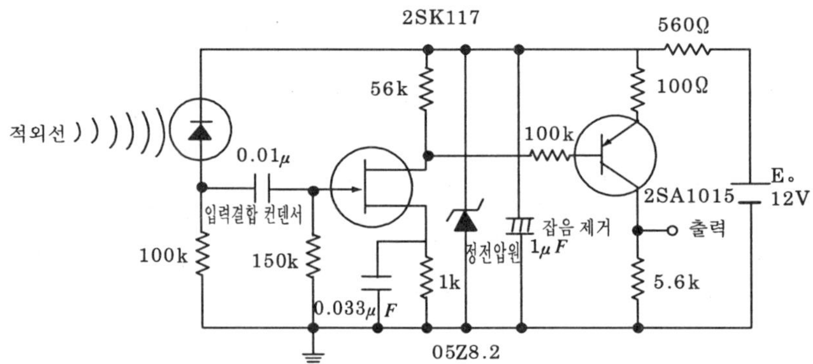

〈그림 4-9〉 적외선 수신장치

4-3 포토 트랜지스터

1. 구조 및 동작원리

포토트랜지스터는 다음의 그림 4-10에서처럼 n형 기판상에 p형의 베이스 영역을 형성하고 또한 n형의 이미터 영역을 형성한 구조를 갖고 있다. 반도체 재료는 대부분이 Si이고 약간의 Ge이 사용되고 있다. 베이스 표면에 빛이 입사하면 역바이어스된 베이스-컬렉터 사이에 광전류가 흐르고 이 전류가 트랜지스터에 의해 증폭되어 외부 리드에 흐른다.

일반적으로 트랜지스터형이지만 달링톤 트랜지스터형인 경우에는 전류는 다시 다음 단의 트랜지스터에 의해 증폭되므로 외부의 리드선에 흐르는 광전류는 처음 단의 베이스-컬렉터 사이를 흐르는 광전류가 처음 단과 다음 단의 트랜지스터 전류 증폭률과의 곱으로 되므로 대출력이 얻어진다.

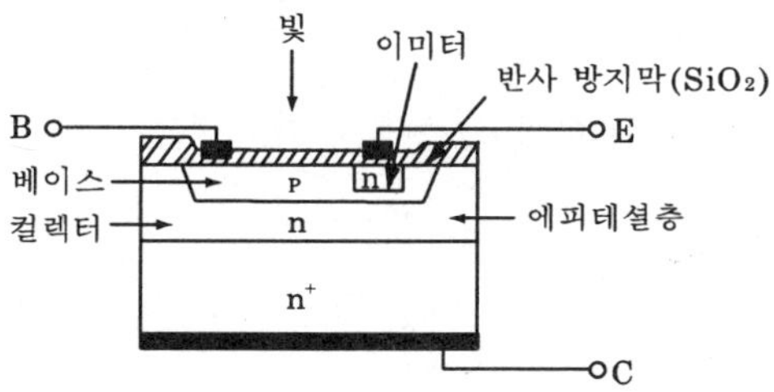

〈그림 4-10〉 포토 트랜지스터의 구조

앞의 구조와 같은 포토 트랜지스터를 기호적으로 나타내면 다음의 그림 4-11과 같다.

〈그림 4-11〉 포토 트랜지스터 등가회로

포토 트랜지스터에 빛이 입사되면 포토 다이오드에 I_P의 광전류가 흐르고 트랜지스터에 의해 증폭되어 다음과 같은 출력 전류가 흐른다.

$$I_C = (1 + h_{fe})I_P \fallingdotseq h_{fe}I_P$$

한편 포토 달링턴의 경우는 각 트랜지스터의 증폭률을 곱한 형태로 된다. 즉,

$$I_C = h_{fe1} \cdot h_{fe2} \cdot I_P$$

2. 특 징

현재 가장 많이 사용되는 수광 소자로서 일반적으로 500~1,600㎚의 파장 영역에서 사용할 수 있고, 특히 800㎚부근에서 최대 감도를 갖고 있다. 포토다이오드에 비해 출력되는

광전류가 크고 신호는 동일 칩 내에서 증폭되고 있으므로 전기적 노이즈도 적고 큰 S/N비를 얻을 수 있다.

그러나 포토 트랜지스터와 포토 달링턴의 경우 고온이 될수록 S/N비가 저하되므로 온도 보상회로가 필요하다. 이외에도 다음과 같은 특징이 있다.

- 신뢰성이 높다.
- 전류 증폭율이 크다.
- 기계적으로 강하다.
- 암전류가 적다.
- 가격이 싸다.
- 소형화가 가능하다.

한편 포토다이오드에 비해 입사광에 대한 광전류의 직선성이 나쁘고 고감도인 것일수록 (특히 달링턴 트랜지스터형) 응답속도가 늦고 포화전압이 높은 결점이 있다. 이러한 포토 트랜지스터는 광 스위치, 단거리 광통신기, 마크 판별기 등에 이용되고 있다. 현재 이용되고 있는 것은 발광 다이오드와의 조합에 의한 용도가 가장 많고 앞으로도 많이 이용될 것이다. 추후로는 직선성이 개선, 응답속도 및 변환 효율의 개선 등이 이루어져 아날로그 동작으로의 응용이 확산될 것이다.

4-4 포토트랜지스터의 기본 회로

1. 포토트랜지스터 단체 회로의 예

포토트랜지스터의 기본 회로로서 그림 4-12에서는 포토트랜지스터 단체 회로의 예를 몇 개 들어본다. 그림 4-12(a)는 이미터 출력 회로인데 여기에서는 포토트랜지스터의 이미터 측에 부하 저항을 접속해서 그 출력을 이미터에서 끄집어낸다. 이 회로의 주요한 특징은 출력 신호가 입사광(入射光)과 같은 위상(位相)이라는 것과, 다음 단에 NPN 트랜지스터를 접속하기 쉽다는 것과, 펄스광 검출에 알맞다는 것이다.

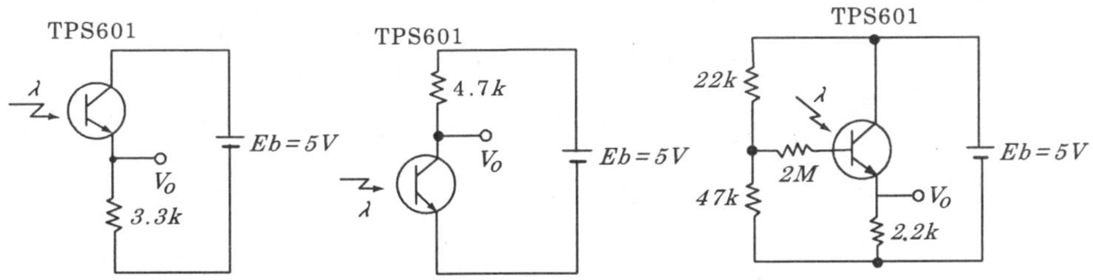

(a) 이미터 출력 (b) 켈렉터 출력 (c) 온도 보상 회로

〈그림 4-12〉 포토트랜지스터 단체의 회로 예

2. IC와의 조합 회로

포토트랜지스터는 그 자체가 큰 증폭 작용을 지니고 있기는 하나, IC 등의 능동 소자를 병용하면 그 성능을 크게 개선할 수 있다.

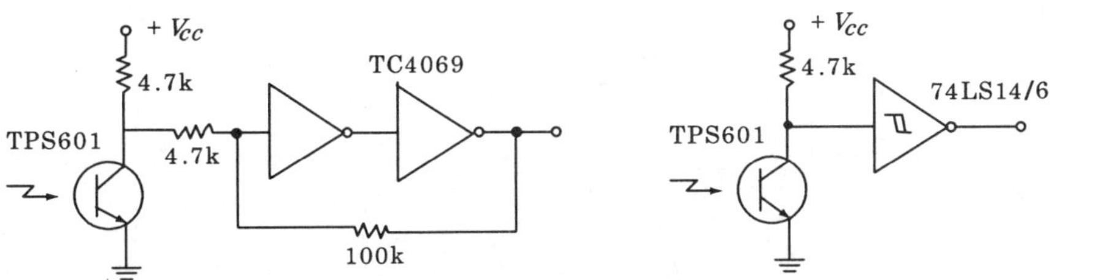

(a) 포토트랜지스터와 인버터 (b) 포토트랜지스터와 슈미트 회로

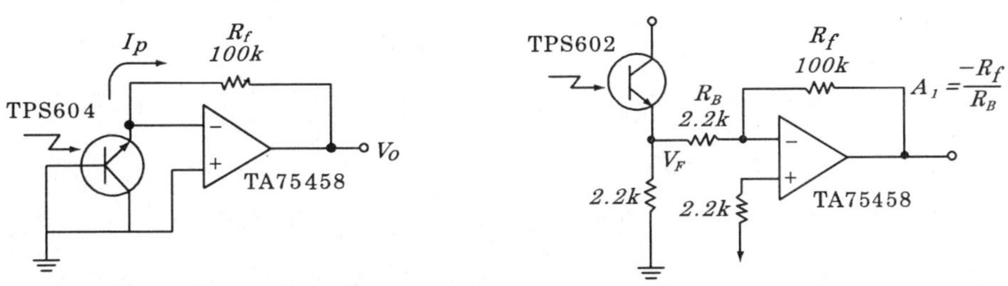

(c) 포토트랜지스터를 포토다이오드로 사용 (d) 포토트랜지스터와 OP 앰프의 조합

〈그림 4-13〉 IC와의 조합 회로

그림 4-13(a)는 포토트랜지스터와 인버터(inverter)용 IC의 조합이며, 여기에서는 인버터를 2개 사용한 슈미트 회로(Schmidt circuit)를 구성하고 있다. 슈미트 회로는 급격히 상승

하는 특성[히스테리시스(hysterisis)특성 등]을 갖고 있기 때문에 내잡음성이 뛰어나다. 그래서 여러 종류의 디지털 회로의 인터페이스(interface)로 이용되고 있다. 그림 4-13(b)는 포토트랜지스터와 이미 만들어진 슈미트 회로와의 조합이고, 앞의 (a)를 간략하게 한 것이라고 볼 수 있다. 따라서 (a), (b)는 모두 같은 것으로 취급할 수 있다.

그림 4-13(c)는 포토트랜지스터를 포토다이오드로 이용하고, 여기에 OP 앰프를 조합한 것이다. 이 회로의 특징은 선형적(linear)인 광센싱에 적합하고 응답 특성이 뛰어나다는 것이다. 또 출력전압 V_0는 $V_0 = I_0 \times R_f$의 관계식으로 주어지며, 귀환(歸還) 저항 R_f에 대응한 출력전압을 얻을 수 있다. 즉, 회로 구성상 그 출력은 입사광과 위상이 반대가 된다.

그림 4-13(d)는 포토트랜지스터와 OP 앰프의 조합이다. 여기에서는 이미터의 출력 전압을 그대로 OP 앰프로 증폭하고 있다. 이 회로의 이득(gain)은 입력 저항 R_B와 귀환저항 R_f의 비로 결정된다.

4-5 포토 트랜지스터의 응용회로

1. 광신호에 의한 스위칭 회로

그림 4-14(a)는 OFF 타입의 1단 증폭 회로의 예이다.[5] 여기에서는 포토트랜지스터의 컬렉터측에 다이오드를 통해서 다음 단의 NPN 트랜지스터의 베이스에 입력하고 있다. 이 때문에 회로 동작은 포토트랜지스터 ON으로 다음 단의 NPN 트랜지스터가 OFF로 된다. 이 회로 구성에서는 포토다이오드의 광전류가 직접 외부 트랜지스터에 흘러가지 않기 때문에 앞의 달링톤 접속과는 상당히 다른 특성으로 된다. 주요한 용도는 펄스광의 스위칭으로 TTL 레벨의 디지털 회로와 직결할 수 있는 것이다.

그림 4-14(b)는 광입력에 의한 DC모터의 ON·OFF 제어회로이다. 여기에서는 포토트랜지스터 외에 중간 단의 소신호 증폭용 트랜지스터, 후단(後段)의 NPN 파워 트랜지스터가 각각 설치되어 있다. 이 회로의 동작은 포토트랜지스터 ON으로 모터가 회전한다. 또 이 회로의 예에서는 모터를 구동하고 있으나 2A 정도의 부하전류가 되면 어떤 용도에도 사용할 수 있다.

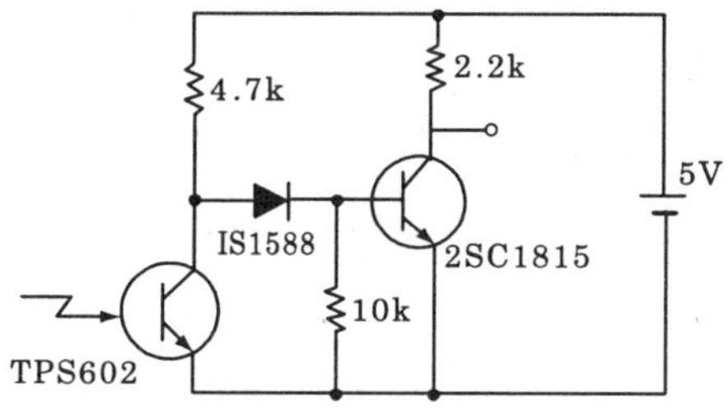

(a) OFF 타입 1단 증폭 회로

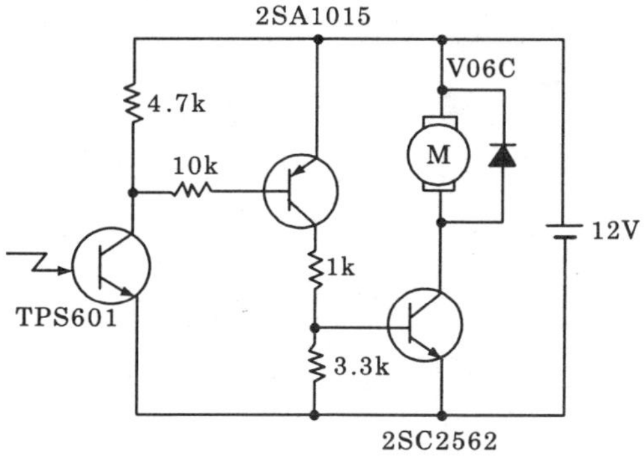

(b) 광 입력에 의한 모터의 ON/OFF 회로

〈그림 4-14〉 광신호에 의한 스위칭 회로

2. 포토 트랜지스터를 이용한 헤드라이트 디머 응용회로

포토 트랜지스터 응용의 하나로 그림 4-15에 자동 헤드라이트 디머 회로를 소개한다.[5] 포토 트랜지스터에 의하여 발생한 광전류는 구동용 트랜지스터의 on-off 상태 제어에 사용된다. 그리고 이 구동용 트랜지스터는 high beam 및 low beam으로 전환하는 릴레이를 제어한다. 검출기는 접근해 오는 헤드라이트로부터 방출되는 빛을 검출해야 되므로 매우 감도가 높고 또한 지향성이 강해야 한다. 검출기의 감도와 지향성을 증가시키기 위해서 빛을 포토 트랜지스터상에 집광하는 렌즈가 사용된다.

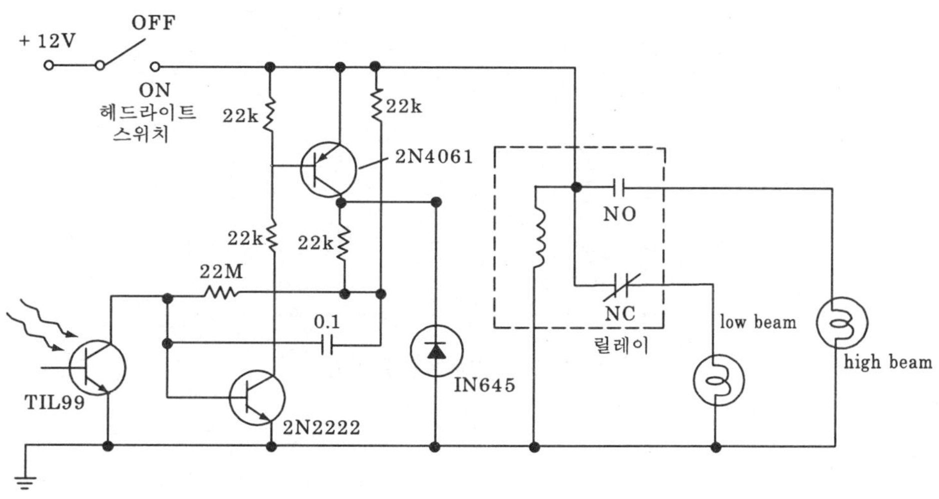

〈그림 4-15〉 포토트랜지스터를 사용한 자동 헤드라이트 디머 회로

포토트랜지스터에 들어오는 빛이 증가하여 low beam으로 전환했을 때 약간의 광 레벨 변화로 인해 high beam으로 다시 전환되어서는 안된다. 이것이 발생하면 약간의 입사광 변동에도 low beam이나 high beam으로 전환되어 버린다.

이것을 방지하기 위해서 low beam으로 전환하는데 필요한 스레시 홀드 레벨보다 충분히 낮은 레벨이 되었을 경우에 high beam으로 전환되도록 설계한다. 이 전환 스레시홀드(threshold) 레벨의 변화를 히스테리시스라고 하며, 이와 같은 종류의 회로에서 자주 사용된다.

3. 자동정지 부착 오일 펌프 응용회로

(1) 동작개요

그림 4-16에서 ON 스위치를 누르면 펌프 P가 동작하여 등유가 급유된다. 오일 공급이 완료하면 자동적으로 펌프는 정지한다. OFF 스위치를 누르는 것에 의하여 수동으로도 펌프를 정지시킬 수가 있다.[6)]

오일 공급 완료에 대한 검출기는 발광 다이오드(LED)와 포토트랜지스터(TR_1)를 사용하여 구성하고 있다. LED, TR_1, D_1, TR_4의 부분은 자동 정지 동작을 하기 위한 회로이다.

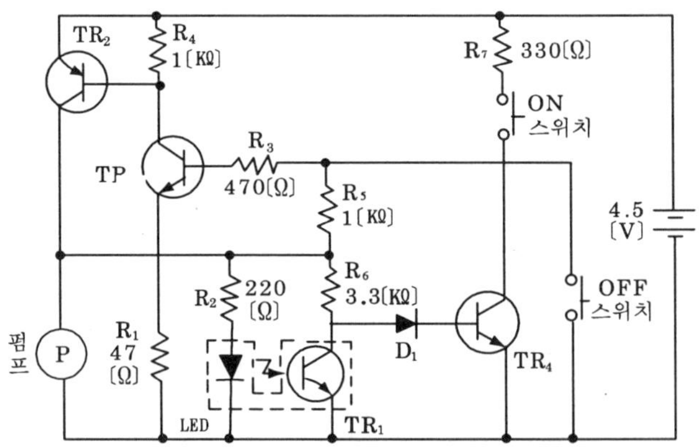

〈그림 4-16〉 오일 펌프 응용회로

(2) 동작 순서

① ON 스위치를 누르면 R_7, ON 스위치, R_3를 통하여 TR_3의 베이스 전류가 흐르고

TR_3가 ON이 된다.

② TR_3가 ON이 되면 TR_2의 베이스 전류가 TR_3, R_1을 통하여 흐르고 TR_2가 ON이 되어 펌프가 동작한다.

③ 한편 TR_2가 ON이 되면 TR_2, R_5, R_3를 통하여 TR_3의 베이스 전류가 공급되게 되어 ON 스위치가 떨어져도 TR_3의 베이스 전류가 계속 흘러서 TR_3는 ON을 유지하므로 펌프는 계속 구동된다.

④ OFF 스위치를 누르면 TR_3의 베이스 전류가 흐르지 않게 되어 TR_3, TR_2 다같이 OFF가 되어 모터는 정지한다.

(3) 자동 정지 동작

① ON 스위치를 눌렀을 때에는 TR_3, TR_2가 ON이 되어 펌프가 구동하는 것과 동시에 R_2를 통하여 발광 다이오드가 점등하고 그 빛이 포토트랜지스터에 들어가서 포토트랜지스터는 ON이 되어 TR_4의 베이스 전류가 흐르지 않고 TR_4는 OFF로 되어 있게 된다.

② 그러나 등유가 들어가서 발광 다이오드와 포토트랜지스터 사이의 빛을 차단하게 되면 TR_1 트랜지스터가 OFF가 되어 R_6, D_1을 통하여 TR_4의 베이스 전류를 흐르게 하여 TR_4가 ON이 되므로 OFF 스위치를 누른 것과 동일하게 되어 펌프는 정지한다.

4-6 포토 커플러

전기적으로 절연되어 있지만 광학적으로는 결합되어 있는 발광부와 수광부를 갖추고 있는 광 센서를 포토 커플러(photo-coupler)라고 한다. 발광부에 사용하는 LED(발광 다이오드)와 수광부에 사용하는 포토다이오드의 고성능화, 저가격화에 의해 포토커플러는 모든 산업 분야에서 이용되게 되었다.

포토 커플러는 광로가 패키지 내에 있는(노출되어 있지 않는) 포토 아이솔레노이터(photo-isolator)와 광로가 노출해 있는 포토 인터럽터(photo-interrupter)로 대별된다.

1. 포토 인터럽터

그림 4-17에 나타내는 구조도에서 알 수 있듯이 발광부와 수광부가 대향 배치되어 있어 이 사이에 물체가 들어가면 빛이 차단되고 수광부의 광전류가 차단되게 되어 있는 것이 표준적인 구조이다.

광원은 적외광이 일반적이지만 가시 발광 다이오드도 이용된다. 이 경우에는 빛이 눈에 보이므로 센서의 동작 상태를 쉽게 체크할 수 있는 이점이 있다.

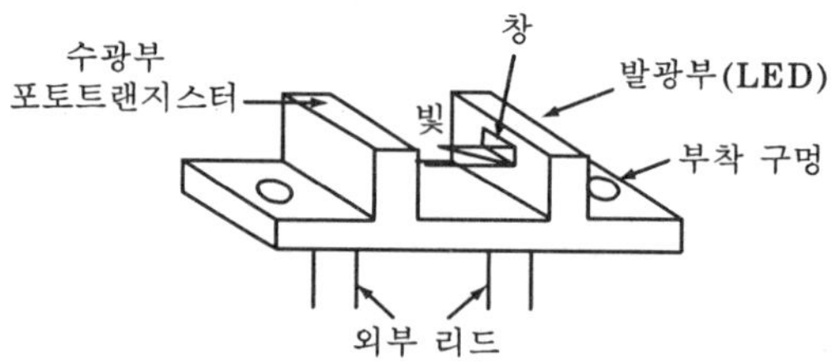

〈그림 4-17〉 포토 인터럽터의 구조

이 센서는 빛을 ON/OFF하는 것에 의해 비접촉적으로 물체의 유무를 검출할 수 있는 것이 큰 특징이며 다음과 같은 특징이 있다.

- 고신뢰성
- 고속 응답성(수십 KHz)
- 소형, 경량
- 높은 정밀도
- TTL, C-MOS에 접속가능

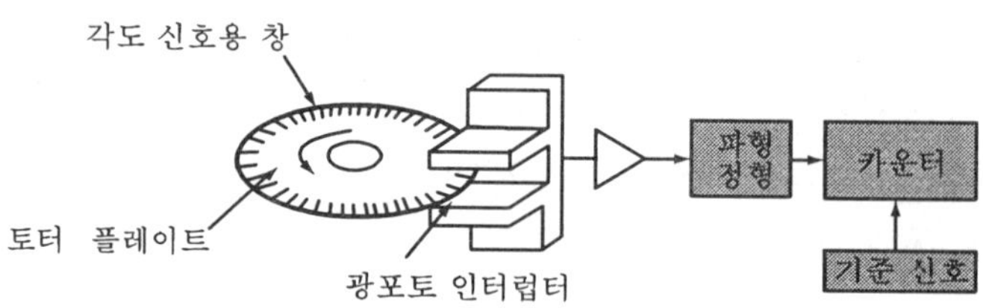

〈그림 4-18〉 포토 인터럽터를 사용한 회전수 측정 원리도

포토 인터럽터는 매년 그 응용분야를 확대해 가고 있는데 회전속도의 제어, 계수, 경보장치, 전기부와 기계부의 결합 등이 주된 응용분야이다. 그림 4-18은 회전수 측정에 사용된 포토 인터럽터를 보여준다.

2. 포토 아이솔레이터

포토 아이솔레이터는 그림 4-19와 같이 LED와 Si의 수광 소자를 대향해서 배치하여 사이를 투명수지로 채우고 그 주변부를 불투명 수지로 감싼 구조를 한 것이 일반적이다.

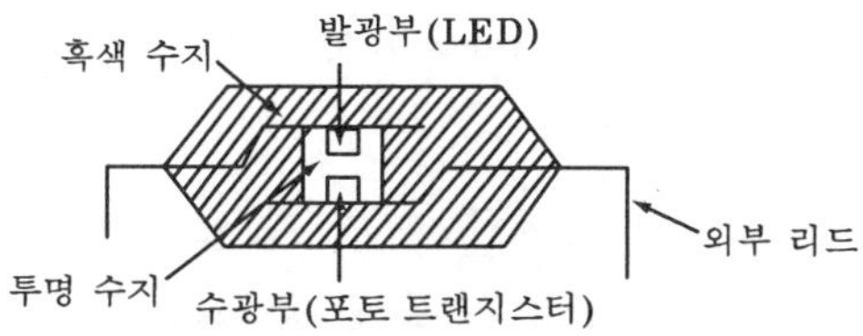

〈그림 4-19〉 포토 아이솔레이터의 구조

고속 응답성을 중시한 커플러에서는 GaAsP LED가 발광 소자로 사용되지만 다른 경우는 Si 도핑의 GaAs 적외 발광 다이오드가 잘 사용된다.

수광부에는 Si 포토트랜지스터가 가장 많이 사용되고 있다. 대출력 특성이 필요할 때는 달링톤 접속의 포토 트랜지스터가 사용된다. 또한 수광 소자로써 광사이리스터를 사용하면 입출력 사이에서 사이리스터 특성을 얻을 수가 있다. 최근에는 수광부에 포토 트랜지스터와 증폭 회로를 일체화한 IC화 광센서가 사용되게 되어 더욱 센서의 성능이 향상되고 있다.

장치 사이의 정보 전달에 이용되는 회로 내에 포토 아이솔레이터를 사용하는 입출력 단자의 접지에 대한 배려가 불필요하므로 전자 회로 구성이 매우 간단하게 된다. 포토 아이솔레노이드의 주된 특징은 다음과 같다.

- 입출력측이 전기적으로 분리되어 있고 그 절연 저항은 $10^{11\sim13}\Omega$ 일 때 매우 높고 결합 용량도 0.5~2 ㎊로 작다.
- 신호의 전달은 단방향이다.
- 응답 속도가 빠르다.
- 다른 반도체 소자와 구동 전원을 함께 할 수 있다.

- 구조가 간단하고 염가로 대량 생산을 할 수 있다.
- 수명이 길고 고신뢰성이다.

4-7 광결합기와의 인터페이스[30]

릴레이는 솔레노이드 및 전기모터와 같이 고전압/전류에서 구동하는 소자로부터 저전압으로 구동되는 디지털 회로를 분리시킨다.

전기기계적 릴레이는 크고 비싸지만 회로의 분리 방법으로 널리 사용되고 있다. 그러나, 전기기계적 릴레이는 접점의 개폐 및 전자유도등에 의해서 과도전압 및 잡음 등을 일으킬 수 있다.

따라서 디지털 회로를 연결시킬 때 광결합기(opto-coupler)가 유용하다. 그림 4-20(a)와 같은 4N25 광결합기는 6개의 DIP를 갖는 실리콘 포토트랜지스터에서 GaAs 적외선 발광 다이오드와 광학적으로 결합되어 있다.

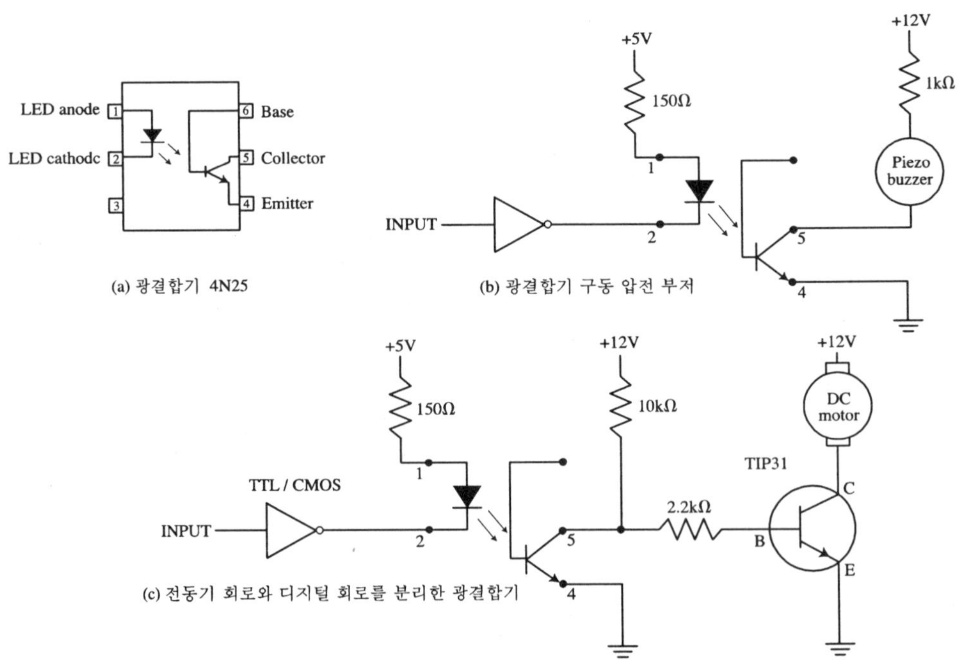

(a) 광결합기 4N25

(b) 광결합기 구동 압전 부저

(c) 전동기 회로와 디지털 회로를 분리한 광결합기

〈그림 4-20〉 광결합기

LED에서 빛이 방출되면 포토트랜지스터가 동작하고 반면에 LED에 전류가 흐르지 않으면 이미터와 컬렉터사이에 형성된 고저항 때문에 포토트랜지스터는 동작하지 않는다. TTL 회로와 압전 부저를 연결하기 위한 광결합기의 간단한 예가 그림 4-20(b)에 보여 준다. 인버터의 출력이 LOW이면 LED는 동작되고 포토트랜지스터를 동작시킨다. 광결합기를 사용하여 보다 높은 부하를 제어하기 위하여 그림 4-20(c)와 같이 전력 트랜지스터를 연결한다. 광결합기의 출력이 LOW이면 전력 트랜지스터는 OFF된다. DC모터가 OFF될 때 전력 트랜지스터의 이미터와 컬랙터 저항은 높다.

TTL 인버터의 출력이 HIGH이면 광합기에서 LED와 포토트랜지스터는 OFF된다. 핀 5의 전압이 정(+)으로 진행되면 전력 트랜지스터가 ON되고 DC 모터는 회전한다.

4-8 포토 인터럽터 응용회로[31)]

1. 포토 인터럽터의 인터페이스회로

포토 인터럽터는 그 응용분야가 확대되어 가고 있다. 회전속도의 검출, 계수, 경보장치, 전기장치와 기계장치의 결합 등이 주요 활용분야로서 여기서는 인터페이스에 대해서 살펴본다.

그림 4-21은 포토 인터럽터와 CMOS IC의 인터페이스회로로서, 포토 트랜지스터를 컬렉터 출력으로 하고 그 출력을 IC_1, IC_2에 의한 슈미트 회로에 입력하여, 펄스파형을 얻는다. 그림 4-22는 포토 인터럽터와 TTL IC의 인터페이스 회로로서 포토 트랜지스터를

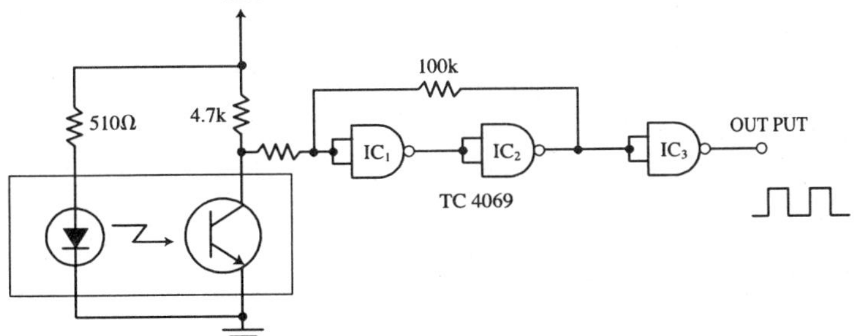

〈그림 4-21〉 포토 인터럽터와 CMOS IC의 결합

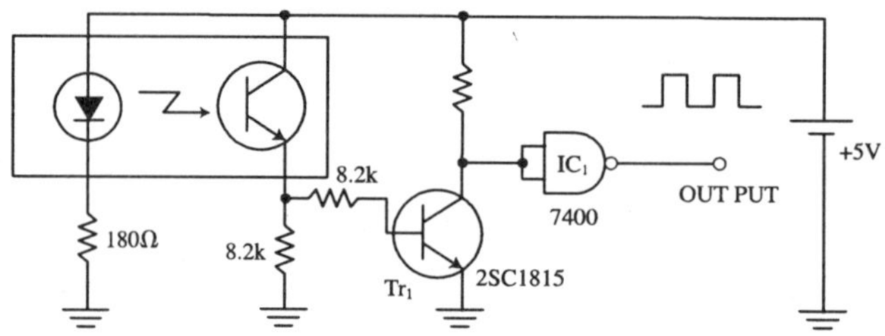

〈그림 4-22〉 포토 인터럽터와 TTL IC의 결합

이미터출력 형식으로 하고 이 출력전압을 트랜지스터를 통해 구형파출력을 얻는다. 이것으로 TTL IC_1에 직접 인터페이스가 가능하다.

그림 4-23은 포토 인터럽터와 OP앰프를 조합한 것으로서, 포토 트랜지스터를 이미터출력 형식으로 사용하고, 그 출력을 비교기로 미리 설정된 레벨 ⓑ와 비교한다.

ⓐ > ⓑ일 때 출력신호가 High가 되고 ⓐ < ⓑ일 때 출력신호는 Low가 된다.

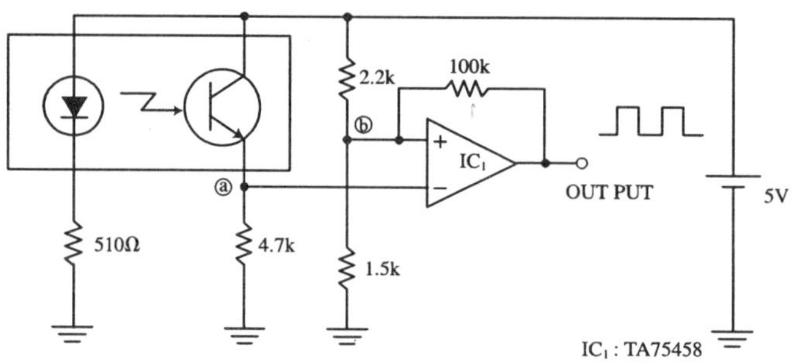

〈그림 4-23〉 포토 인터럽터와 OP앰프의 결합

종이나 금속등의 물체가 이동할 때 물체의 이동방향이나 속도를 2개의 포토 인터럽터를 사용하여 감지할 수 있다. 그림 4-24에 나타낸 바 처럼 포토 인터럽터 ①, ②중에 어느 쪽이 먼저 광 차단이 있었는가에 따라서 물체의 이동방향을 알 수 있다. 첫 번째의 포토 인터럽터의 반응이 있었으므로 두 번째의 포터 인터럽트의 반응이 있을 때까지의 시간차로 이동속도를 알 수 있다. 속도산출회로는 그림 4-24의 후단에 연결된다.

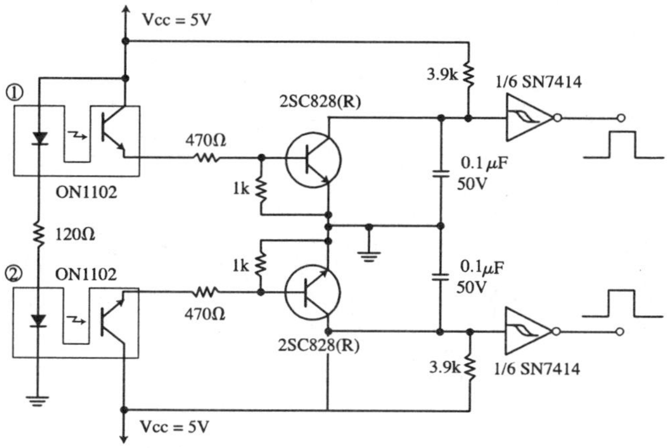

〈그림 4-24〉 물체이동방향, 속도감지회로

2. 출력이 큰 포토센서 응용

그림 4-25는 컬렉터 출력 형식의 포토 인터럽터 회로에 PNP 트랜지스터를 추가한 것이고 이에 의해서 포토트랜지스터의 출력전압을 증폭한다.

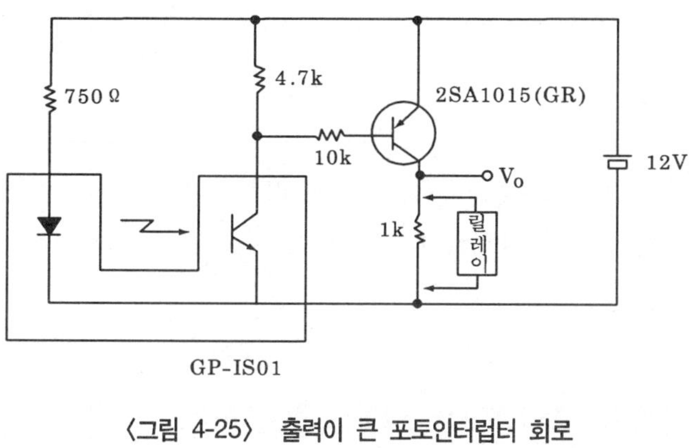

〈그림 4-25〉 출력이 큰 포토인터럽터 회로

3. 빛이 차단되면 플런저가 작동하는 응용회로

그림 4-26은 반사형 포토 인터럽터를 사용한 플런저(plunger)를 작동시키기 위한 회로의 예이다.

여기에서는 포토 인터럽터 P2058을 사용하고, 그 출력을 콘덴서용 IC : M51206TL로 받아서 수십 mA 정도의 미니 플런저를 구동시키고 있다.

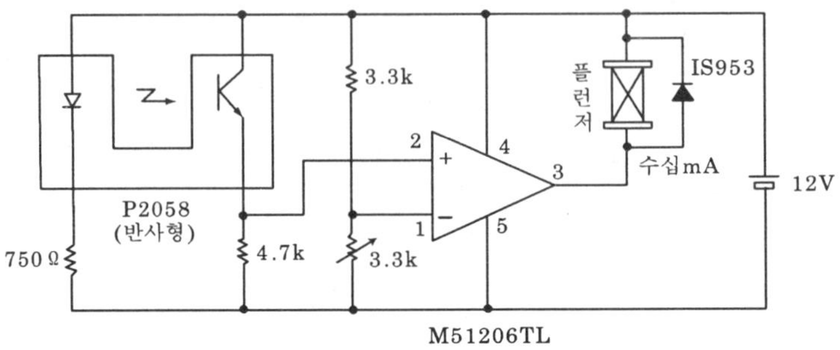

〈그림 4-26〉 빛이 차단되면 플런저가 작동하는 회로

4-9 포토 IC

포토 IC는 포토다이오드와 OP 앰프(operational amplifier)를 일체화한 일종의 센서 모듈이라고 할 수 있다. 이것을 좀더 자세히 설명하자면, 모듈 내에 포토다이오드, OP 앰프, 슈미트 회로, 버퍼 앰프(buffer amplifier : 완충 증폭기), 거기에다 안정화 전원을 각각 내장한 all-in-one의 포토센서이다.

그런데 앞에서 언급한 포토다이오드는 수많은 광 센서 중에서 가장 뛰어난 응답 특성을 지니고 있고, 그 측광(測光) 범위도 넓다. 그러나 이처럼 뛰어난 포토다이오드로 출력 신호가 극히 미약하기 때문에 소자 단체로 사용되는 일은 거의 없으며, 약간의 증폭 수단을 필요로 한다.

1. 포토 IC를 사용한 모터의 ON · OFF 응용회로

그림 4-27은 포토 IC를 사용한 모터의 ON · OFF 회로의 예이다. 여기에서는 빛(적외선)이 입사하면 모터가 구동하도록 구성되어 있다.

이 회로의 예에서는 포토 IC로 S2827을 사용하고, 그 출력을 소신호의 PNP 트랜지스터로 받아서 다시 파워단의 고압 회로와 인터페이스하고 있다. 이것은 전원 전압이 다른 신호 회로 사이를 능숙하게 결합하기 위한 인터페이스 기법이지만, 2SA 1015 대신에 포토커플러(photo coupler)를 이용할 수도 있다.

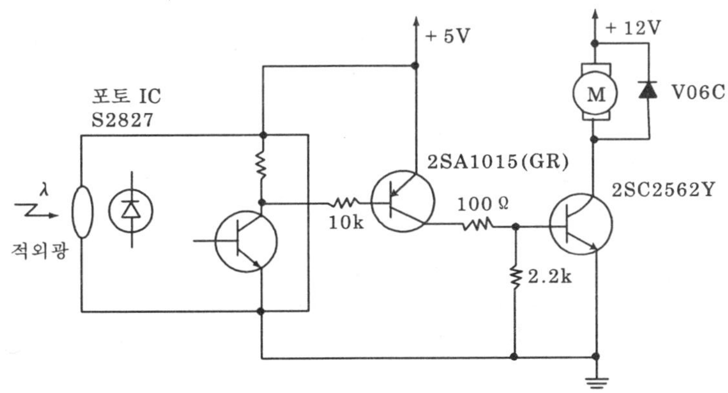

〈그림 4-27〉 포토 IC를 사용한 모터의 ON · OFF 회로

4-10 광도전형(CdS)

광도전이란 물질에 광이 미치는 것에 의해 전기저항이 그림 4-28과 같이 변화하는 현상을 말한다.

반도체에 광이 조사되면 광자의 에너지를 얻어 전자가 가전자대에서 전도대 레벨에, 또 정공이 전도대 레벨에서 가전자대에 여기되며 전자 정공대가 생겨 전기전도율이 증가한다. 광조사에 의해 전자나 정공이 여기 생성된 후, 전계에 의해서 반도체 내를 이동하는 전자중 일부는 재결합하고 일부는 분자 원자와의 충돌로 소멸되고 남은 것은 전극까지 도달하여 외부에 광전류로 되어 나오게 된다. 따라서, 소자에 인가되는 전압(=전계×소자길이)이 같더라도 광의 조사량에 따라서 전류가 변화한다. 즉, 전기저항이 변화하는 것으로 이것이 광도전효과의 동작구조이다.

입사광이 없어도 흐르는 전류를 암전류라고 하는데 일반적으로 온도가 높아지면 암전류도 급격히 커지게 된다. 암전류가 작을수록 SN비(신호대 잡음비)는 커지게 되어 광 센서로서 바람직하다. 광도전형 광 센서로서 이용되는 재료는 유화 카드늄(CdS), 유화연(PbS), 카드늄 셀렌(CdSe)등이 있다.

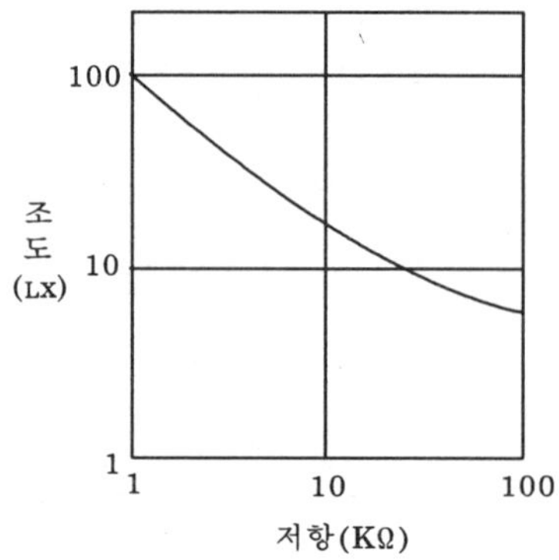

〈그림 4-28〉 광도전형 센서의 특성 예

광도전 셀은 저전압으로 감도가 좋으며 값이 저렴하고 비교적 수명이 길다. 또한 장파장의 광에 대해서도 감도가 좋은 것이 장점이다. 한편, 단점으로는 Si의 포토 다이오드에 비해서 응답속도가 늦다는(수ms 전후) 것이다. 그림 4-29는 광도전 셀의 구조를 나타낸다.

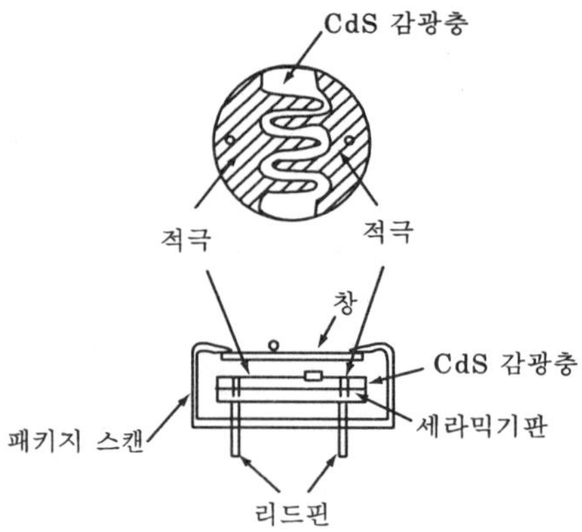

〈그림 4-29〉 광도전 셀의 구조

4-11 CdS 광도전 셀의 응용회로[5)]

1. 로그 다이오드를 사용한 조도계

밝기를 측정하는 측정기로서 흔히 조도계(照度計)가 널리 알려져 있지만, 자연계의 조도는 매우 광범위하게 미쳐 이것을 전부 커버하는 것은 매우 곤란하다.

이것을 해결하기 위해서는 직선성이 뛰어난 포토다이오드나 마이컴 등을 이용하는 방법도 있지만 여기에서는 CdS셀과 로그 다이오드를 병용한 간단한 조도계를 소개한다. 그림 4-30은 그 예이다. 여기에서는 복잡한 회로 기법을 사용하지 않고 CdS셀의 광전류 변화를 대수 압축(對數壓縮)하여 등간격 눈금의 조도계를 실현하고 있다. 다시 말해서, 대수 압축형 소자로 로그 다이오드를 사용하지만, 1lux 이상의 조도 범위라면 일반 정류용 다이오드라도 어느 정도 특성을 기대할 수 있다. 그러나, 조도가 낮은 쪽에서는 그 성질상 측광 정밀도가 매우 악화되기 때문에 광전류 범위는 100μA 이상이 바람직하다.

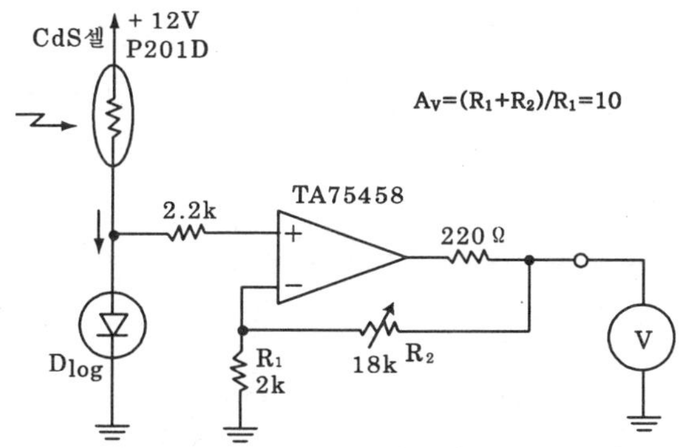

〈그림 4-30〉 로그 다이오드를 사용한 조도계

2. 전자 셔터 회로(타이머 회로)

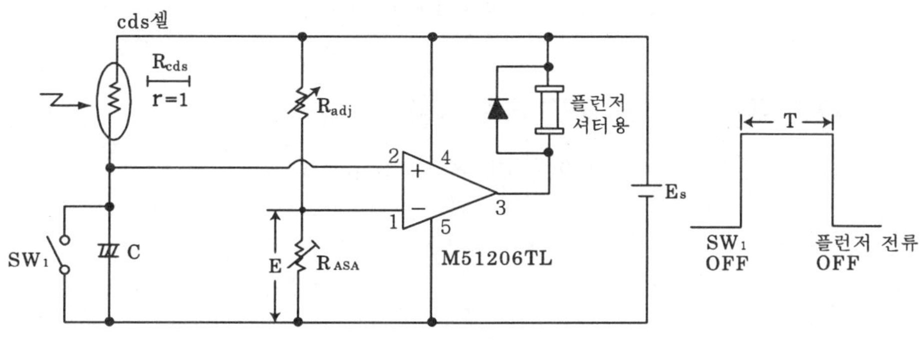

$$T = C \cdot R_{cds} \ln \frac{1}{1-k} \quad \text{단 } K = E/Es$$

〈그림 4-31〉 전자 셔터 회로

그림 4-31은 적분용 콘덴서 C와 적분용 저항 R_{cds}에 의한 타이머 회로의 일례이다. 출력은 one-shot 타입의 지연 펄스로 된다. 따라서, 여기에 $\gamma = 1$의 CdS 셀을 사용하면 노광(露光)시간과 밝기가 정확하게 대응하기 때문에 카메라 등의 전자 셔터로 이용할 수 있다.

3. 밝아지면 버저가 울리는 회로응용

그림 4-32는 밝아지면 버저(buzzer)가 울리는 회로의 예이다. 여기에서는 미리 설정해 둔 전압 E_S에 대응하여 그 조도 레벨을 임의로 설정할 수 있으며 이 조작은 가변 저항 R_A로 할 수 있다. 또 입력부는 CdS를 한 변으로 한 브리지(bridge) 회로를 구성하고 있기 때문에 각종 보정 정보를 입력할 수도 있다.

주요 용도로 각종 방범 장치, 자명종, 광리모콘 등 여러 가지 용도가 있다. 또, 압전(壓電) 버저 대신 릴레이를 사용하면 가로등의 자동 점멸기로도 사용할 수 있다.

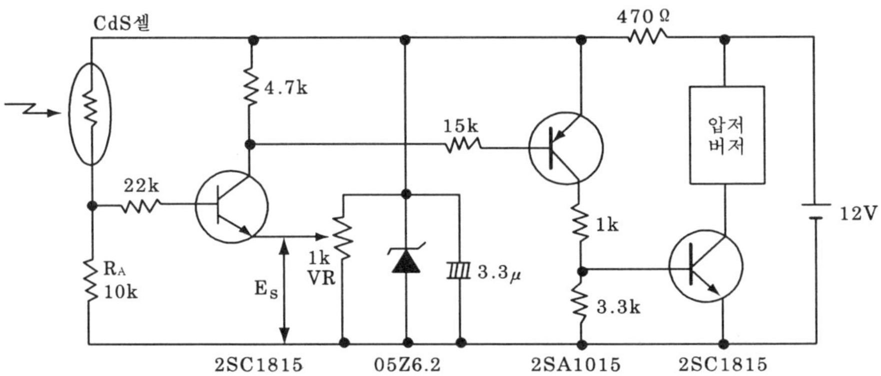

〈그림 4-32〉 밝아지면 버저가 울리는 회로

4. 어두워지면 불이 켜지는 조명회로 응용

그림 4-33은 어두워질 때 조명 램프가 점등되는 응용회로이다.

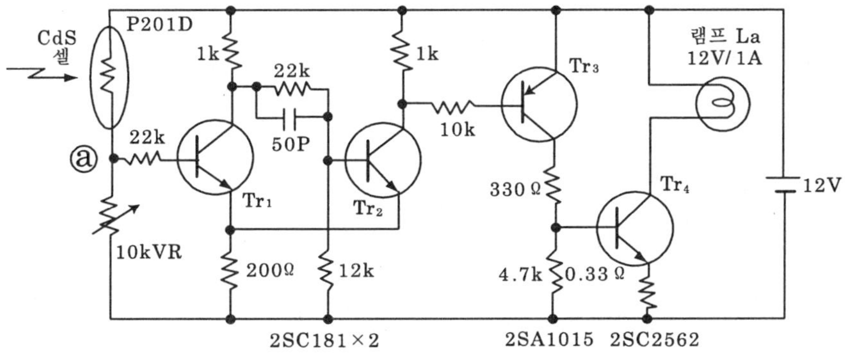

〈그림 4-33〉 어두워지면 불이 켜지는 조명회로

5. 어두워지면 불이 점멸하는 표시 회로응용

그림 4-34는 어두워지면 불이 깜박깜박하는 점멸표시등 회로이다.

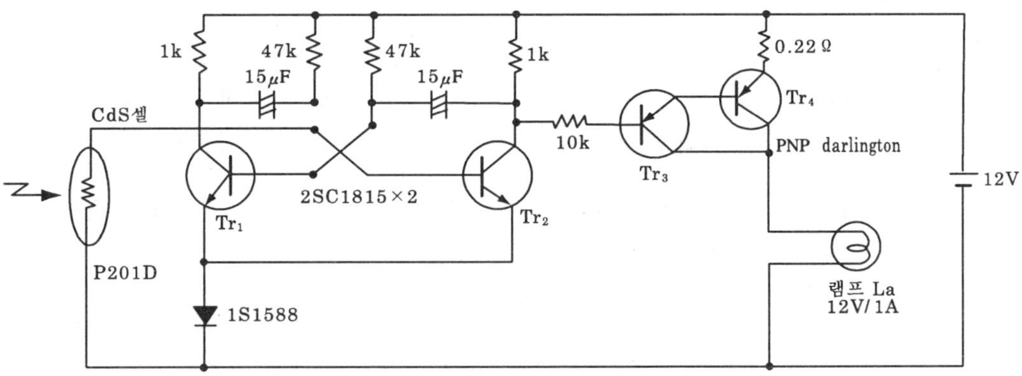

〈그림 4-34〉 어두워지면 불이 점멸하는 표시등

6. 잠 깨우는 알람 회로응용

그림 4-35는 CdS셀을 이용해 잠을 깨우는 알람(alarm)의 일례이다. 이 회로는 CdS셀의 저항 변화를 슈미트 회로로 잡아서 다시 그 출력으로 그 다음 단의 비안정 멀티 바이브레이터를 작동하고 있다.

그림 4-35의 압전 버저는 알람용이고, 이것에 의해 광 센서로의 입사광 유무를 확인할 수 있다. 사용법으로는 여러 가지가 있으나, 아침이 되면 버저가 울려 잠을 깨우는 알람, 그

외에 앨범, 책, 서랍 등을 열면 자동적으로 울리게 되는 차임 장치도 있다. 이들은 모두 설정 조도값이 다르지만 그림 중의 가변 저항 R_a를 적절히 조정해서 임의의 조도 레벨로 스위칭을 할 수 있다.

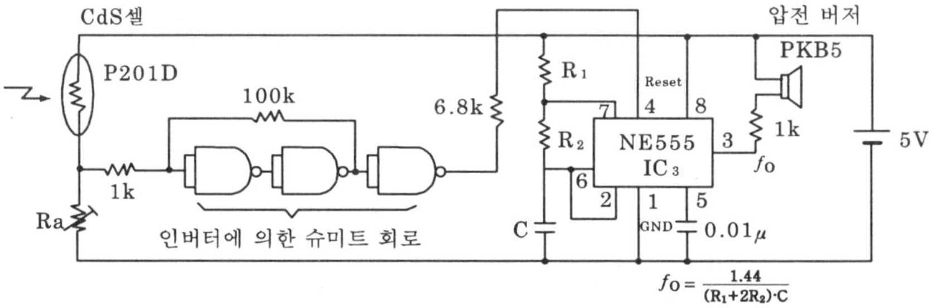

〈그림 4-35〉 잠 깨우는 알람 회로

7. 자동 조리개 장치

그림 4-36은 카메라의 자동 조리개 장치의 일례이다. 여기에서는 R_{cds}를 한 변으로 한 저항 브리지를 구성하여 그 출력 편차를 서보 모터(servo motor) M에 전해준다.

이 회로의 동작을 간단히 설명하면, 브리지 저항 R_{cds}, R_{ASA}, R_N, R_{adj}의 관계가 $R_{cds} \cdot R_N = R_{ASA} \cdot R_{adj}$로 될 때, 이 브리지 회로는 평형해서 양자의 어떤 방향에도 불평형 전압은 발생하지 않는다. 또, 이 경우 서보 모터 M도 정지한다.

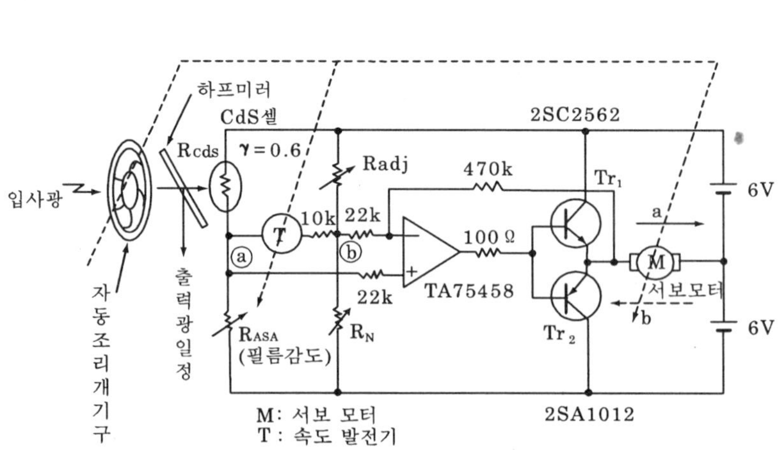

〈그림 4-36〉 자동 조리개 장치

8. CdS 셀을 이용한 자동점멸회로 응용

주위의 밝기에 따라 자동적으로 점멸하는 자동점멸기(auto dimmer)를 소개한다. 일반적으로 시판되고 있는 실용 회로를 그림 4-37에 나타낸다. 무접점 방식의 서는 쌍방향성 사이리스터 Th(트라이악)와 트리거 다이오드 Td(다이악)를 사용하고 트라이악 SM2D41은 게이트 G에 트리거 전류가 흐르면 T_1-T_2간에 on하고, 그렇지 않으면 T_1-T_2간의 off 상태가 된다.

다이액 1S2093은 브레이크 오버 전압(±28~±36V)으로 스위칭하는 소자이다. 이 명암을 감지하고 그 셀 저항값에 의해 C_1 양단의 교류전압을 컨트롤한다.

CdS셀에 입사되는 빛이 많으면 셀 저항값이 낮아지고 C_1의 양단전압이 낮다. 브레이크 오버 전압까지 이르지 않으므로 트리거 전류가 흐르지 않고 Th가 off인 램프는 점등하지 않는다.

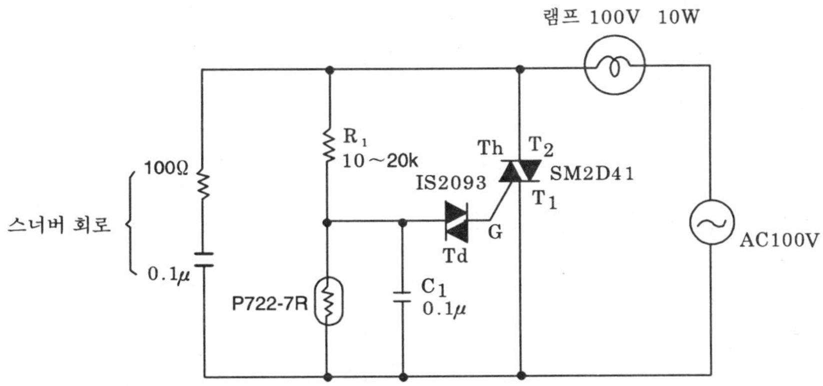

〈그림 4-37〉 자동점멸회로

4-12 광전 스위치

1. 광전 스위치

검출용 스위치는 검출의 매체에 따라 여러 종류가 있으며 그 가운데서 빛을 매체로 응용한 것이 광전 센서이다. 따라서 검출용 스위치는 접촉 스위치인 리밋 스위치(limit switch)와 무접촉 스위칭 동작의 대표적인 것으로 광전 센서를 들 수 있는데, 이를 비교해 볼 때 광전 센서는 인간의 눈을 대신할 수 있는 검출기로서의 역할을 담당한다고 볼 수 있다.

광전 센서는 간단한 물체의 유무, 통과 여부, 정위치 등의 검출에서부터 물체의 대소 및 형상 판별, 색상의 차이 판별 등 고도의 정밀 검출기능까지 행할 수 있기 때문에 자동제어, 계측, 품질관리 등의 여러 산업 분야에서 폭넓은 응용이 이루어지고 있다. 광전자 센서를 넓은 의미로 본다면 광전효과를 이용한 센서라고도 할 수가 있다.

따라서 접촉을 하지 않고도 검지하려는 대상물체에서 반사되는 반사광, 복사광 및 대상물체로 인한 차광 등의 빛의 변화로 물체의 유무, 대소 및 명암의 차이 등을 검출하여 접점 혹은 무접점의 스위칭 출력을 내어주는 기능을 갖고 있다.

2. 광전 센서의 분류

광전 센서를 검출방식에 따라 크게 분류하면 그림 4-38과 같다.[7)] 대향식 투과형은 그림 4-38에 나타낸 바와 같이 투광기와 수광 기간에 검출물체가 빛을 차단함에 따라 동작한다. 이와 같이 차광에 의한 검출이므로 장거리 검출이나 검출 정밀도와 검출의 신뢰성이 높고 또한 작은 물체나 불투명 물체이면 검출이 가능하다. 그러나 투·수광기가 별도로 되어 있으므로 광축을 맞출 필요가 있으며 설치공간 등 설계와 설치의 문제가 있다. 리플렉터형(reflector type : 간접반사형, 동축반사형)은 그림 4-38에 나타낸 바와 같이 투광기와 수광기가 일체화된 구조로 되어 있고 검출에는 반사판(mirror)을 사용하고 있다. 투·수광기가 일체화된 구조이므로 광축의 설정이 용이하고 설계나 설치상의 문제는 별로 없지만 검출물체의 표면이 광택이 있으면 오동작을 일으키는 경우가 있으므로 검출물체의 반사율에 주의할 필요가 있다.

직접 반사형 광전 센서는 그림 4-38에 나타낸 바와 같이 투광기와 수광기가 일체화된 구조이며 투광기로부터 반사된 빛을 검출물체가 반사하고 그 반사광을 수광기가 검출함으로써 동작한다. 이 타입은 반사거울이 필요없고 투명체의 검출도 가능하지만 검출 물체의 표면상태에 따라 동작거리가 달라지며 또 주변의 반사광(외란광)에 의해 오동작하는 일이 있으므로 설치장소와 외란광에 주의할 필요가 있다.

광전 스위치는 그 구성에서 분류하면 앰프 내장형, 앰프 분리형, 전원 내장형이 있다. 이것은 투·수광부와 전원 그리고 출력의 증폭제어와 한시 기능을 동일하게 할 것인가 별도로 할 것인가에 따라 정해진다. 최근의 경향은 앰프 내장형이 많아지고 있다.

종 류	개 요	구 성
투과형 광전 센서	1) 투광기와 수광기를 서로 마주보도록 설치하고 그 사이를 통과하는 물체에 의해 빛이 차광 또는 감쇠함을 검출한다. 2) 설치할 때 투광기와 수광기의 광축을 일치시켜야 한다. 3) 설정거리는 각종(수 mm~수십 m)의 것이 있다.	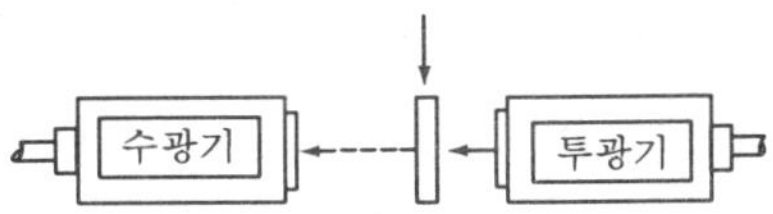 기본형
Reflector형 (MIRROR 반사형) 광전 센서	투수광기와 반사거울(MIRROR) 사이를 대상물체기 통과할 때 검출한다(간접반사형, 회귀반사형, 동축반사형).	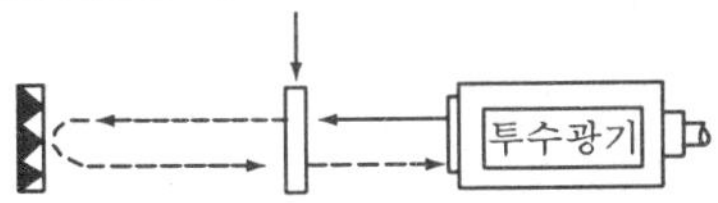
직접 반사형 광전 센서	1) 직접 반사형 광전 스위치는 투광부와 수광부가 일체되어 있어 투광부에서 방사된 빛을 대상물체에 투사 그 반사광을 직접 수광부에서 받아 검출한다. 2) 가장 큰 특징은 한쪽 방향에서 검출이 가능하다는 것이며 한정 반사형은 색깔을 검출하는 COLOR MARK 센서에서 그 특징을 효과적으로 이용하고 있다.	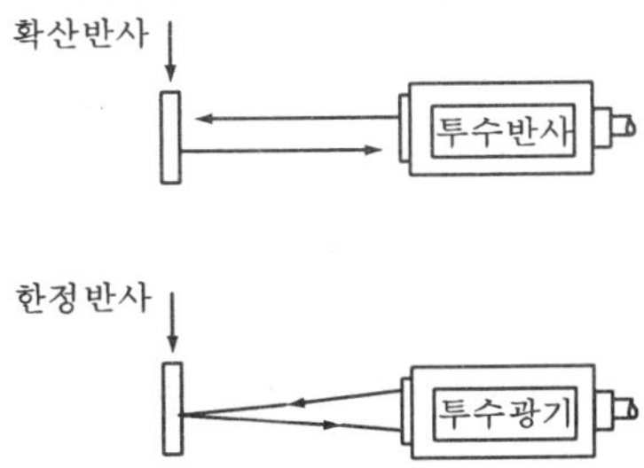

〈그림 4-38〉 검출방식에 의한 분류

광파이버는 투・수광기가 소형이며 미소물체의 검출이 가능하고 공간이 좁은 장소에서도 설치할 수 있기 때문에 사용하는 데 자유도가 높다. 파이버에는 플라스틱 파이버와 글라스 파이버가 있는데 플라스틱 파이버가 사용하기 편리하지만, 장거리 검출에는 글라스 파이버가 사용되고 있다. 광파이버의 검출방식은 대향식 투과형과 반사형이 있다.

3. 광전 스위치의 특징

광전 스위치의 일반적인 특징은 다음과 같다.[7)]

- 무접촉 검출이 가능하다 : 광전 스위치는 검출하고자 하는 대상물체에 대해서 접촉하지 않고도 검출이 가능하므로 리밋 스위치 등의 접속 스위치에 비해 검출 대상물체에 기계적인 충격, 손상 등을 입히지 않으며 물체에 대한 영향(자기를 띠고 있거나 열을 가지고 있는 물체 등)을 전혀 받지 않는다.
- 검출대상 물체의 종류가 광범위하다 : 물체의 표면반사, 투과광 등 빛의 변화에 의한 검출을 하므로 사람의 눈으로 확인이 가능한 거의 대부분의 물체(예를 들면 투명유리, 금속 플라스

틱, 목재, 액체, 기체 등)를 검출할 수 있고 기타 검출하는 물체에 제약이 거의 없다.

- 설정거리가 길다 : 자기를 매체로 한 근접 스위치나 유체를 매체로 한 스위치 등의 무접촉 스위치와 비교해 볼 때 대단히 긴 설정거리를 얻을 수 있다.
- 응답속도가 빠르다 : 빛의 전달속도는 1초에 30만 ㎞라고 하는 초고속으로 더구나 광전자 스위치 내에 기계적인 동작을 하는 기기의 대부분을 전자회로에서 처리하고 있기 때문에 레이저를 이용한 것에는 5㎲(5/100만 초)의 고속 응답속도를 가진 타입도 실용화되고 있어 사람의 눈으로 추종이 곤란한 고속 검출도 가능하다.
- 분해 능력이 좋은 검출이 가능하다 : 빛은 직선성이 뛰어나고 더구나 파장이 짧기 때문에 분해능이 높아서 사람의 눈으로는 쉽게 분간하기 어려운 미소물체, 대소판별, 두께, 위치 등의 고정밀도 검출이 가능하다.
- 자기 및 진동의 환경에 대한 영향을 받지 않으며 수명이 길다 : 검출용 스위치는 설치되는 환경이 자기 및 진동이 있는 장소가 많은데, 광전 스위치는 그에 대한 영향이 적고 안정된 동작을 할 수 있다. 또한 무접촉이므로 수명이 길며 특히 광원으로 발광 다이오드를 사용한 무접점 출력 타입의 경우는 반영구적이다.
- 색깔 및 농담(grey level)의 검출도 가능하다 : 다른 검출용 스위치에서는 볼 수 없는 특징이 있다. 색은 특정한 파장에 대해 흡수작용을 하므로 사람의 눈으로 식별이 가능하다. 칼라마크 광전 센서(Color-mark Sensor)는 수광하는 빛의 변화에 의해 색의 판별 및 농담(濃淡) 등을 검출할 수 있다.
- 빛을 구부려 전송할 수 있다 : 사람의 눈은 차폐물 등에 의해 시계(視界)가 차광될 수 있다. 광파이버식 광전 스위치는 유연성을 가진 광파이버를 응용함으로써 차폐물에 관계없이 빛을 구부려 전송해서 검출 위치에 이르게 하기 때문에 협소한 장소, 좁은 공간에서도 검출이 가능하다.
- 각종 검출용 스위치에 일장일단이 있듯이 광전 센서에도 다음과 같은 결점이 있다.

  첫째, 기름 및 먼지 등으로 인해 렌즈면이 오염될 수 있다. 인간의 눈이 먼지 등에 의해 시야가 지장을 받는 것처럼 렌즈를 사용한 광전 센서도 그 영향을 받는다. 따라서 이에 대한 대책으로는 정기적인 점검을 해주는 것이 좋다.

  둘째, 강한 외란광의 영향을 받기 쉽다. 보통의 조명광에서는 거의 영향을 받지 않도록 전기적으로 단속시킨 빛(변조광)을 사용하고 있으나, 태양광과 같은 강한 빛이 직접 수광부에 입사하면 이것이 오동작의 원인이 될 수 있기 때문에 적절한 외란광 대책(차폐판, 부착 방향 조정 등)을 세울 필요가 있다.

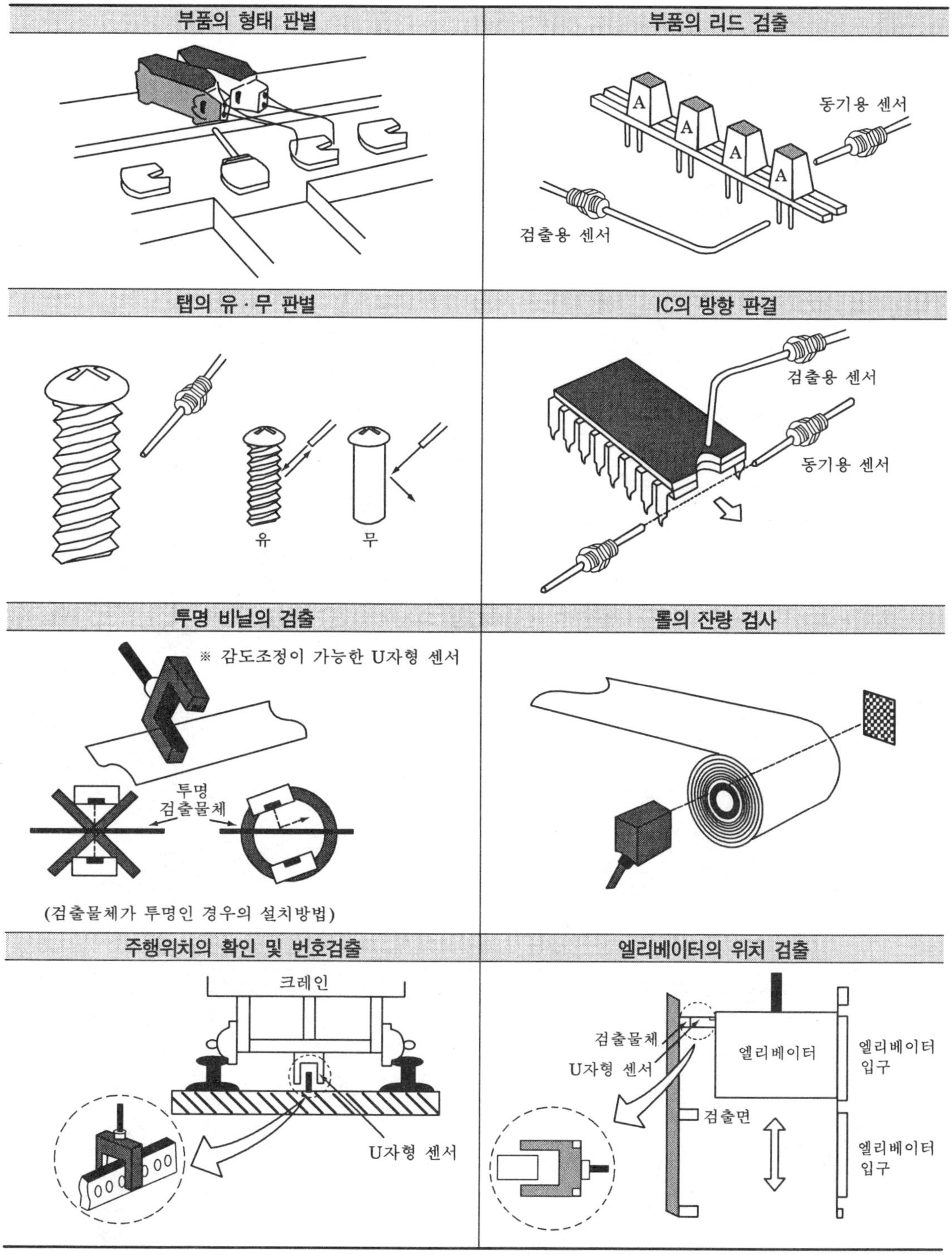

〈그림 4-39〉 광전 스위치의 응용 예(a)

좁은 통로 사이로 이동되는 물체의 통과 확인

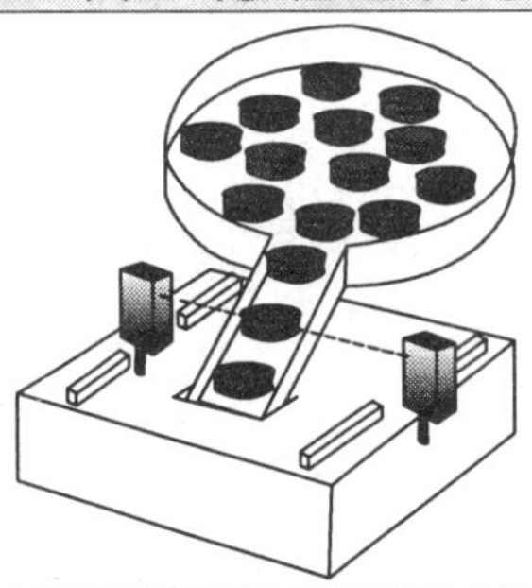

병 이송 라인에서 병의 넘어짐 검출

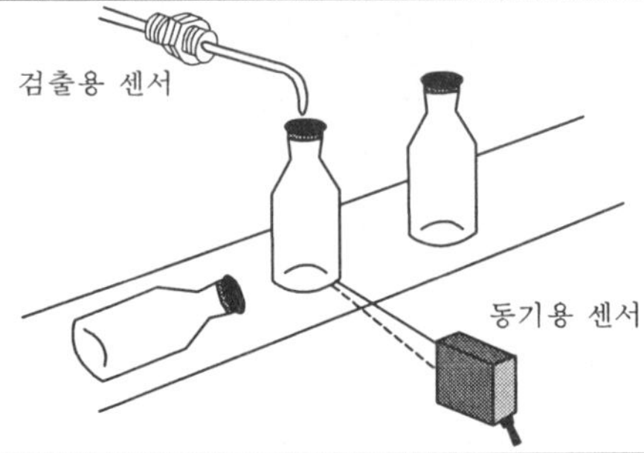

투명병의 라벨 부착 유·무 검출

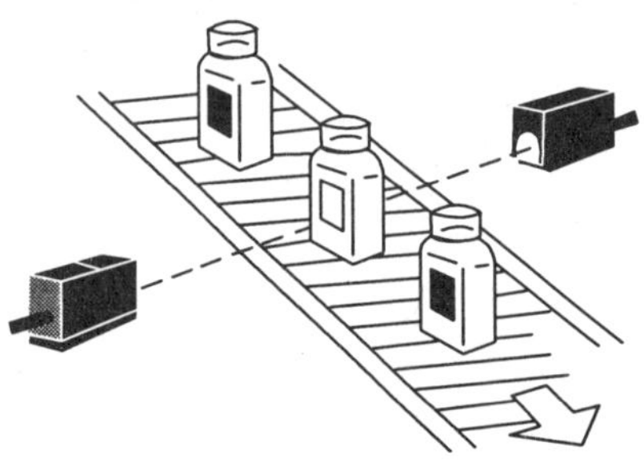

제품출고 자동화 라인

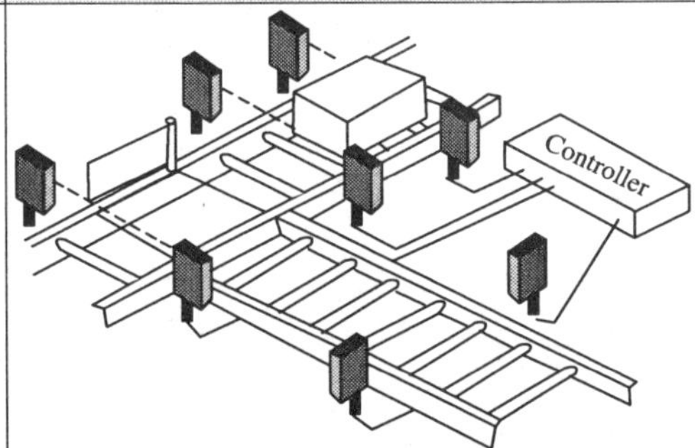

우유팩의 검출

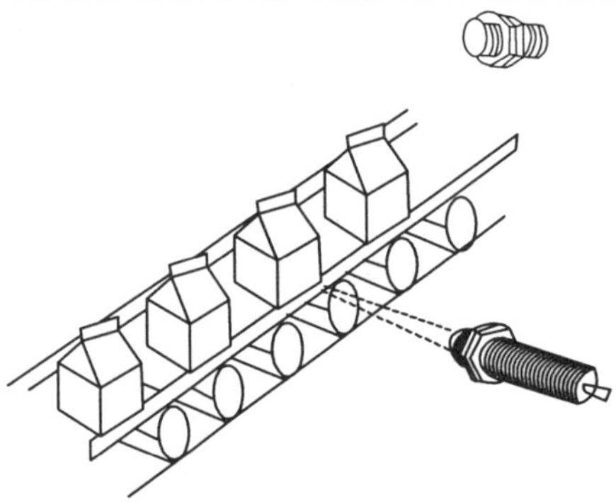

차량의 통과 유·무 검출

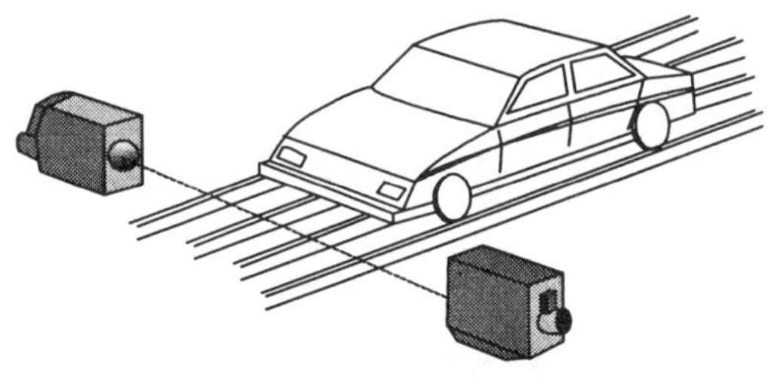

드릴날의 부러짐 검사

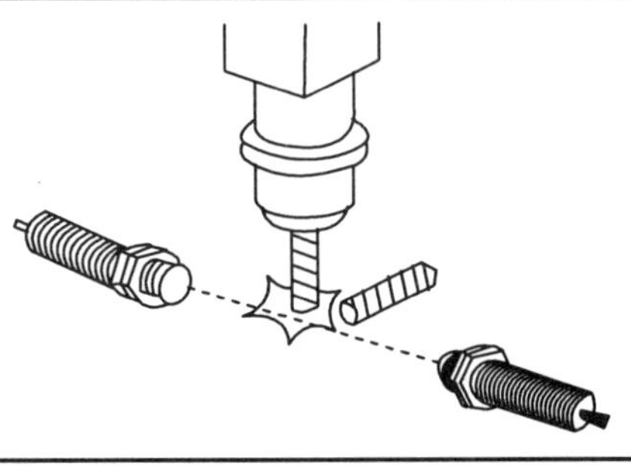

투명병의 유·무 검출

※ 감도조정이 가능한 미러 반사형 포토센서

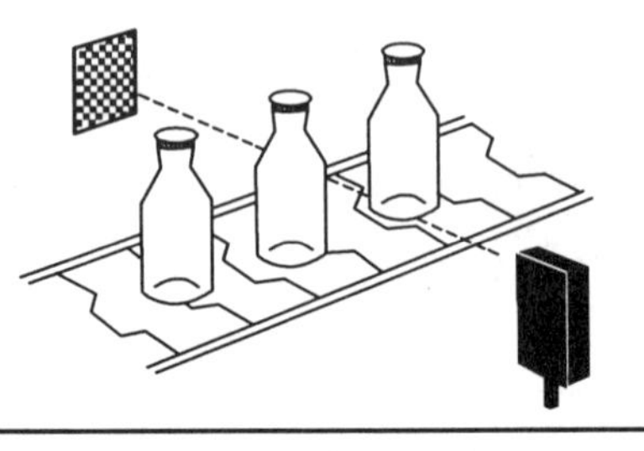

〈그림 4-39〉 광전 스위치의 응용 예(b)

4-13 초전형 적외선 센서[31)]

초전형 적외선 센서란 초전물질의 초전특성을 효과적으로 이용한 것으로서, 이것은 모든 물체에서 방출되는 적외선 에너지를 검출하는 센서이다. 여기서 초전특성이란 PZT(지르콘산티탄산연) 등의 결정구조의 온도변화에 대응해서 표면전하가 변화하는 특성을 말한다.

그림 4-40은 초전형 적외선 센서의 원리를 나타낸다. 여기서 온도변화에 의한 표면전하의 이동을 나타내고 있다. 그림 (a)는 전하의 이동이 없는 경우를 나타내고 있다. 초전소자에 적외선이 조사되면 내부의 분극의 크기가 변화하고, 이것에 의해서 그 변화분이 전하로서 방출된다. 여기서 방출된 전하를 전기신호로서 외부에 출력시키는 것이다.

광검출기는 열형과 양자형으로 분류할 수 있다. 열형은 총 입사된 방출에너지에 응답하며 주로 적외선 감지용으로 사용된다. 양자형은 입사된 광자가 센서 물질내에서 전자와의 작용으로 얻어지는 효과에 의해 동작한다. 열형은 전자 방사 에너지 측정, 초전열도(Pyroelectric)변환용으로 사용되기도 한다. 양자형은 광전지, 광도체에 사용된다.

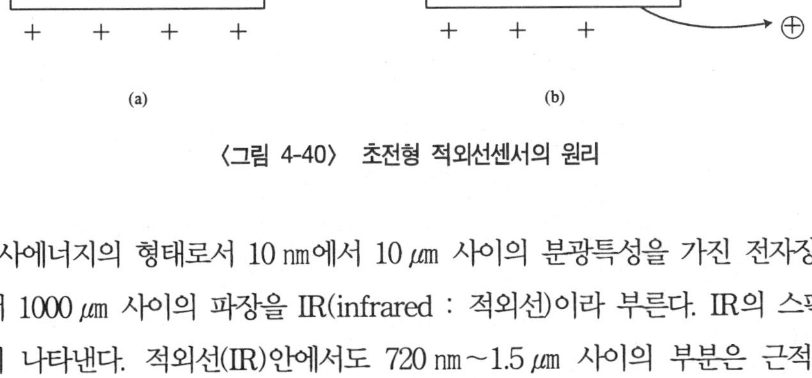

〈그림 4-40〉 초전형 적외선센서의 원리

빛은 방사에너지의 형태로서 10 nm에서 10 ㎛ 사이의 분광특성을 가진 전자장 방사이다. 720 nm에서 1000 ㎛ 사이의 파장을 IR(infrared : 적외선)이라 부른다. IR의 스펙트럼은 그림 4-41에 나타낸다. 적외선(IR)안에서도 720 nm~1.5 ㎛ 사이의 부분은 근적외선 1.5~5.6 ㎛ 사이를 5.6~1,000 ㎛ 사이를 원적외선이라 부른다. 모든 자연물체는 적외선 빛을 방사할수 있으며, 그 파장은 물체의 온도에 따른다.

그림 4-41에서 사람의 몸은 36~37℃인 경우에는 9~10㎛ 사이의 적외선을 방사하고 물체는 400~700도로 가열할 경우 3㎛의 파장을 방사한다.

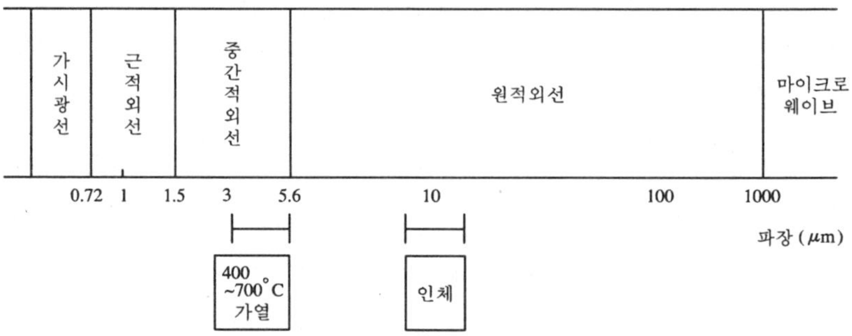

〈그림 4-41〉 적외선 스펙트럼

1. 적외선 센서의 개요[32)]

적외선 센서는 동작원리에 따라 적외선을 일단 열로 변환하고 저항 변화나 기전력 등의 형태로 출력을 얻는 열형(thermal type)과, 반도체의 이동간 에너지차의 흡수를 이용한 광전도 효과나 PN 접합에 의한 광기전력 효과를 이용한 양자형이 있다.

열형으로는 서모파일, 초전소자가 대표적이다. 여기서는 열형에 속하는 초전형 적외선 센서에 대해 설명한다.

이 센서는 특히 원적외선 영역에서의 감도가 이용되며 인체 검출형으로 많은 분야에서 사용되고 있다.

적외선은 파장이 가시광선보다 길고 전파보다 짧은 전자파의 일종으로서 자연계에 존재하는 물체는 인간을 비롯하여 모두 적외선을 방사하고 있다.

다만 그 파장이 그 물체의 온도에 따라 다를 뿐이다.

적외선 센서는 이들 물체가 방사하고 있는 여러 가지의 적외선(온도)을 검출하는 센서이다.

2. 센서의 구조

수지케이스 타입의 구조를 그림 4-42에 나타낸다. 이와 같이 센서는 감지 소자와 그것을 지지하는 절연 기판, FET, 광학필터, 수지 케이스, 리드 단자, 후막 저항으로 구성된다.

내부 회로는 싱글소자의 경우는 그림 4-43과 같이 소스 플로어로 구성되고 있다. 출력 신호는 소자 단자로부터 0.4V 정도의 소스 전압으로 바이어스되고 출력된다.

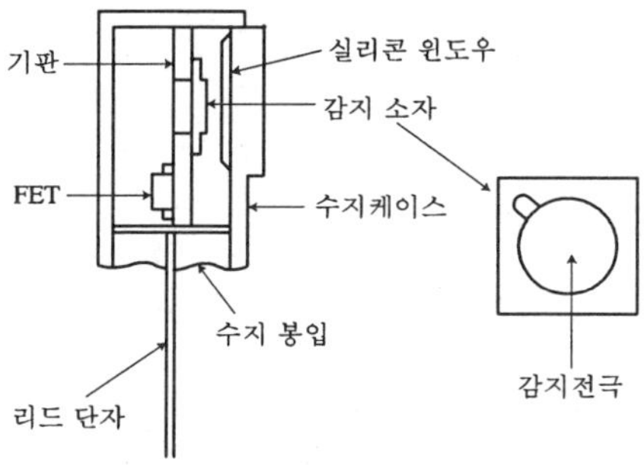

〈그림 4-42〉 수지케이스 타입의 구조

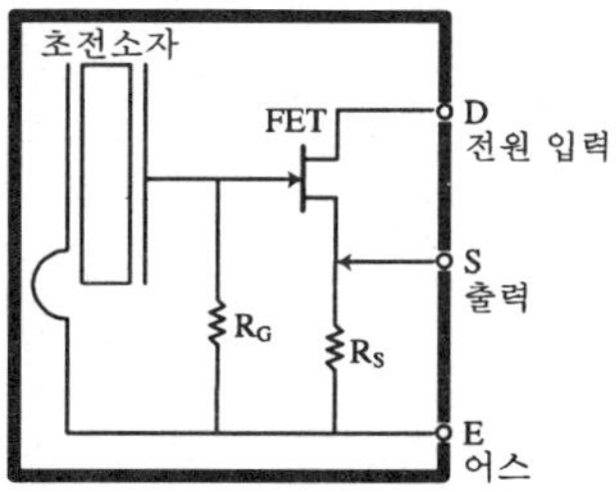

〈그림 4-43〉 싱글 소자의 내부회로

3. 초전형 적외선 센서의 응용

(1) 인체 검출 회로에의 응용

인체에서 방사되는 적외선 에너지는 미약하기 때문에 주위온도가 25℃일 때 초전형 센서는 검출거리가 1m앞 정도 밖에 검지 할 수 없다. 따라서 인체로부터의 에너지를 집광하여 검출 감도를 올리는 방법이 이용된다.

집광계로 반사경이나 플라스틱렌즈를 사용 할 경우 5~15m 정도의 검출 감도를 얻을 수 있다.

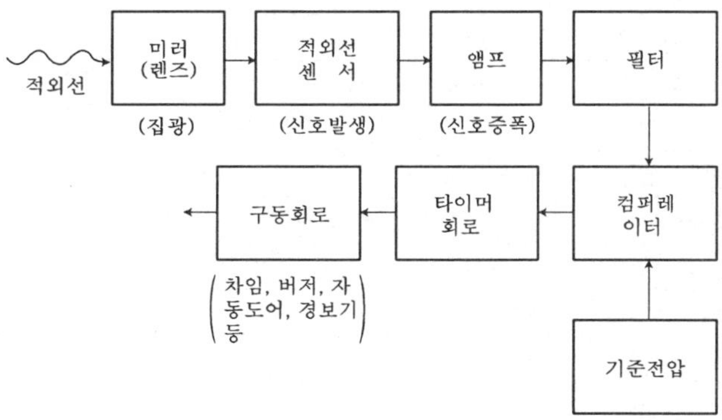

〈그림 4-44〉 인체 검지장치의 블록다이아그램

그림 4-44는 인체 검출 장치의 블록다이아그램을 나타낸다.

센서로부터의 신호는 직류바이어스 전압에 실려서 수 ㎷의 미약한 신호이므로 이 신호를 증폭하여 릴레이나 버저 등을 구동시킨다.

(2) 센서모듈

한편 그림 4-44의 블록전체가 내장되어 있는 적외선 센서 모듈(IMC-C7601-01, 무라다 제작소)이 공급되고 있다.

이 모듈은 23×43×25mm로 매우 소형이며, 그리고 광학계에 반원 형상의 렌즈(일종의 블록 렌즈)를 채용하여 검출영역을 설정하고 있기 때문에 인체를 5m 이상, 그리고 90° ~ 52.5° 의 범위로 검출할 수 있다. 표 4-2에 정격을 나타낸다.

초전소자는 온도 변화가 주어졌을 때만 출력을 발생한다. 즉, 이 모듈은 검지 범위 내에 사람이 들어와 움직임이 있을 때 출력하므로 용도에 따라서는 일정시간 출력을 유지할 필요가 있다.

이 때문에 타이머 회로를 내장시키고 있다. 그 시간(sec)은 외부에 붙인 저항 R과 콘덴서 C에 의해 설정할 수가 있고 $T_H = 1.1C \times R$로 나타낸다.

〈표 4-2〉 IMC-C7601-01의 정격

<table>
<tr><td colspan="2">전 원 전 압</td><td>3~5Vdc</td></tr>
<tr><td colspan="2">소 비 전 류</td><td>타이머 OFF 시 1.5㎃ 이하</td></tr>
<tr><td colspan="2">출 력</td><td>오픈컬랙터(1㏀ 이상)</td></tr>
<tr><td rowspan="2">타 이 머</td><td>제 어 시 간</td><td>외부 콘덴서, 저항접속</td></tr>
<tr><td>리 세 트</td><td>인체감지에 의한 재 홀드</td></tr>
<tr><td colspan="2">검 지 거 리</td><td>5m(통상보행)</td></tr>
<tr><td colspan="2">검 지 범 위</td><td>90° × 52.2°</td></tr>
<tr><td colspan="2">동 작 개 시 시 간</td><td>전원 투입 후 50초 이하</td></tr>
<tr><td colspan="2">사 용 온 도 범 위</td><td>-25 ~ +55℃</td></tr>
<tr><td colspan="2">보 존 온 도 번 위</td><td>-30 ~ +80℃</td></tr>
<tr><td colspan="2">사 용 장 소</td><td>옥내</td></tr>
<tr><td colspan="2">중 량</td><td>18±3g</td></tr>
</table>

10초의 타이밍을 설정한 인체검지회로의 구성을 그림 4-45에 나타낸다.

모듈에는 3단자 레귤레이터 등에서 안정화시킨 +5V를 공급한다. 1번핀은 타이머 IC의 출력을 받은 오픈 컬렉터 출력이므로 1kΩ 이하의 부하는 걸 수 없어 포토커플러를 통해 릴레이 등을 구동시킨다.

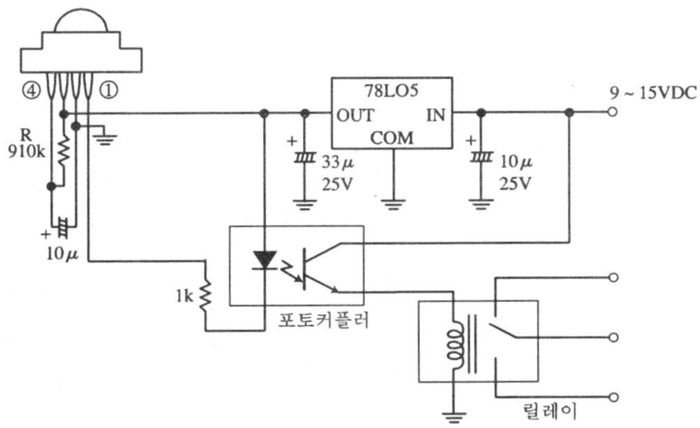

〈그림 4-45〉 인체 검지회로의 구성

그림 4-46은 또 다른 초전형 적외선 센서를 응용한 인체의 검지회로이다.[31] 여기서는 초전센서로서 인체검지용의 E006SXI를, 그 출력증폭으로서 OP AMP TA75458을 사용한다. 이 회로에서 인체의 이동에 의해서 생기는 교류적인 변화전압을 출력단자에 출력한다.

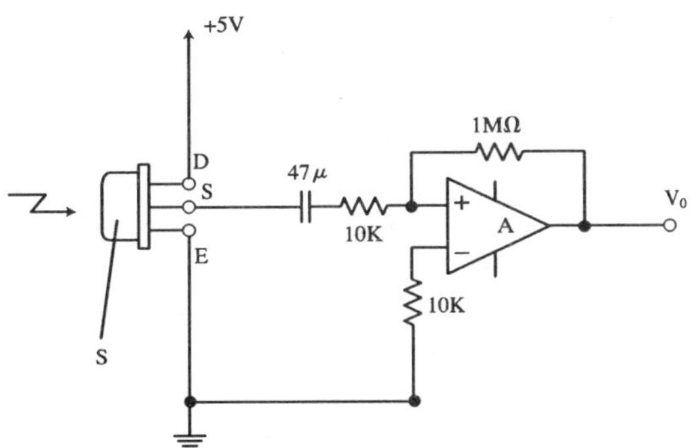

〈그림 4-46〉 초전형 적외선센서의 인체검지회로

그림 4-47은 인체센서의 하나이며, 인체가 검출되면 자동적으로 조명장치가 점등되도록 구성한 것으로서 그림 4-46과 마찬가지로 초전센서로서 E006SXI를 사용하고, 이 출력을

OP앰프로 증폭한다. 또한 정류회로를 통해 교류신호를 직류로 바꾸고, 다시 이 출력을 다링톤 트랜지스터에 공급하여 전구를 점등시킨다.

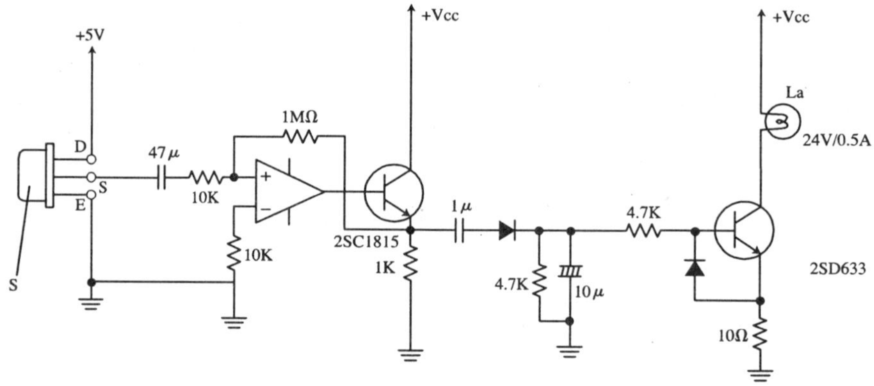

〈그림 4-47〉 인체가 검지되면 점등하는 조명장치

제4장 사 례 문 제

1. 사례그림 4-1의 회로에서 LED는 퓨즈의 상태를 나타내는 용도로 쓰인다. 만약 퓨즈 1개가 동작하여 차단되면 인버터 게이트의 출력신호는 어떻게 되는가, 또한 램프는 어떤 용도로 쓰이는가?

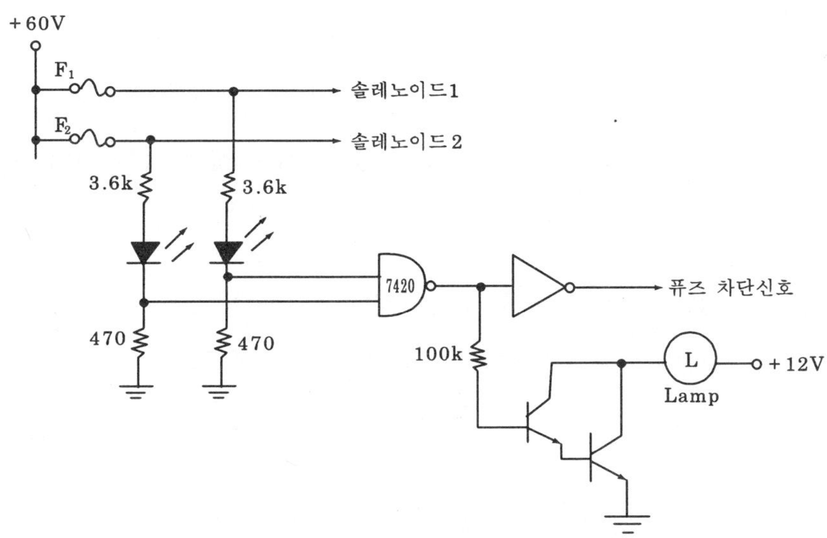

〈사례그림 4-1〉 퓨즈 상태 표시회로

2. 포토다이오드와 포토트랜지스터를 비교하여 장단점을 열거하여라.

3. 포토다이오드와 OP 앰프의 조합회로를 그리고 동작내용을 설명하여라.

4. 포토트랜지스터를 이용하여 DC 모터를 ON, OFF하는 회로를 그리고 동작내용을 설명하여라.

5. 사례그림 4-2의 회로는 빛이 입사되면 구동되는 릴레이 회로를 보여준다. 이 회로를 약간 변형하여 빛이 입사되면 릴레이가 복구되는 회로를 설계하여라.

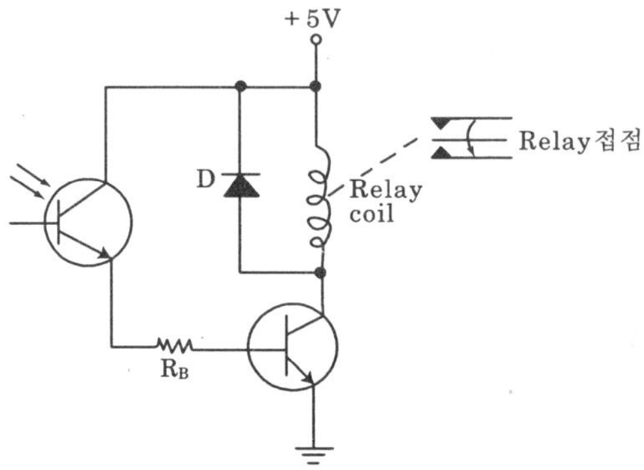

〈사례그림 4-2〉 빛에 의해서 구동되는 릴레이

6. 포토트랜지스터와 SCR을 이용하여 빛이 차단되면 경보회로가 동작하는 회로를 설계하여라.

7. 사례그림 4-3의 포토달링턴 회로에서 Q_2의 이미터에 흐르는 전류는 얼마인가?
단, 1 lm/㎡의 빛의 세기에 대해서 2μA의 베이스 전류가 Q_1에서 생성된다.

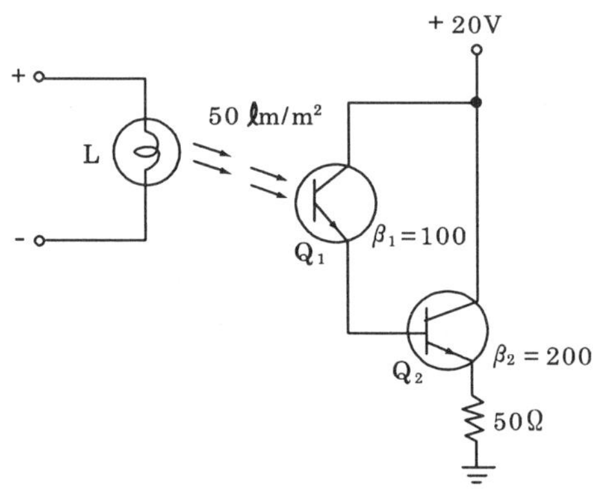

〈사례그림 4-3〉 포토달링턴 회로

8. 사례그림 4-4의 회로를 보고 이 회로의 용도와 동작내용을 설명하여라.

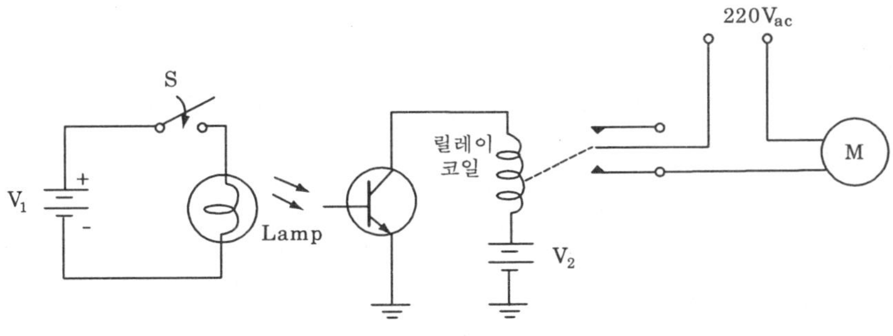

〈사례그림 4-4〉

9. cdS 광도전 셀의 특징을 열거하고, 응용회로를 예로 들어 설명하여라.

10. 광전 스위치의 일반적인 특징을 열거하고 응용 예를 들어 설명하여라.

11. 사례그림 4-5(a)는 발광 다이오드 LED와 포토 TR을 사용한 광 센서이다. 사례그림 4-5(b)는 물체가 벨트 컨베이어에서 이동하여 광 센서를 통과할 때마다 카운트하는 계수회로이다. 이 계수회로에 대한 동작원리를 설명하여라.

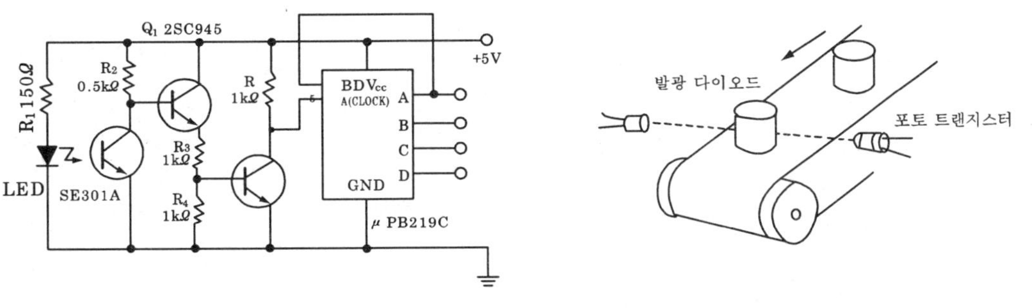

(a) (b)

〈사례그림 4-5〉 (a) 계수회로, (b) 벨트컨베이어의 응용

Chapter

5 온도 센서 및 주변회로 활용

온도 센서에는 여러 가지 종류가 있지만, 일반적으로는 접촉식과 비접촉식으로 나뉜다. 여기에서 접촉식이란 피측온체(被測溫體)에 온도 센서를 직접 접촉시키는 방식을 말하고, 측온의 기본형이 된다. 또한 이 방식은 접촉을 위한 피측온체의 열 에너지가 온도 센서로 이동하기 때문에 이것에 의해 피측온체의 온도저하를 가져온다. 이 경우, 특히 피측온체가 작고 열 에너지가 미약한 검출 대상에서는 이것이 현저하여 정확한 온도 측정이 실시되지 못한다.

이것에 비해 비접촉식은 피측온체에서 방사하는 열선(熱線)을 계측하는 수법으로, 위와 같은 문제는 없다. 또 이 방식은 상당히 떨어진 물체의 온도 측정도 가능하기 때문에 접촉식에는 생각할 수 없는 다채로운 응용도 가능하다.

그러나 그 성질상, 방사 에너지를 태우는 광학계와 여러 가지 보조 부재료를 필요로 하기 때문에 일반적으로 고가(高價)품이다. 그리고 만능형의 온도 센서는 있을 수 없으므로 측온 할 때에는 사용 목적, 요구 정밀도, 가격 등도 고려하여 적절하게 선별하여 사용하는 것이 필요하다. 그림 5-1은 온도 센서의 종류를 종합한 것이다.[9)]

금속선이나 반도체의 저항값은 온도에 따라 변화하는 성질이 있다. 또한 종류가 다른 금속선의 결합 접점을 가열하면 기전력을 발생하는 현상도 있다.

여기서 반대로 저항이나 기전력을 측정하여 온도를 구하는 방법이 온도 센서의 원리이다.

- 온도 - 저항
- 온도 - 기전력

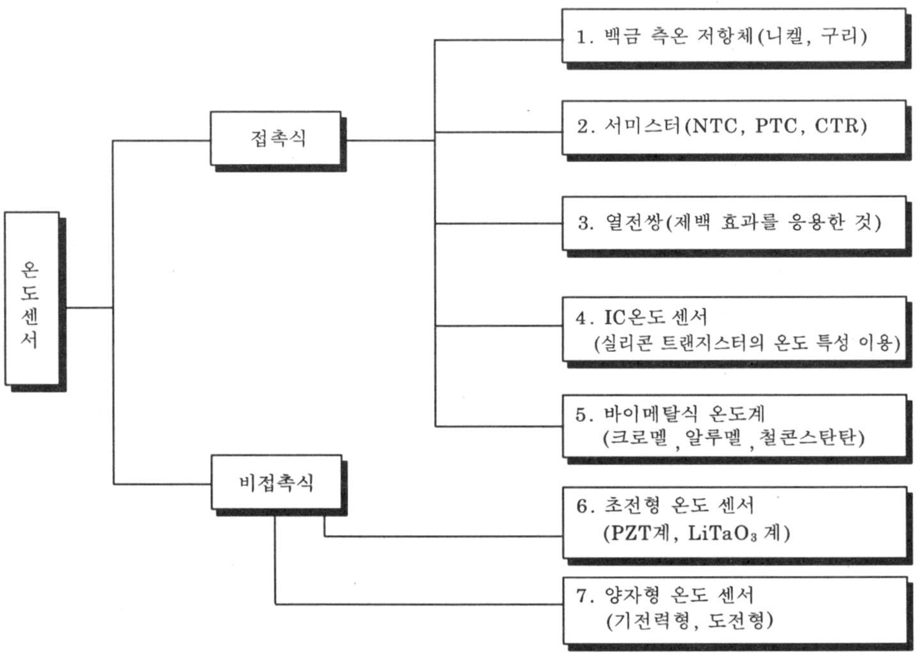

〈그림 5-1〉 온도 센서의 종류

5-1 측온 저항온도 센서(백금측온 저항온도 센서)

금속의 저항값은 일반적으로 정(+)의 온도 계수를 갖고 재현성도 높기 때문에 반대로 저항값에서 온도를 계측할 수가 있다. 금속 재료로서는 백금(Pt), 니켈, 동 등이 사용되지만 표준 온도계나 공업 계측에 널리 이용되고 있는 것은 고순도(99.999% 이상) 백금선이다. 이것은 운모나 유리의 권틀에 코일 모양으로 감고 그 외측을 스테인리스, 세라믹 등으로 피복한 구조로 되어 있다. 인출선을 보통 그림 5-2에 나타내는 바와 같이 3개 내지 4개가 부착되어 있다. 이것은 인출선의 저항에 의한 측정오차를 제거하기 위한 것이고 그림 5-3과 같은 구성으로 브리지에 의해 저항 측정을 하는 것에 의해서 인출선 및 도선의 영향을 제거할 수 있다.

백금 측온 저항체는 현재 가장 안정한 온도 센서가 되고 각국 각 연구소의 표준 온도계에 널리 사용된다. 측정 범위도 −259.34℃(수소의 3중점)에서 630.74℃(안티몬의 응고점)의 사이에서 사용한다. 최근에는 또한 저온·고온에서의 측정에 사용할 수 있는 연구가 진행되고 있다.

〈그림 5-2〉 측온 저항체의 리드 인출 방식

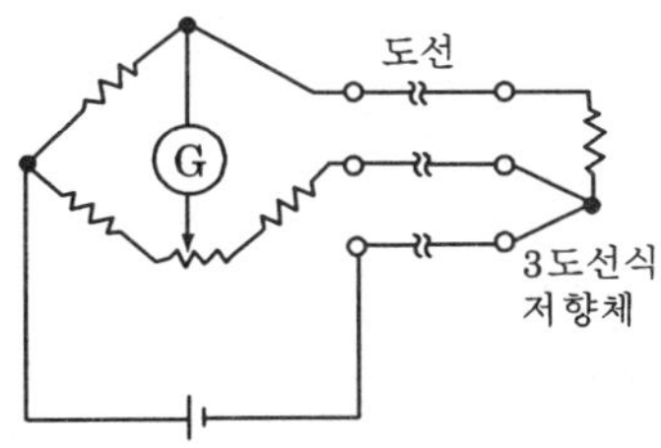

〈그림 5-3〉 3도선식의 브리지 구성

널리 공업 계측용으로서 사용되고 도선, 인출선의 저항 영향 및 동작 전류를 작게 해서 자기 발열을 작게 하는 것에 주의하면 사용에 대하여 특히 엄격한 제약은 없다. 이 백금 측온 저항체를 사용한 고정밀도 온도계도 시판되고 있으며 −200∼+600℃에서 0.1℃, −100∼+200℃에서 0.01℃의 정밀도를 갖고 있다.

고안정 온도 센서로서 백금 측온 저항체는 주로 공업 계측의 분야에서 사용되어 왔지만 이것은 고순도 백금선을 코일 모양으로 감은 것으로서 재료비 및 구조상 양산에 적합하지 않은 점이었다. 또한 고가인 것과, 기계적 충격에 약한 것 등의 이유로서 민생 기기에는 사용될 수 없었다. 그러나 최근에는 후막과 박막의 백금 저항체에 의한 온도 센서가 개발되어 양산성이 높으므로 염가이며, 게다가 응답이 빠르고 진동에 강하고, 저항값도 10∼104Ω의 광범위한 것을 입수할 수 있게 되었다. 실리콘과 알루미나 기판상에 1㎛ 정도의 백금 박막을 형성해 센서로 하고 있다.

또한 초전도 등의 연구와 함께 절대 영도에 가까운 극저온 온도계측의 필요성에 따라 극저온용 측온 저항체도 개발되어 있다. 백금에 0.5%의 코발트를 가한 합금에서는 2~300K의 온도 영역에서 사용할 수가 있다.

그림 5-4는 보호관이 부착된 백금 측온 저항체의 구조를 나타낸다.

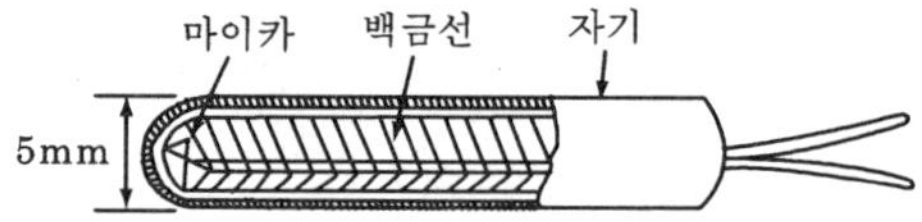

〈그림 5-4〉 보호관 부착 백금 측온 저항체

백금 측온 저항체의 특징

백금 측온 저항체는 접촉방식 외에 다른 온도 센서에 비하여 다음과 같은 특징이 있다.

- 감도가 크다. 0℃에서 100Ω의 백금 측온 저항체는 1℃당 저항값이 0.4Ω 변화한다. 여기에 2㎃의 전류를 흘리면 약 800㎶의 전압출력 변화가 얻어지고 열전대 1℃당의 열기전력 변화가 40㎶로 되는 것에 비해서 1자리 이상 크다.
- 안정도가 높다. 좋은 환경에서 사용하면 장기간에 있어서 0.1℃ 단위에서 좋은 안정도를 기대할 수 있고, 정밀측정에서는 0.01℃ 단위에서 좋은 안정도를 얻을 수 있다.
- 온도와 저항의 관계가 확립되어 있어서 직선적으로 변화한다.
- 저항값을 읽는 즉시, 온도를 구할 수 있고 열전대와 같은 기준접점 등은 불필요하다.
- 반면에 저항값 변화를 구하기 위해 정전류 전원이 필요하다.
- 저항소자는 형상이 크고 응답이 느리다. 따라서 좁은 장소의 온도측정에는 적합하지 않다. 그러나 가공·조립기술이 발달에 따라 최근에는 1㎜ϕ 정도의 소형 저항소자가 개발되어 있다.
- 저항소자가 $R_{100}/R_0 = 1.3916$인 경우, 최고 사용온도는 500~600℃로 낮다.
- 가는 저항선을 사용한 구조상, 일반적인 기계적 진동이나 충격에는 약하다. 그러나 최근에는 내진동형의 온도측정 소자도 여러 가지가 개발되어 있다.

5-2 서미스터

온도 변화에 의해서 소자의 전기 저항이 크게 변화하는 대표적 반도체 감온 소자가 서미스터(thermistor)이다. 서미스터는 열에 민감한 저항체(thermally sensitive resistor)라는 의미이고 비교적 오래 전부터 실용화되고 현재 가장 많이 사용되고 있다. 사용되고 있는 대부분의 서미스터는 세라믹 서미스터이고 기본 특성에 의해서 분류하면 온도가 상승함에 따라 전기 저항이 지수 함수적으로 감소하는 부(−)의 온도계수를 갖는 NTC(negative temperature coefficient) 서미스터, 반대로 현저하게 저항이 증가하고 전체로서 정(+)의 온도 계수를 갖는 PTC(positive temperature coefficient) 서미스터, 또는 NTC와 동일 특성을 갖지만 어떤 온도경계에서 전기 저항이 갑자기 감소하는 CTR(critical temperature resistor)의 3종류가 있다. 단순히 서미스터라고 부를 때는 NTC 서미스터를 가리키는 경우가 많다. 그림 5-5에 각각의 저항-온도특성을 나타낸다.

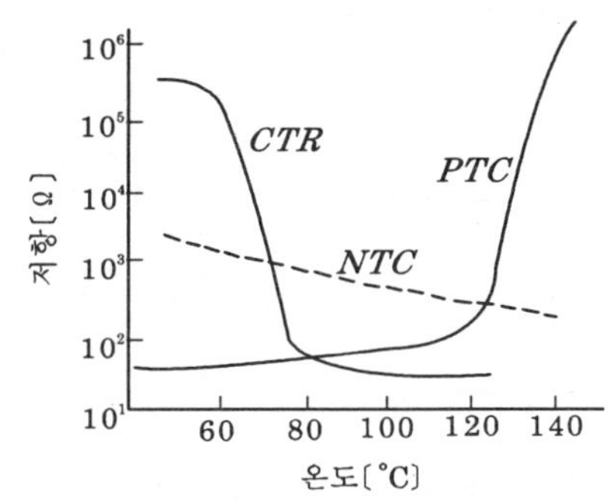

〈그림 5-5〉 서미스터의 저항-온도특성

보통 서미스터의 조합 구성은 Mo, Ni, Co 등의 산화물(반도체)로 온도 특성은 단일 반도체의 경우와 같이 온도가 높을수록 저항이 작게 되어진다(NTC). 조합 구성을 변화시키면 여러 가지 온도 특성의 서미스터를 만들 수가 있다. 예를 들면 산화 바나듐(vanadium)계 재료를 사용한 서미스터는 어떤 온도보다 올라가면 저항이 갑자기 작게 된다(CTR). 또한 티탄산 바륨(barium titanate)을 기체로 한 서미스터는 어떤 온도보다 올라가면 저항이 갑자기 크게 된다(PTC). PTC, CTR은 넓은 온도 범위의 온도 센서로서는 사용할 수 없으나 온도가 특정한 온도(저항이 급변하는 온도)를 초과하는가의 여부를 검출하는데 사용하면 편리하다.

예를 들면 PTC에 전류를 흘리면 발열하고 급변 온도를 초과하면 저항이 크게 되어 전류가 감소해서 발열하지 않게 되므로 전자 보온 밥솥에 부착하여 내부 온도를 일정하게 유지하거나 건조기나 드라이어(drier)에 부착해서 온도 스위치로 적용시킬 수 있다.

서미스터는 온도 센서 이외에 방열 상태의 변화가 저항 변화를 가져오게 하는 풍속 센서, 미유속 센서, 진공 센서, 가스 센서, 습도 센서 등에도 사용할 수가 있다.

각각의 소자마다 특성의 불균형이 크고, 백금 측온 저항체와 같이 그대로 측정회로에 접속하여 사용하는 것은 공업적인 용도로서는 무리한 경우가 있어 센서에 회로를 부가하여 호환성을 갖게 하는 방법을 취하고 있다. 회로 방식은 그림 5-6에 나타난 바와 같이 소자의 결합에 의해서 호환성을 갖게 한 (a), (b) 타입과 합성저항에 의해 호환성을 갖게 한 (c), (d) 타입 등이 있다.

NTC 서미스터는 −50∼+300℃의 사용온도 범위를 가지며 PTC는 −50∼+150℃, 그리고 CTR은 0∼150℃의 오도 범위를 갖는다. 서미스터는 그림 5-7에서 보는 바와 같이 비이드(bead)형, 로드(rod)형, 디스크(disc)형이 있다.

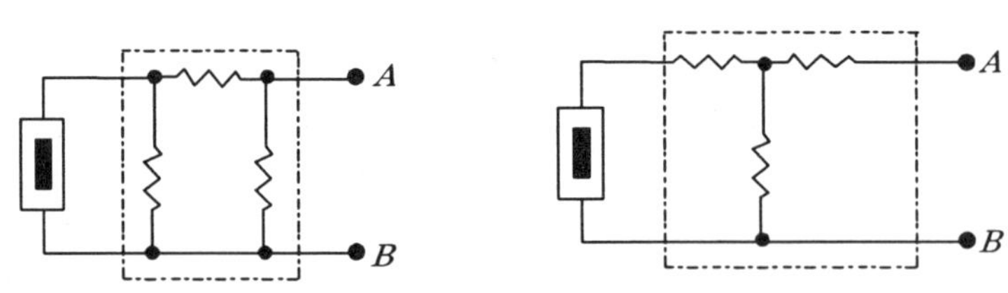

(a) 소자 호환식 (병렬)　(b) 소자 호환식 (직렬)

(c) 합성 저항식 (π형)　(d) 합성 저항식 (T형)

〈그림 5-6〉 서미스터의 외관

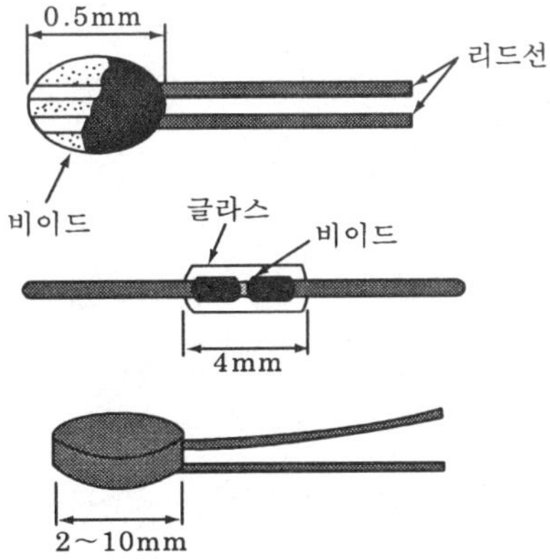

〈그림 5-7〉 서미스터의 외관

1. 온도검출 회로의 기본 구성

그림 5-8은 온도검출 회로의 기본 구성이며, 여기에는 직렬접속과 브리지(bridge) 접속을 각각 예로 들었다. (a)의 직렬접속은 센서용 서미스터에 직렬 저항 R을 접속한 것이다. 이 출력 V_0는

$$V_0=\left(\frac{R}{R_{Th}+R}\right)\cdot V_b\,,\quad V_0=V_b\left(\frac{R_A}{R_{Th}+R_A}-\frac{R_C}{R_B+R_C}\right)$$

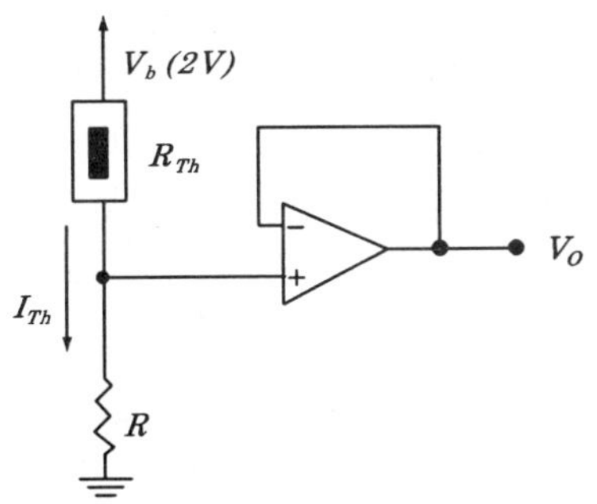

(a) 직렬 접속

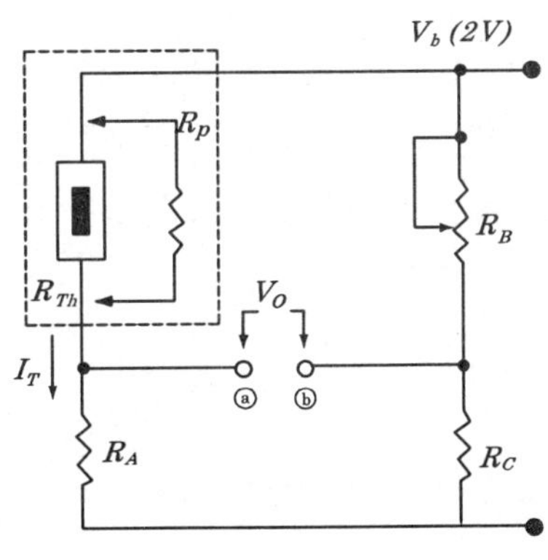

(b) 브리지 접속

〈그림 5-8〉 온도검출 회로의 기본 구성

그림 5-8은 온도검출 회로의 기본 구성이며[9], 여기에는 직렬접속과 브리지(bridge) 접속을 각각 예로 들었다. (a)의 직렬접속은 센서용 서미스터에 직렬 저항 R을 접속하고 OP앰프 전압폴로워를 연결한 것이다. 이 출력 V_0는

$$V_0 = \left(\frac{R}{(R_{Th} + R)} \right) \cdot V_b$$

의 관계식으로 나타낸다. 이 회로는 가장 간단한 구성이지만, 전원 전압의 변동이 출력에 직접 영향을 주기 때문에 그다지 실용적이지 못한다.

(b)는 브리지 접속법이며, 이것은 저항 브리지의 한 변에 서미스터를 삽입 한 것이다. 이 회로에서는 출력 단자 ⓐ-ⓑ간의 편차(偏差)출력으로 되고, 출력 V_0는

$$V_0 = V_b \left(\frac{R_A}{R_{Th} + R_A} - \frac{R_C}{R_B + R_C} \right)$$

의 관계식으로 나타낸다. 그런데, 이 회로에서는 서미스터 R_{Th}의 성질상 측정 온도가 낮아질수록 내부 저항이 증가하고, 브리지 R_{Th}, R_A측의 임피던스가 높아진다. 이것은 출력 회로에 나쁜 영향을 주기 때문에 억제해야 한다. 그에 대한 대책으로 서미스터 R_{Th}에 병렬 저항 R_P를 삽입하고, 외부상의 저항 증가를 억제한다. 또한 이것은 서미스터 등의 비직선 소자의 선형화(linearize)기법과 관계되므로 이것으로 서미스터의 측온 특성을 개선할 수 있다.

서미스터와 관련된 계측회로를 설계하는데 있어서의 주안점은 출력전압 및 전류와 측정 온도 간의 선형 관계를 확립시키는데 있다. 그림 5-9에서 서미스터와 저항을 직렬로 연결하여 출력신호를 측정하는 회로이다.[1] 출력전압 V_0는

$$V_0 = V_s \times \frac{R_1}{R_1 + R_{Th}} \tag{5-1}$$

여기서, R_{Th}는 서미스터의 저항

R_1는 외부저항값이다.

그림 5-9에서 R_{T0}는 기준온도 예를 들면 25℃에서의 저항값으로서, 20kΩ의 값을 갖는다. 표 5-1에 A919 NTC 서미스터의 저항과 온도와의 값을 각각 나타낸다.

예를 들어 5℃에서 출력전압 V_0은

$$V_0 = 5\,\mathrm{V} \times \frac{20\,\mathrm{k\Omega}}{20\,\mathrm{k\Omega} + 45.23\,\mathrm{k\Omega}} = 1.533\,\mathrm{V}$$

가 된다. 표 5-1과 그림 5-9의 관계를 이용하여 A919 NTC 서미스터의 출력전압과 온도와의 관계를 그림 5-10에 나타낸다.

식 (5-1)의 관계와 표 5-1의 데이터를 이용하여 그림 5-10(b)의 그래프를 얻을 수 있다.

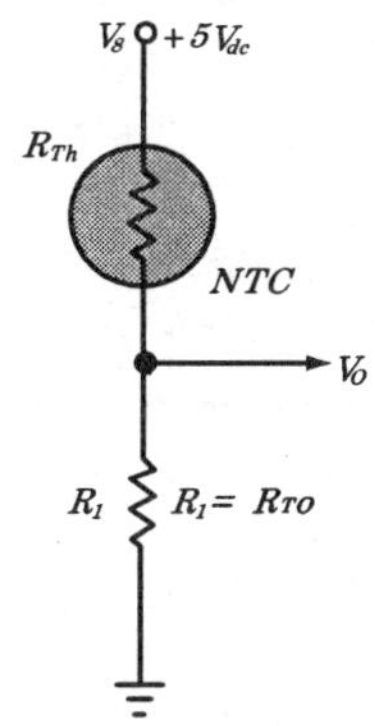

〈그림 5-9〉 NTC 서미스터의 전압분배 회로

〈표 5-1〉 A919 NTC 서미스터의 온도와 저항과의 관계

Degrees Celsius	Resistance (Ω)	Degrees Celsius	Resistance (Ω)	Degrees Celsius	Resistance (Ω)	Degrees Celsius	Resistance (Ω)
0.00	56341.02	12.50	32931.96	25.00	20000.00	37.50	12579.79
0.50	55100.98	13.00	32258.53	25.50	19619.70	38.00	12357.11
1.00	53891.82	13.50	31600.79	26.00	19247.70	38.50	12139.00
1.50	52712.66	14.00	30958.34	26.50	18883.81	39.00	11925.35
2.00	51562.71	14.50	30330.79	27.00	18527.82	39.50	11716.05
2.50	50441.16	15.00	29717.76	27.50	18179.56	40.00	11511.00
3.00	49347.23	15.50	29118.86	28.00	17838.82	40.50	11310.12
3.50	48280.17	16.00	28533.75	28.50	17505.43	41.00	11113.29
4.00	47239.27	16.50	27962.07	29.00	17179.21	41.50	10920.44
4.50	46223.79	17.00	27403.47	29.50	16859.98	42.00	10731.47
5.00	45233.07	17.50	26857.63	30.00	16547.59	42.50	10546.29
5.50	44266.43	18.00	26324.21	30.50	16241.87	43.00	10364.82

Degrees Celsius	Resistance (Ω)	Degrees Celsius	Resistance (Ω)	Degrees Celsius	Resistance (Ω)	Degrees Celsius	Resistance (Ω)
6.00	43323.24	18.50	25802.91	31.00	15942.65	43.50	10186.97
6.50	42402.85	19.00	25293.41	31.50	15649.79	44.00	10012.67
7.00	41504.66	19.50	24795.43	32.00	15363.13	44.50	9841.83
7.50	40628.07	20.00	24308.67	32.50	15082.52	45.00	9674.38
8.00	39772.52	20.50	23832.85	33.00	14807.83	45.50	9510.24
8.50	38937.45	21.00	23367.70	33.50	14538.91	46.00	9349.34
9.00	38122.30	21.50	22912.94	34.00	14275.62	46.50	9191.60
9.50	37326.56	22.00	22468.33	34.50	14017.84	47.00	9036.95
10.00	36549.71	22.50	22033.61	35.00	13765.44	47.50	8885.34
10.50	35791.26	23.00	21608.53	35.50	13518.29	48.00	8736.68
11.00	35050.72	23.50	21192.86	36.00	13276.27	48.50	8590.92
11.50	34327.63	24.00	20786.37	36.50	13039.25	49.00	8447.99
12.00	33621.52	24.50	20388.82	37.00	12807.13	49.50	8307.83
						50.00	8170.38

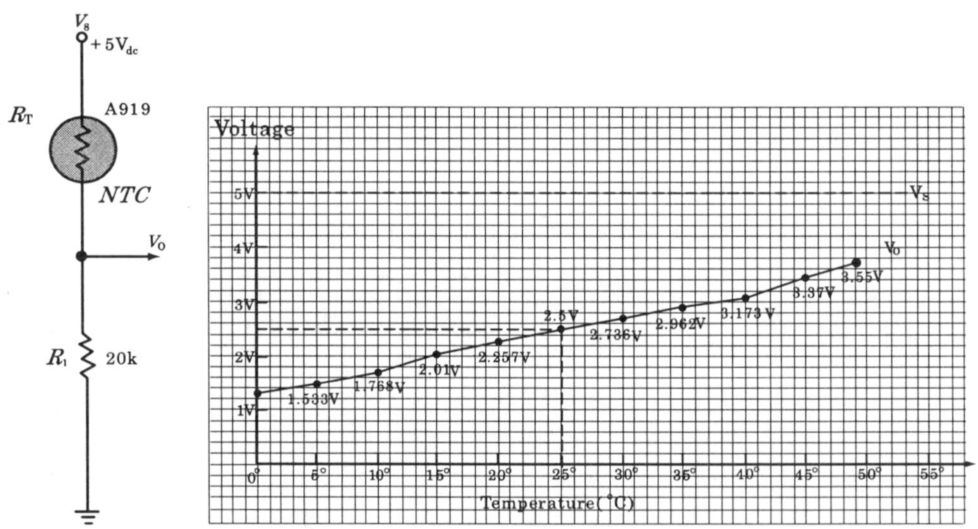

(a) 전압분배회로　　(b) 온도 출력 전압에 대한 선형 그래프

〈그림 5-10〉 A919 NTC 서미스터의 전압분배회로 및 온도-출력전압과의 관계

2. 온도 변화에 대한 릴레이 동작 회로

그림 5-11은 온도를 감지하여 릴레이를 동작시키는 회로이다. 이 회로에서 온도가 상승

하면 서미스터 저항 R_{th}값이 감소하므로 서미스터 양단의 전압도 하강한다. 따라서 상대적인 가변저항(VR_1) 양단의 전압 V_B가 상승하여 트랜지스터가 도통되므로 릴레이를 구동시켜 릴레이도 도통(ON)되고 따라서 램프도 ON이 되는 회로이다.

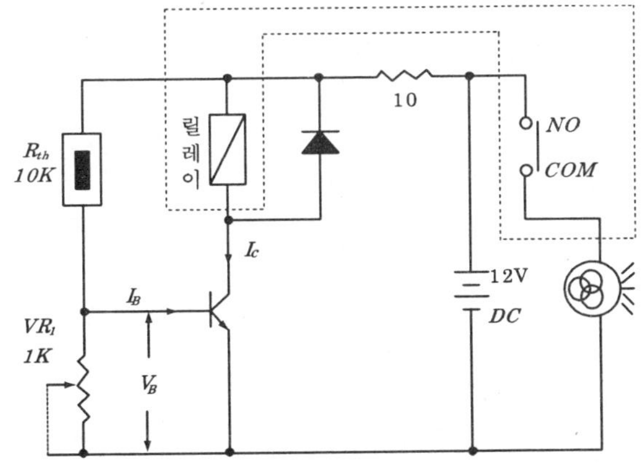

〈그림 5-11〉 온도변화에 대한 릴레이 동작회로

3. 설정온도가 되면 스위칭하는 응용 회로

그림 5-12는 서미스터와 OP 앰프의 조합 회로 예이다. 여기에서는 설정온도가 되면 OP 앰프가 스위칭하도록 구성되어 있다.[9] 그림에서는 OP 앰프에 정 귀환을 걸어 적당한 히스테리시스(hysterisis) 특성을 가지게 하기 때문에 설정온도에 도달할 경우 양호한 스위칭 특성을 나타낸다.

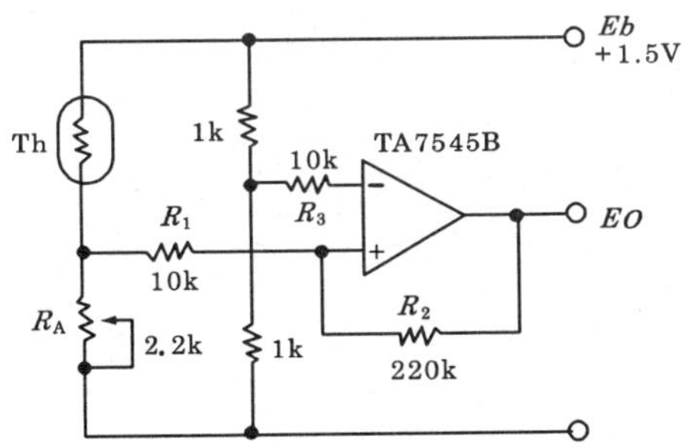

〈그림 5-12〉 설정온도가 되면 스위칭하는 회로

4. 설정온도가 되면 릴레이가 작동하는 응용회로

그림 5-13은 설정온도 이상이 되면 릴레이(relay)가 작동하는 회로의 예이다. 여기에서는 서미스터를 저항 브리지 회로에 접속하고 있다.[9] 동작으로서는 A < B로 되었을 때 OP 앰프가 ON되어 부하 부분의 릴레이가 작동하도록 구성되어 있다. 결국 서미스터 부분이 설정온도보다 높은 경우, 릴레이가 ON하는 제어 회로의 예이다. 이 회로의 특징은 검출부의 구성상 비교적 좁은 범위의 온도 제어에 한정된다.

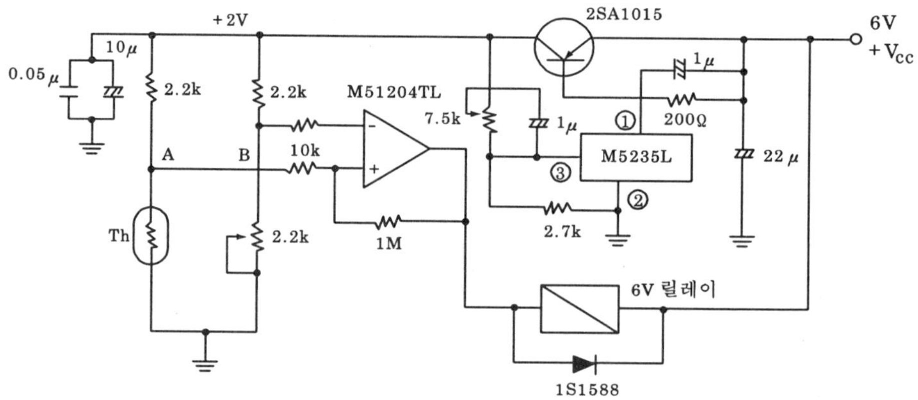

〈그림 5-13〉 설정온도가 되면 릴레이가 작동하는 회로

5. 포지스터(PTC)를 사용한 파워 트랜지스터의 보호 회로

포지스터는 양(+)의 온도 특성을 가진 서미스터(PTC)이며, 그 특성은 설정온도 부근에서 급격한 저항 증가 특성을 나타내는 일종의 감온 저항체이다. 이것은 주로 전기 기구의 과열 방지용으로 개발된 것으로, 특히 파워 트랜지스터(power transistor)와 그밖의 파워 소자의 과열 방지에 사용되고 있다.

그림 5-14는 포지스터를 사용한 파워 트랜지스터의 보호 회로 예이다.[9] (a)는 베이스 회로에 포지스터를 삽입한 것으로, 파워 트랜지스터 T_{r1}이 이상(異常)하게 발열하면 그 온도가 포지스터에 전도(傳導)되고, 트랜지스터의 내부 저항을 높인다. 여기에서 포지스터의 저항이 높아지면 베이스 전류가 절감되므로 그것에 의해 T_{r1}의 컬렉터 전류를 억제하는 것이다.

(b)는 트랜지스터의 이미터(emitter)에 포지스터를 삽입한 것이다. 여기에서는 파워 트랜

지스터가 발열하면 그 내부 저항이 상승하고, 그것에 대응해서 이미터 전류가 감소하도록 구성되어 있다. 결국, 이 회로에서는 포지스터의 저항 증가에 따라 회로에 부귀환을 걸고 있다.

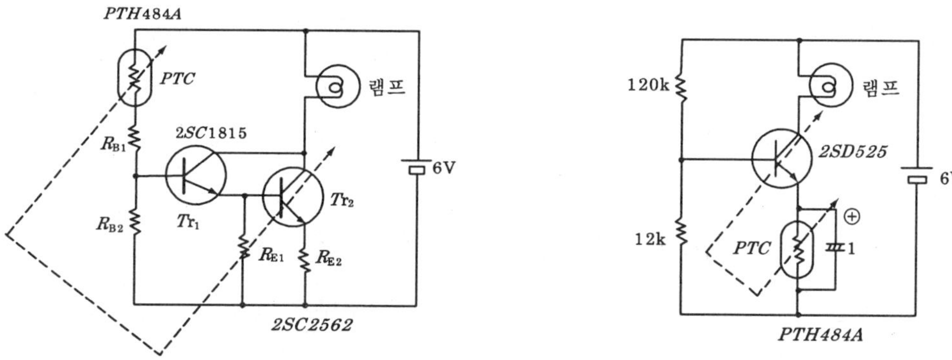

(a) 베이스 회로에 포지스터를 넣는다. (b) 이미터에 포지스터를 넣는다

〈그림 5-14〉 포지스터를 사용한 파워 트랜지스터의 보호 회로

6. 포지스터(PTC)를 사용한 온도표시 회로 응용 예

포지스터는 그 성질상 온도계측에 사용되는 일은 없고, 오로지 전기 부품의 과열 방지용에 한정되어 있다. 그러나 포지스터라도 사용방법을 연구하면 그 나름대로의 응용도 생각할 수 있다. 여기에서는 포지스터를 사용한 온도표시 회로를 열거해 본다.

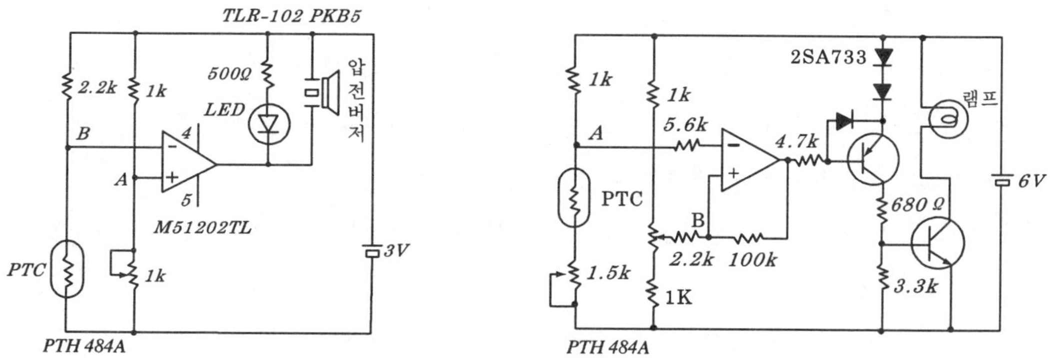

(a) 설정 온도 이하가 되면 버저가 울리는 회로 (b) 설정 온도 이상이 되면 버저가 울리는 회로

〈그림 5-15〉 포지스터를 사용한 온도 표시 회로의 예

그림 5-15(a)는 설정온도가 되면 버저가 울리는 회로의 예이다. 여기에서는 포지스터의 PTH484A와 가변저항에서 기본 전압을 설정하여 그것에 의해 동작 온도를 결정하고 있다. 또한, 그 전압 관계가 A > B로 될 때 버저가 울리도록 구성되어 있다.

그림 5-15(b)는 설정온도가 되면 램프가 켜지는 회로의 예이다. 여기에서는 온도 설정부가 개별적으로 설치되고 더욱이 부하(負荷)에 대응하기 위한 전력 증폭부가 부가되어 있다. 또 여기에서는 램프 부하로 되지만, 이 회로에서는 전류 용량 1A 정도이면 모터, 플런저 등을 구동하는 것도 가능하다.

7. 기름온도를 냉각하는데 이용되는 써미스터 제어 응용회로[2)]

가열된 금속을 적절한 금속재료로 만들기 위해서 기름이나 물을 이용하여 냉각시킨다. 이와 같은 냉각공정은 대개 가열된 금속을 냉각된 기름이나 물통 속에 넣어서 냉각시킨다. 이때 냉각된 기름이나 물은 가열된 금속이 계속해서 통 속으로 들어오면 자연적으로 온도가 상승하기 때문에 온도상승 범위를 정하여 규정치 이상으로 온도가 상승하면 그림 5-16(a)와 같이 열변환기로 통 속의 온도를 하강시켜야 한다.

그림 5-16(a)에서 보는 바와 같이 가열된 금속이 활강로를 경유해서 냉각된 기름 통속으로 들어오면 잠시 냉각된 기름통 속에서 회전 컨베어 벨트에 실려 이동하다가 통 밖으로 수송된다.

기름 송수관은 기름통 내에 있는 기름을 순환시키기 위해서 기름송수관에 순환 펌프를 연결시킨다. 펌프의 회전 속도에 따라서 냉각 시스템을 통하는 기름의 순환량이 결정된다. 기름이 흐르는 외각 파이프에는 파이프 내에 있는 열을 냉각시키기 위해서 수냉식 열변환기가 기름 파이프에 감겨져 있다. 그래서 기름통 속의 기름이 순환할 때 수냉식 열변환기가 기름 파이프에 감겨져 있다. 그래서 기름통 속의 기름이 순환할 때 수냉식 열변환기를 거쳐 다시 통 속으로 들어가기 때문에 기름의 온도가 내려간다.

순환 펌프를 가동시키는 전동기는 교류·직류 양용으로 사용할 수 있지만 여기에서는 교류용을 이용하였다.

전동기에 공급되는 평균 전압은 전동기의 회전 속도를 결정하기 때문에 결국 기름의 순환을 빠르게 하는 결과가 되어서 기름의 온도를 결정하게 된다. 전동기의 속도가 빠르면 기름의 순환이 빨라져 기름이 식을 것이고, 전동기의 속도가 느리면 기름순환이 느리기 때문에 기름이 식는 속도도 느려진다. 기름의 온도는 써미스터로 감지한다. 써미스터는 작은 온도 변화에 대해서도 민감하게 반응을 나타내는 이상적인 온도전달 소자다. 써미스터는 보통 그림 5-16(b)와 같이 제어회로에 연결해서 사용한다.

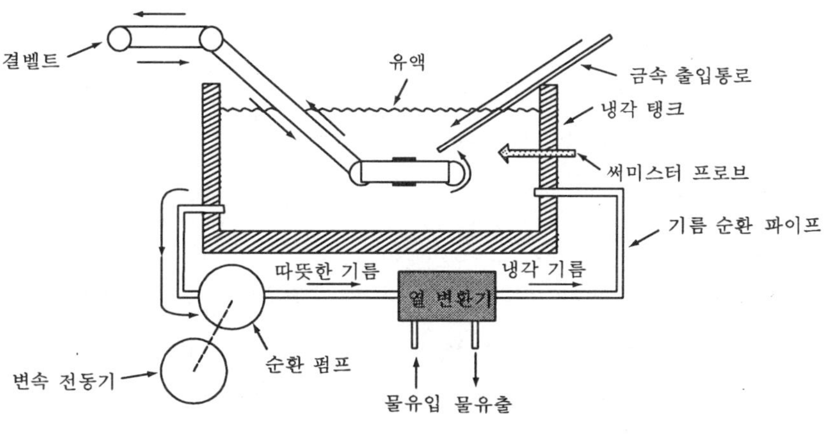

(a) 냉각탱크와 냉각장치의 구조도

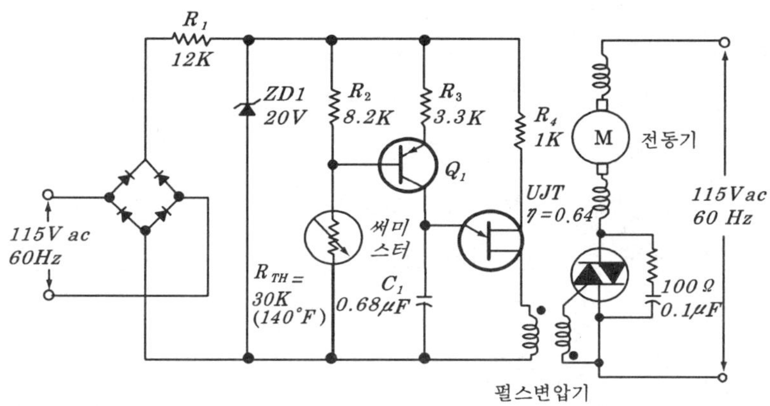

(b) 순환 펌프를 제어하기 위한 회로

〈그림 5-16〉 기름 온도 제어

브리지 회로와 R_1, $ZD1$ 으로 구성된 클리핑 회로는 Q_1 회로에 구형 파형을 공급한다.

이 구형파는 이미 설명한 것과 같이 공급전원 AC115V 60Hz와 동기된 최대치 20V의 파형이다. 구형파 20V 전압은 즉시 R_2와 R_{TH}에 의해서 분배된다. Q_1의 베이스-이미터를 구동하는 구동전압은 R_2와 R_{TH}의 전압 분배에 따라 달라진다. 만약 써미스터 저항 R_{Th}가 높으면 R_2에 낮은 전압이 생겨 베이스-이미터에 공급되는 전압이 높아질 것이다.

베이스-이미터 회로를 구동하는 전압은 다음 식에 의해서 Q_1의 이미터 전류를 결정한다.

$$I_E = \frac{V_{R2} - 0.6V}{3.3\text{K}} \tag{5-2}$$

여기서 V_{R2}는 저항 R_2에 나타나는 전압이다.

식 (5-2)에서 알 수 있듯이 V_{R2}가 증가하면 에미터 전류도 증가한다. Q_1의 콜렉터 전류는 실제로 이미터 전류와 같다. Q_1의 컬렉터 전류는 콘덴서 C_1에 충전되며 C_1의 충전값이 UJT 피크점까지 되면 UJT가 동작한다. 이로 인해 펄스 전류가 Triac 게이트에 공급되어서 Triac이 동작을 해서 전동기에 전력이 공급된다. 이 회로에 대한 동작을 요약하면 R_2에 걸리는 전압이 크면 C_1에 충전되는 전하도 커지기 때문에 UJT는 반주기 초기에 동작을 한다. 그래서 전동기에 공급되는 전력이 커져 전동기나 또는 펌프의 회전이 빨라진다. 만약 R_2에 걸리는 전압이 적으면 C_1에 충전되는 전류가 적기 때문에 상대적으로 충전속도가 느려져 UJT가 동작할 수 있는 피크점까지 충전되려면 시간이 걸려 UJT가 반주기 후기에 동작을 하게 되므로, 전동기에 공급되는 평균 전력은 낮아져 전동기나 펌프의 회전이 느려진다. 지금부터는 기름의 온도가 어떤 영향을 미치는가를 알아보자.

기름의 온도가 증가하면 써미스터의 저항계수에 의해서 써미스터 저항 R_{Th}는 감소한다. R_{Th}가 감소하면 전압 분배법칙에 의해서 V_{R2}가 증가하기 때문에 이미 설명하였던 것과 같이 펌프의 회전이 빨라진다. 이로 인해 열변환기를 통화하는 기름의 회전이 많아져 기름 탱크의 온도가 하강한다.

실제 이 회로는 탱크의 기름 온도가 60℃가 되면 기름이 순환하도록 설계되어 있다. 탱크 기름이 60℃ 이하이면 전동기는 전혀 동작을 하지 않고 있다가 60℃ 이상이 되면 UJT와 Triac이 동작을 해서 전동기를 회전시킨다. 그렇기 때문에 온도가 정확히 60℃이면 Triac은 동작 범위 내에 있어야 한다. 이는 온도가 60℃일 때 동작 지연각이 180°라는 것과 똑같다. 이때 만약 온도가 약간 증가하면 동작 지연각은 180° 이내로 줄어들기 때문에 전동기와 펌프가 회전을 시작한다. 60℃에서, $R_{Th} = 30\,\text{k}\Omega$인 써미스터 특성에서는

$$\frac{V_{R2}}{20\mathrm{V}} = \frac{R_2}{R_2 + R_{Th}} = \frac{8.2\mathrm{K}}{8.2\mathrm{K} + 30\mathrm{K}}$$

$$VR_2 = 4.3V$$

이미터 전류는

$$I_E = \frac{4.3\mathrm{V} - 0.6\mathrm{V}}{3.3\mathrm{K}} = 1.12\,\mathrm{mA}$$

콘덴서 C_1에 충전되는 충전전류 I_C는 1.12mA가 된다.

UJT의 η를 0.64라 하면 UJT 피크 전압은

$$V_P = (0.64)(20\mathrm{V}) + 0.6\mathrm{V} = 13.4\mathrm{V}$$

즉 UJT와 Triac이 동작하려면 콘덴서에 13.4V가 충전되어야만 한다. 콘덴서에 13.4V가 충전되는데 걸리는 시간은 다음과 같이 구할 수 있다.

$$\frac{\Delta V}{\Delta T} = \frac{I}{C}$$

$$\Delta t = \frac{C}{I}(\Delta V) = \frac{(0.68\,\mu\mathrm{F})(13.4\mathrm{V})}{1.12\,\mathrm{mA}} = 8.14\,\mathrm{ms}$$

주기가 시작되어서 8.14ms경과된 후 UJT가 동작한다. 이 시간을 각도로 나타내면

$$\frac{\theta}{360^\circ} = \frac{8.14\,\mathrm{ms}}{16.67\,\mathrm{ms}}$$

$$\theta = 176^\circ$$

여기서 16.67ms는 교류 60Hz의 1주기를 말한다. 결과적으로 기름 온도가 60℃일 때 동작 지연각은 176°가 된다. 이는 Triac의 동작이 매우 늦게 동작한다는 의미이기 때문에 전동기에 공급되는 평균전력이 매우 작아 펌프의 회전이 매우 느리게 회전한다. 온도가 점점 더 상승하면 동작지연각이 감소하여 전동기나 펌프는 점점 빨리 회전한다. 그래서 기름 온도는 항상 거의 60℃값을 유지하게 된다.

만약 이 회로에 온도 설정점을 가변시키도록 하려면 고정저항 R_2 대신에 가변저항으로

바꾸면 된다. 설정온도를 하강시키려면 가변저항값을 증가하고, 설정온도를 상승시키려면 가변저항 값을 감소시키면 된다.

5-3 열전대

서미스터는 온도의 변화에 의하여 저항값이 변화하는 것이나 열전대는 온도에 의하여 전압을 발생하는 것이다. 그림의 특성에서 알 수 있는 바와 같이 온도가 상승할수록 큰 전압이 발생하게 된다.

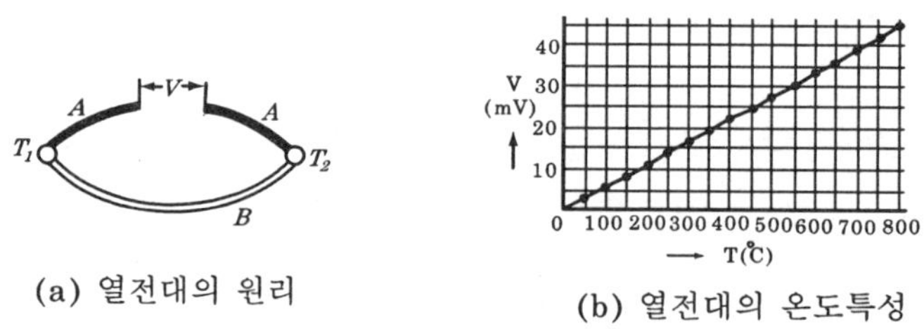

〈그림 5-17〉 열전대의 모양 및 원리

열전대는 재질이 다른 2종류의 도선 A, B를 그림 5-17과 같이 접속하였을 때, 그 2개의 접합부 T_1과 T_2 사이에 온도차가 있으면 그 온도차에 따라서 전압 V가 발생하는 것이다. 이 현상을 발명자의 이름을 취하여 제어백 효과라고 하며 열전대는 이 현상을 이용한 것이다.

따라서 한편의 접속점(온도고정단자)의 온도를 일정하게 유지하도록 하고 다른 쪽(온도측정단자)을 온도검출을 하려고 하는 부분에 부착하면 이 2개 단자 사이의 온도차에 따라서 전압이 얻어지며 온도가 검출된다. 구조가 단순하고 기계적으로도 강한 온도 센서로서 측정온도 범위가 넓고 고온의 상한은 1,000～1,500℃로 소위 고온 측정용으로써 사용되고 있다. 열전대의 재료로는 다음과 같은 것들이 있다.

- 백금-로듐(PR) : 기전력은 작지만 정밀도가 높고 0℃에서 1400℃까지 사용한다.
- 크로멜-알루멜(CA) : 크로멜(Ni 89%, Cr 9.8%)과 알루멜(Ni 94%, Al 2%, Mo 2.5%) 구성되고 소선이 염가로 널리 사용되어 왔다. 온도범위는 -200～1000℃까지 사용한다.

● 동-콘스탄탄(CC) : 콘스탄탄(Cu 55%, Ni 45%)은 환원성 분위기에 강하게 취급해도 좋다. −200～+300℃까지의 온도 범위를 갖는다.

5-4 IC 온도 센서

IC 온도 센서는 실리콘 트랜지스터의 온도 의존성을 적극적으로 응용한 것이다. 이것은 베이스・이미터 간의 전압(V_{BE})이 온도변화에 대해서 거의 직선적으로 변화하는 현상을 효과적으로 응용한 것이다. 또한, 이 특성은 트랜지스터 외에 다이오드의 순전압 V_F에도 공통된 것이다. 그런데 온도 센서라고 하면 종래 서미스터와 백금 저항 측온체가 일반적이지만, 이것들은 모두 외부에 선형화(linearize) 기법을 필요로 하고, 대부분 사용하기 불편하였다.

그것에 비해 최근의 IC 온도 센서는 여러 가지 신호 회로와 감온(感溫)소자가 일체화되어 있어 외부에서의 회로조작을 거의 필요로 하지 않는다. 따라서, 상당히 특수한 온도계측을 하지 않는 한 IC화 온도 센서의 이용이 바람직하다.

특히, 전류 출력형(AD590)은 −55℃에서 +150℃로 매우 광범위한 온도측정이 가능하다. IC 온도 센서는 전류출력형과 전압출력형의 두 종류가 있다.[9)]

1. IC 온도 센서의 동작 원리[32)]

그림 5-18은 IC 온도센서의 간단한 회로로서, 트랜지스터 Q_3과 Q_4에서 I_T는 크기가 같은 전류 I_{C1}과 I_{C2}로 분류된다. 트랜지스터 Q_2는 Q_1과 동등한 트랜지스터 8개를 병렬로 접속한 것으로, Q_1의 전류밀도 J_1은 Q_2의 전류밀도 J_2의 8배가 된다.

R 양단에 발생하는 전압 V_T는,

$$V_T = V_{BE1} - V_{BE2} = \frac{KT}{q}\ln\frac{J_1}{J_2} = \frac{K}{q}(\ln 8)T$$
$$= 1.79 \times 10^{-6}T\,[\mathrm{V}]$$

로 표현된다. 여기서 K는 볼츠만의 상수, q는 전자의 전하이고 T는 절대 온도를 나타낸다.

윗 식에서 R의 양단에 발생하는 전압 V_T는 절대온도 T에 비례하며, R에 흐르는 전류 I_{C2}도 절대온도에 비례한다.

2. AD592의 특성[32)]

AD592는 모놀리틱 IC타입의 온도센서로서 2단자형의 온도 의존의 전류원으로서 동작하고 플라스틱 패키지의 형상을 하고 있다.

2단자의 모놀리틱 IC 온도센서는 넓은 전원 범위(+4～+30V)에 걸쳐 고 임피던스의 정전류원으로 동작하며, 온도 측정 범위는 −22～+105℃까지 이다.

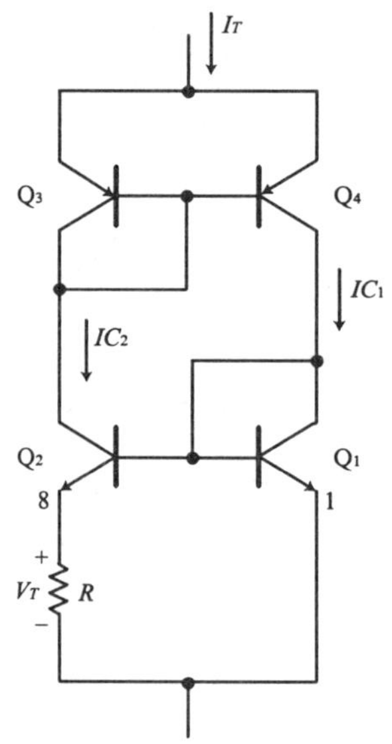

〈그림 5-18〉 간단한 등가회로

절대 온도에 비례한 전류가 출력되며 감도는 1μA/K이다. 즉 25℃(298.2K)에서 298.2μA의 전류가 출력된다.

25℃에서 디바이스에 5V가 인가되고 1μA/K로 조정되어 있다.

표 5-2에 AD592의 전기적 특성을 나타낸다.

〈표 5-2〉 AD592의 전기적 특성

항 목	min	typ	max	단 위
정밀도				
교정오차(25)		1.5	2.5	℃
0~70에서의 오차		1.8	3.0	℃
비직선성		0.15	0.35	℃
출력특성				
전류출력		298.2		μA
온도계수		1		μA/℃
최대정격				
동작온도	-25		+105	℃
순방향전압			44	V
역방향전압			20	V
공급전압				
동작전압범위	4		30	V

3. AD592를 사용한 간단한 온도계 활용

그림 5-19는 IC 온도 센서 AD592와 500μA의 미소 전류계를 조합한 간단한 온도계이다. 여기에서 AD592의 온도출력은 25℃에서 298.2μA, 온도계수는 1μA/℃이므로 이것에 500μA 풀 스케일의 미소 전류계를 접속하면 전류값을 그대로 온도 변화로서 읽을 수 있다. 또 IC의 능력으로서는 마이너스측은 −30℃ 정도에서부터 플러스측은 100℃ 정도이다. 캔(can) 타입의 패키지이면 더욱 그 범위를 넓힐 수 있다. 다만, 측온 범위가 넓어지면 교정오차도 확대되므로 그 경우는 AD592를 사용하는 것이 바람직하다. IC 온도 센서는 일반적으로 −55℃에서 +150℃가 그 한계이다.

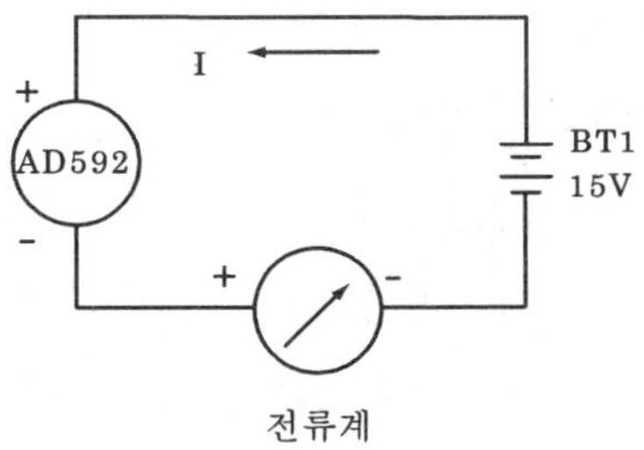

〈그림 5-19〉 AD592를 사용한 간단한 온도계

4. AD590을 이용한 1점 조정법 전압출력 회로(1㎷/°K)

그림 5-20은 IC 온도 센서 AD590을 사용하여 온도계를 구성한 경우로서, 소자의 불균형에 따라 다소의 온도 오차를 수반한다. 이 경우 외부 저항을 조절함으로써 그 보정을 행할 수 있다.

이것에는 1점 조정법과 2점 조정법이 있다.

그림 5-20은 1점 조정법이다. 여기에서는 IC온도 센서 AD590의 외부저항을 가변하여 그 출력이 1㎷/°K가 되도록 약간 조정하고 있다.

또한 AD590에는 오차의 등급에 따라 콘덴서와 유사한 J타입(±5℃$_{max}$), K타입(±2.5℃$_{max}$), L타입(±1℃$_{max}$), M타입(±0.5℃$_{max}$) 등이 있다.

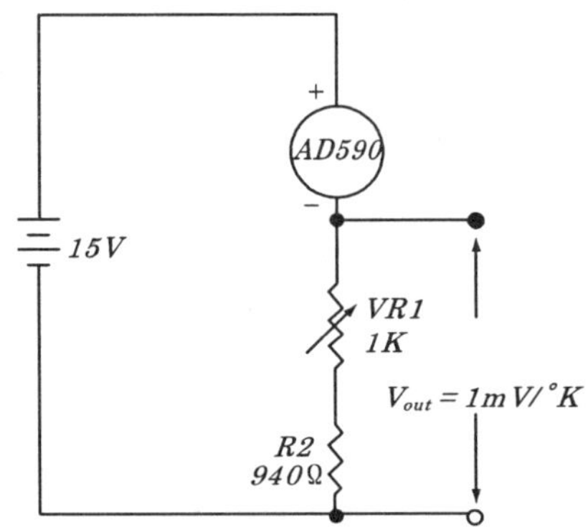

〈그림 5-20〉 1점 조정법 전압 출력 회로

5. 온도조절 응용회로

그림 5-21은 온도조절 회로이다. 여기에서는 측온 센서(AN6701), 비교기(comparator)용 IC(393), 전력 증폭부(TR), 구동부 히터(heater) 등을 각각 사용하고 있다.

회로 동작을 설명하면, 처음에 온도설정부 S에서 받은 기준 전압 V_S와 측정입력 전압 V_1의 관계가 $V_1 > V_S$인 경우, 비교기용 IC(393)의 출력전압 V_0는 $-V_{CC}$가 되어 TR_1과 파워 트랜지스터 TR_2는 도통(ON)되어 히터 H를 가열한다.

다음에 $V_1 > V_S$의 관계가 될 경우, 이번에는 비교기용 IC(393)의 출력전압 V_0는 $+V_{CC}$가 되어 TR_1과 TR_2가 불통(OFF)되고 히터 H의 가열은 정지한다. 이 동작은 설

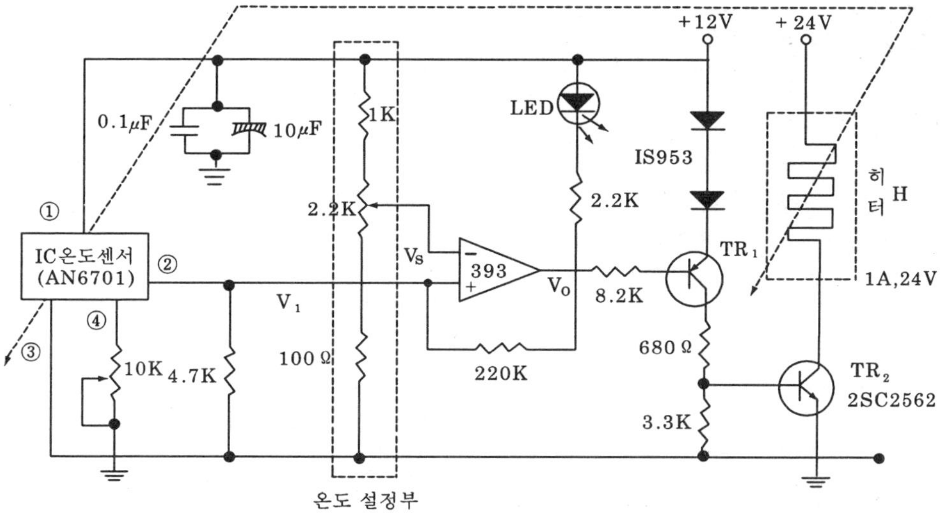

〈그림 5-21〉 온도조절 회로

정전압 V_S를 중심으로 ON/OFF가 적절히 반복되고, 최종적으로는 설정전압 $V_S \cong V_1$에 도달한다.

이것이 온도조절 회로의 기본형이며, 여러 가지 온도제어계에 폭넓게 이용되고 있다. 그림 중의 LED는 히터 동작 표시용이고, 이것에 의해서 히터의 가열 동작 여부를 확인하고 있다.

또한 이 회로는 비교기 회로에 약간의 히스테리시스 특성을 갖게 하여, 스위칭 동작이 확실히 되도록 도와주고 있다.

제5장 사 례 문 제

1. 사례그림 5-1의 회로는 트랜지스터의 열폭주 현상으로부터 트랜지스터를 보호하기 위한 회로이다. 여기서 PTC를 사용하는 이유는 무엇인가?

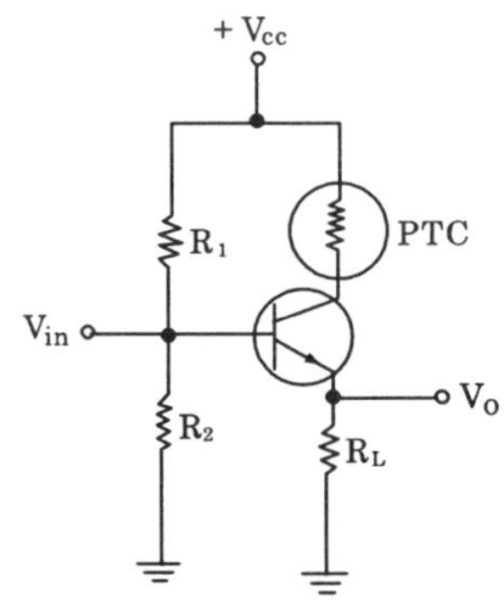

〈사례그림 5-1〉

2. PTC, NTC, CTR 서미스터의 동작원리와 각각의 용도를 설명하여라.

3. NTC 서미스터와 OP 앰프를 조합하여 설정온도 이상이 될 때 알람 경보를 알리는 회로를 설계하여라.

4. 사례그림 5-2는 OP 앰프와 서미스터를 사용한 온도제어 회로로서, 서미스터 주위의 온도가 내려가면 트랜지스터가 ON되어 릴레이가 동작하는 회로이다. 이 회로의 동작원리를 설명하여라.

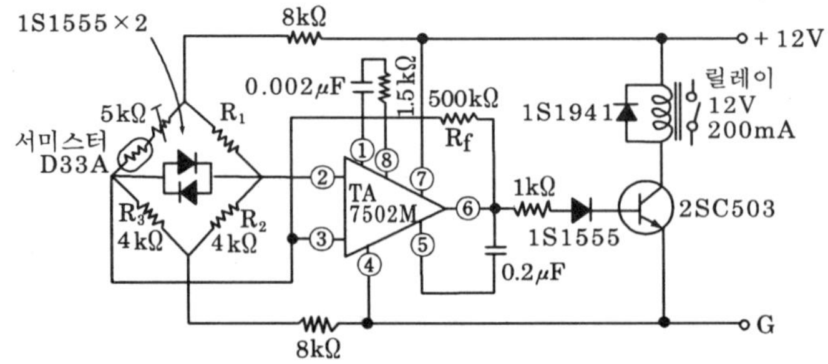

〈사례그림 5-2〉 서미스터 온도 제어회로

5. 백금 측온저항체가 0℃에서 100Ω의 저항값을 가질 때 47℃에서의 백금 측온저항체의 저항값은 얼마가 되는가? 단, 저항온도 계수는 0.004/℃이다.

6. 사례그림 5-3은 NTC 서미스터를 사용하여 주위 온도가 40℃를 초과할 때 비교기의 논리 출력이 Low로 바뀌는 회로이다. 이러한 조건을 만족시키기 위한 가변저항 R_1의 값은 얼마가 되어야 하는가?

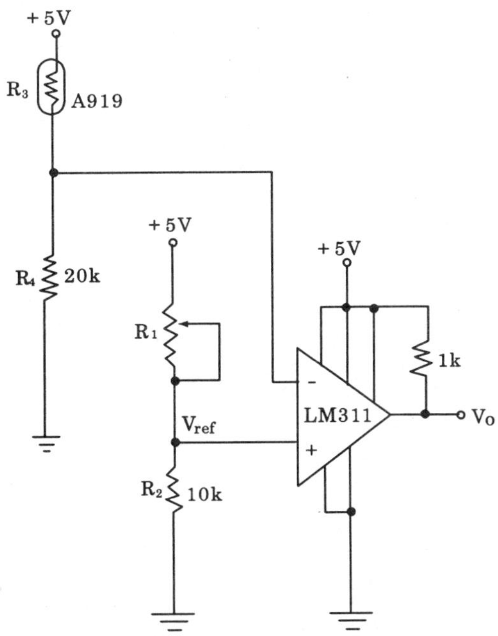

〈사례그림 5-3〉 NTC 서미스터와 비교기의 결합회로

7. 온도 센서 IC AD590을 사용하여 온도계를 구성한 회로를 그리고 설명하여라.

Chapter 6

홀센서, 근접센서, 초음파센서, 리드스위치

6장에서는 산업전자 분야에서 트랜스듀서의 일종인 홀센서와 근접 센서, 초음파 센서, 리드스위치에 대해서 각각 동작개요와 그 주변회로 및 응용회로를 다루도록 한다.

6-1 홀 센서

전자기기의 소형화, 경량화, 장수명화, 에너지 절감 등의 요구에 따라 그 수요가 증가되고 있는 홀(Hall) 소자를 이용한 것 중에 VTR, 레코드 플레이어, 플로피 디스크 등에 사용되고 있는 브러시리스(brushless) 모터의 고기능화를 위한 자기센서를 비롯하여 자속계, 전류계, 자기 기록용 헤드, 전위계, 회전계, 속도계, 전력계 등 여러 가지가 있다. 홀 소자는 그림 6-1처럼 반도체 소자에 4개의 리드선이 붙어 있는 간단한 구조인데 이중 입력단자가 전류단자이고 출력단자가 홀 단자로 표시되어 있다.

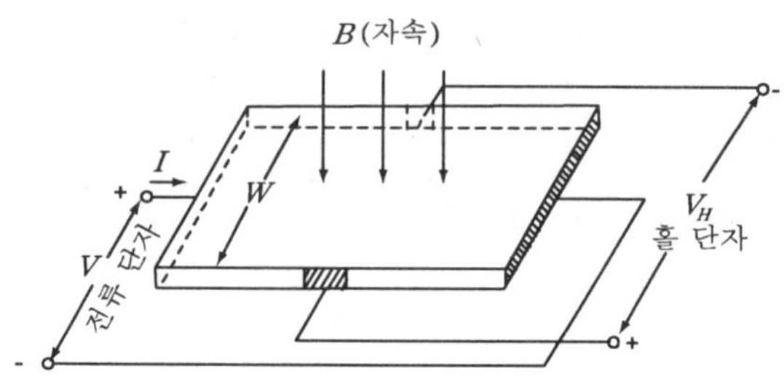

〈그림 6-1〉 벌크형 홀 소자의 기본 구조

입력단자 간에 ±전류를 흘리고 전류에 직각인 방향으로 센서면에 자계 B를 가하면 전류와 자계 모두에 직각인 방향으로 자계와 제어전류의 곱에 비례하는 홀 전압이 발생되는 홀 효과(Hall effect)가 이 소자의 동작원리이다.

홀 소자용의 반도체 재료로는 Ge, Si, InAs, GaAs 등이 이용되는데, 이중 많이 이용되는 GaAs와 InSb의 특징을 비교하면 표 6-1과 같다.

〈표 6-1〉 홀 센서 특성 비교

구 분	GaAs	InSb
온 도	동작범위 넓다. (-55~125℃)	동작범위 좁다. (-20~100℃)
온도계수	작다. (정전류 구동시 : 0.04%/℃)	크다. (-2%/℃) ∴고온에서 열폭주 주의
직 선 성	높은 자계까지 정확히	높은 자계에서 포화 (수K 가우스 이상에서 직선성 떨어짐)
출력전압	낮 다	높 다
기 타	주파수 특성 우수	정전압 구동시 온도특성 양호
가 격	양산화로 낮아짐	저 렴

이러한 홀 소자를 만드는 방법은 다음의 세 가지가 있는데, 이 소자의 제조에는 IC 기술이 많이 사용되고 있다. 일반적으로 홀 소자를 이용하는 방법으로는 센서에 일정 전류를 흘려 놓고 자계와 자계로 변환된 다른 물리량을 검출하는 방법과, 센서에 흐르는 전류, 자계를 바꾸어 2가지의 승산 작용을 이용하는 방법이 있다. 홀 센서의 구동방식은 그림 6-2와 같이 정전류 구동과 정전압 구동의 두 가지 방식이 있다.

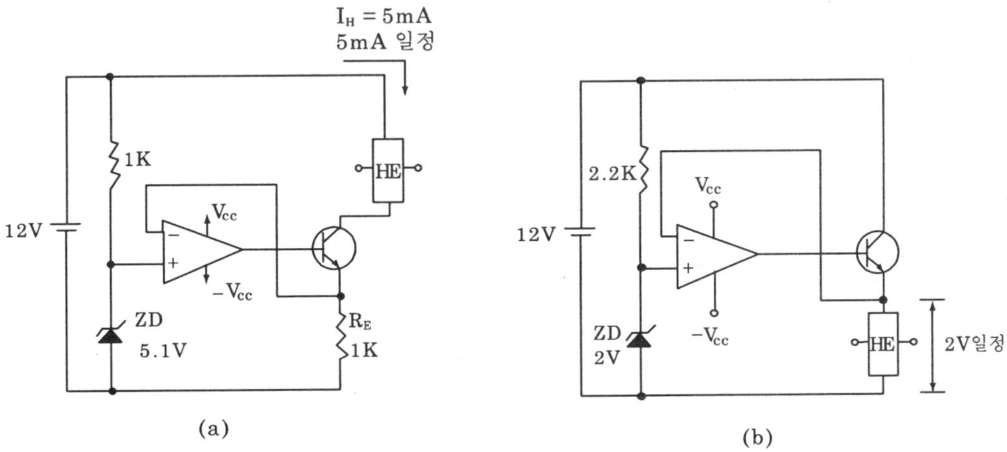

〈그림 6-2〉 홀 센서 구동 방식(정전류 구동(a), 정전압 구동(b))

이들 두 가지 방식에 따른 특성 비교를 표 6-2에 나타내었다.

〈표 6-2〉 정전류 구동과 정전압 구동 비교

구 분	정전류 구동	정전압 구동
온도계수	작 다	크 다
직 선 성	양 호	불 량
불평형 전압	온도 변화 크다	온도 변화 작다
적감도 편차	영향 크다	영향 작다
관 계 식	$V_H = (H/d) \cdot I_C \cdot B$ $= K \cdot I_C \cdot B$ H : 홀 계수 d : 홀 소자 두께	$V_H = (H/\rho) \cdot (\omega/l) \cdot V_C \cdot B$ $= K' \cdot V_C \cdot B$ ρ : 저항률 $R_H = \rho \cdot (l/d \cdot \omega)$ K' : 비감도(悲感度)

홀 센서의 감도나 온도특성은 구동방식에 따라 달라지는데 이것은 홀 전압이 정전류 구동의 경우 반도체 기판의 전자 밀도에 의존하고, 정전압 구동의 경우는 전자이동도에 의존하기 때문이다. 그림 6-3은 InSb, GaAs 홀 센서의 자계의존성과 홀 전압의 온도 특성을 나타낸다.

홀 센서는 자계가 0일 때 홀 전압을 발생하지 않는 것이 이상적이지만 실제로는 형상의 차이에 따라 다소 전압이 발생하는데 이를 불평형 전압이라 한다. 홀 센서는 가우스 미터나 전류계 등의 계측용으로 널리 사용되고 있으며, 최근에는 자석과 조합하여 위치 검출에도 이용되는데, 그림 6-4에 그 용도를 나타낸다.

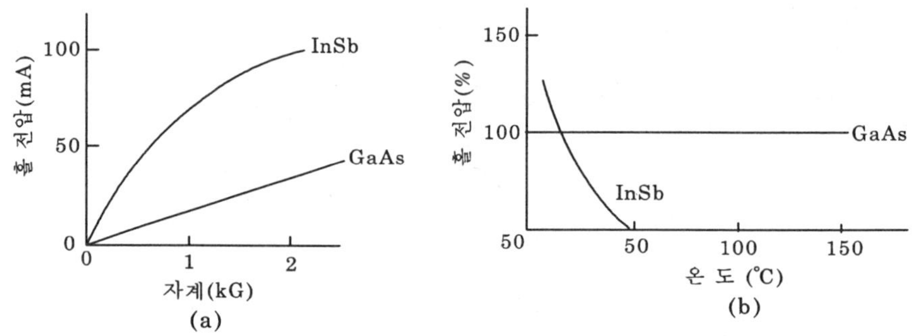

〈그림 6-3〉 홀 소자의 특징 (a) 자계 의존성, (b) 온도 특성

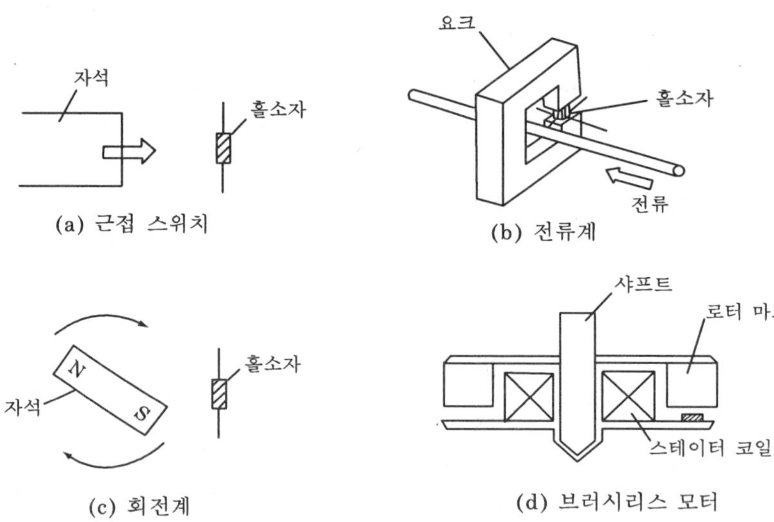

〈그림 6-4〉 홀 소자의 용도

1. 홀 소자의 증폭회로

홀 소자의 출력이 미약하므로 TR이나 OP AMP를 이용하여 출력을 크게 할 수 있다. 그림 6-5(a)는 트랜지스터를 사용한 증폭회로를 나타낸다. 트랜지스터는 증폭 소자로서 베

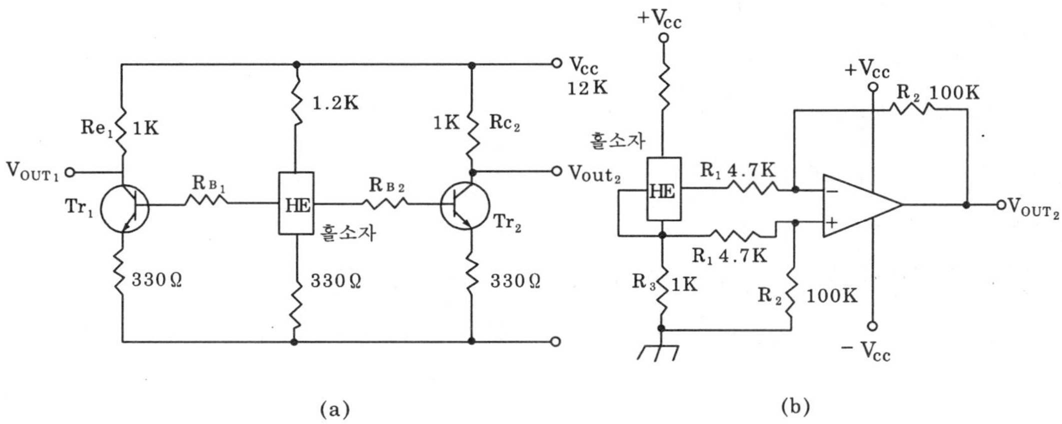

〈그림 6-5〉 홀 소자의 증폭회로 (a) TR 이용, (b) OP AMP 이용

이스 전류에 의해 컬렉터 전류가 h_{FE}배가 된다. h_{FE}는 트랜지스터의 직류 전류 이득이다.

따라서 베이스전류를 크게 하든가 또는 h_{FE}가 높은 트랜지스터를 사용하면 큰 신호가 얻어진다. 그러나 베이스 전류를 크게 하려면 베이스 저항 R_B를 작게 하고 홀 전압을 크게 하는 등 홀 소자에서 부담을 갖게 되어 좋지 못하다. 일반적으로 R_B는 홀 소자의 출력 저항 R_{out}의 10배 이상에서 홀 전압의 확보를 도모해야 한다.

홀 전압 V_H는 출력단자 간에 발생하는 전위차를 말한다. 따라서 증폭회로도 2단자 간에 전위차를 비교하여 증폭하려면 차동 증폭회로가 좋다. 그림 6-5(b)에 OP 앰프의 차동 증폭회로를 나타낸다. 홀 전압 V_H에 대한 출력전압 V_{out}는 다음과 같다.

$$V_{out} = \frac{R_2}{R_1} \cdot V_H$$

6-2 홀 IC

반도체 홀 센서는 자계감도가 1,000 가우스당 10~20㎷ 정도로 다른 재료를 사용한 것에 비해 감도가 낮다는 결점이 있다. 이 결점을 개선하기 위하여 IC 기술을 이용하여 신호처리회로를 센서와 일체화시킨 것이 반도체 홀 IC이다. 즉, 간단히 말해서 홀 IC는 홀 센서와 증폭기(신호처리회로 포함)를 하나로 집적화한 것이다.

온도 센서, 압력 센서, 광 센서 등 IC화되어 있는 센서는 많이 제품화되고 있으나 반도체 홀 IC는 비교적 근래에 IC화된 센서이다.[10)]

홀 IC는 전자회로와 일체화되어 있으므로 센서 전체로써 감도가 좋고, IC 제조기술을 이용하고 있으므로 생산이 용이하다. 또한 목적에 맞는 신호 전압을 얻을 수 있는 것이 그 특징이다. 반면에 불평형 전압이 크고 처리가 곤란한 것 등의 결점도 있다.

홀 IC는 1968년 미국의 Honeywell사에 의해 컴퓨터용 키보드의 가격 절감과 신뢰성의 향상을 목적으로 한 키보드 스위치의 개발, 네덜란드의 Phillips사가 브러시리스 모터용으로써 제품화하는 등으로 인해 자기 센서로써 주목받게 되어, 홀 소자나 자기저항 효과 소자 등과 각종의 응용면에서 경쟁하고 있다. 홀 IC에는 출력이 자계강도에 비례하는 리니어형 센서와 임계값 이상의 자계로써 ON/OFF하는 스위치형 센서의 2종류가 있는데, 스위치형은 디지털 적인 용도에, 리니어형은 아날로그적인 용도에 사용되고 있다. 한편 스위치형은 확실한 스위치 동작을 위해 고의로 히스테리시스를 갖게 하고 있는데 다음의 그림 6-6은 리니어형과 스위치형의 출력 특성을 보여준다.

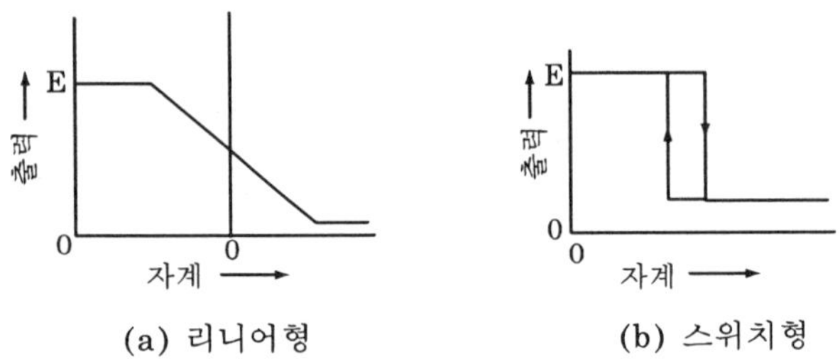

〈그림 6-6〉 홀 IC의 자계-출력 특성

홀 소자의 제조 기술에는 바이폴러와 MOS 기술이 사용되고 있지만 상품화되고 있는 센서는 바이폴러형이다. 홀 IC는 자기 인터럽터, 홀 모터, 자속계, 전력계, 전위계, 변위계, 회전계, 스위치, 키보드 스위치 등에 널리 활용되고 있는데 홀 IC는 보통 수백 가우스 정도의 오프셋 전압(홀 센서의 불평형 전압에 해당)이 있기 때문에 아날로그적인 용도에 이용되는 리니어형에는 오프셋 전압 보상용 단자가 붙어 있다. 그림 6-7은 리니어형과 스위치형의 홀 IC회로구성을 나타낸다.

리니어형 IC의 동작전압은 8∼16V이며, IC 내부에 정전압 전원회로가 내장되어 있기 때문에 감도는 전원전압이 8~16V까지 변화해도 약 12%로 낮다. 출력 오프셋 전압은 100 ㎷/℃로 양호한 값을 나타낸다. 오프셋 전압은 볼륨으로 조정할 수 있으므로 실제로는 그 온도 드리프트가 문제가 된다.

감도의 온도 변화는 약 0.12%/℃이며, 홀 IC로서는 아주 우수한 값을 나타내고 있다. 단, 오프셋 조절용 볼륨의 값에 따라 출력전압이 변화하므로 주의가 필요하다. 한편 스위치형 IC의 특성을 자속밀도에 따라 완전한 스위칭 파형이 나타나지만 동작점에 약간의 오차가 있는 것을 고려해야 한다.

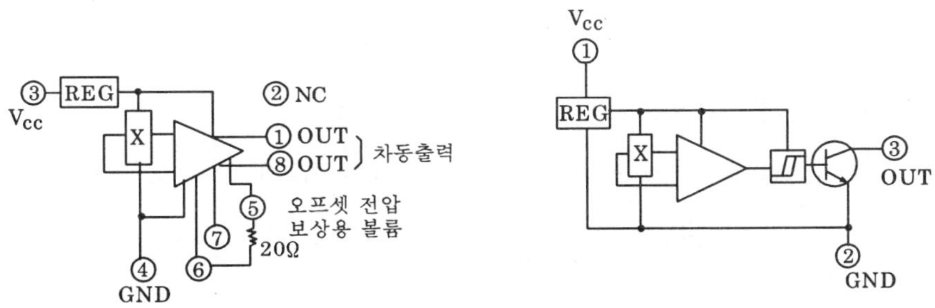

〈그림 6-7〉 리니어형과 스위치형의 홀 IC회로

6-3 응용회로

1. 홀 IC를 사용한 모터의 ON · OFF 제어회로

그림 6-8은 홀 IC에 의한 모터의 ON · OFF 제어회로의 예이다. 여기에서는 모터 M을 구동시키기 위해 PNP 형태의 파워 트랜지스터를 사용한다. 따라서, 이 회로 구성에서는 1A 정도의 부하전류를 직접 드라이브할 수 있다. 여기에서는 DC 모터를 그 구동 예로 하였지만, 여기에 솔레노이드(solenoid) 밸브, 램프 등을 연결할 수도 있다. 그림 6-8에서 다이오드 D와 커패시터 C는 모터의 기동시에 발생하는 서지(surge)전압을 흡수하기 위해 이용된다.

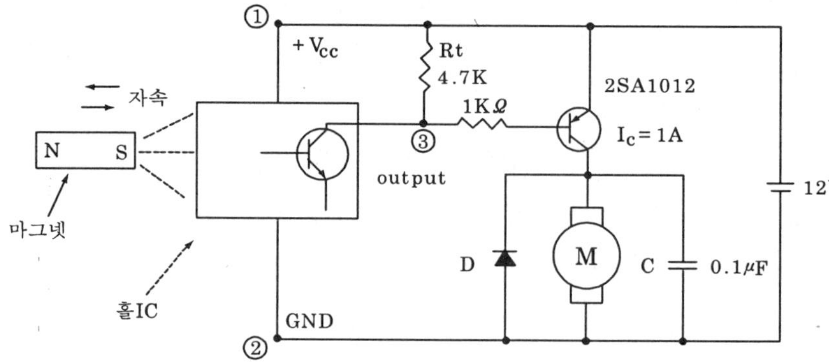

〈그림 6-8〉 홀 IC에 의한 모터의 ON/OFF회로

2. 자기 인터럽터를 사용한 모터 회전수 검출회로

그림 6-9는 자기 인터럽터(interrupter)를 사용한 모터의 회전수 검출회로의 예이다. 여기에서는 회전 센서로 자기식(磁氣式) 인터럽터를 사용하여 그 출력을 모터(제어) 전용 IC의 FG단자에 입력한다.

자기 인터럽터는 발자체(發磁體)와 홀 IC를 일체화한 일종의 자기 커플러로서, 이것을 센서로 이용하기 위해 양자의 소자간에 차단 물체를 개재시킨다.

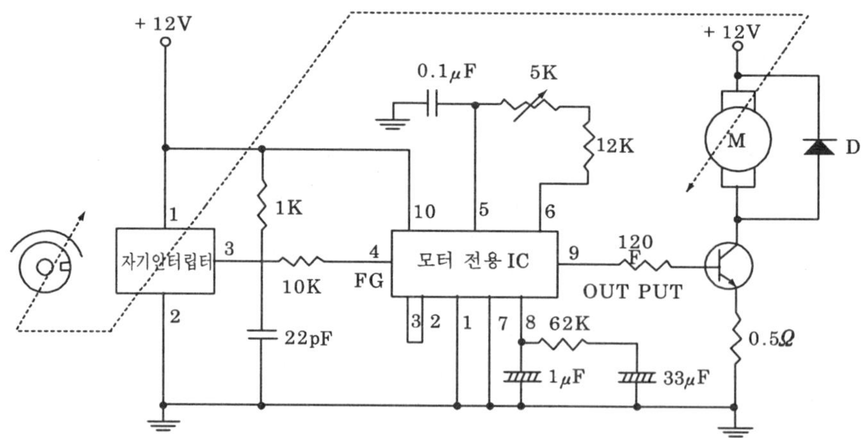

〈그림 6-9〉 자기 인터럽터를 사용한 모터의 회전수 검출회로

3. 자계의 계측[34)]

자계의 계측에는 홀 소자를 사용할 때가 많다.

그림 6-10에 홀 소자를 사용한 간이형의 가우스 미터의 회로를 나타낸다. 홀 소자로서는 GaAs를 재료로하는 THS-102A를 사용하고 있다. 이것은 InSb를 재료로 하는 것에 비해서 감도가 다소 낮지만 온도 의존성이 작은 이점이 있다. 또 GaAs를 재료로하는 소자는 정전압 구동 보다 정전류 구동의 경우가 온도 의존성이 작기 때문에 그림 6-10의 예에 있어서도 정전류를 사용하여 5mA의 전류를 흘리고 있다. 그러나 홀 전압의 온도 계수는 최대 −0.06%/℃가 되므로, 엄밀한 계측값을 구하고 싶을 때는 이 온도 의존성을 보정하지 않으면 안된다.

홀 전압의 크기는 1kG(킬로 가우스)이며 약 100㎷의 작은 값이기 때문에 OP 앰프로 증폭한다.

홀 소자로서 CT에 조립된 것을 사용하면 같은 회로를 전류의 계측에 사용할 수가 있다. 즉, CT를 관통하는 전류가 만드는 자계를 홀 소자에 의해 전압으로 변환할 수가 있다.

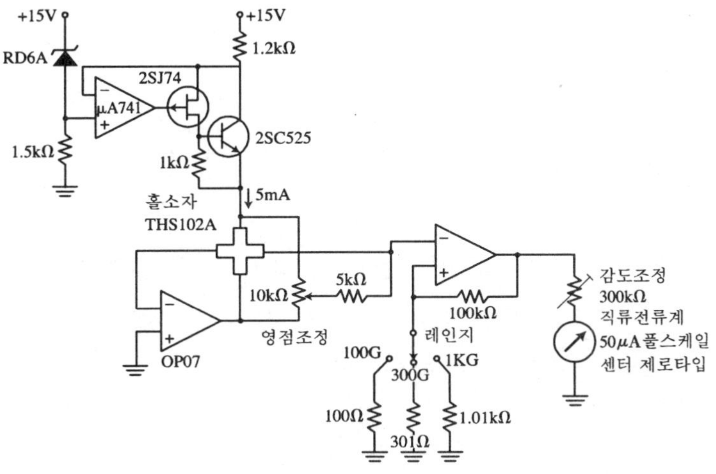

〈그림 6-10〉 홀소자를 사용한 간이형 가우스미터

그림 6-11에서처럼 전압-전류 변환회로에 의해 홀 소자에 흘리는 전류로 변환시켜, 부하전류를 CT에 의해서 자계로 변환하면 홀 소자의 곱셈특성을 이용한 전력계를 구성할 수 있다.

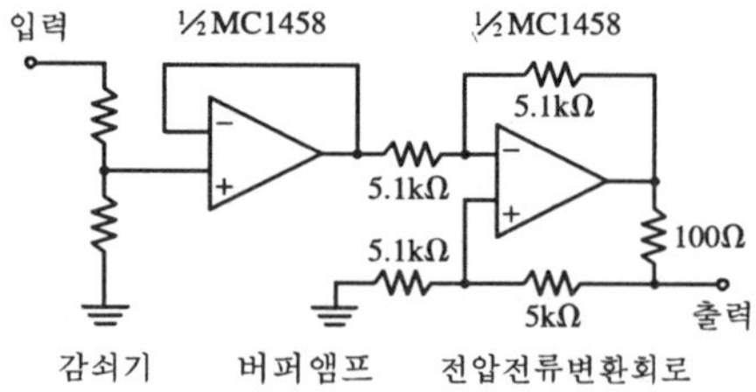

〈그림 6-11〉 전압-전류변환회로

6-4 근접센서

물체의 존재를 검지하기 위해 마이크로 스위치와 리밋 스위치 등의 기계적 센서가 현재에도 많이 사용되고 있다. 근접 스위치는 이들의 물체 검출 센서 중의 하나이다. 그 종류 및 기종에 따라서 동작 방법, 특성, 기능이 다르고 특수한 목적을 위해 개발된 것도 있다.

근접 스위치에서는 전기적으로 물체의 접근을 검출하는 방법이 취해지고 고주파형, 용량형, 자기형의 3종류로 나누어진다.

1. 고주파형 근접 스위치

그림 6-12는 고주파형 근접 스위치의 검출회로이다. 발진회로의 발진 코일을 검출 헤드로서 사용한다. 헤드의 가까이에 금속체가 없을 때는 상시 발진 상태에 있고 금속체가 근접하면 발진 코일의 자력선을 받아 유도에 의해서 금속체 내부에 와전류가 발생한다. 그 때문에 발진 코일의 저항분이 크게 되어 발진이 정지하고 그것이 출력으로 된다. 고주파 근접 스위치에는 헤드 분리형, 전자회로 내장형의 2가지가 있다.

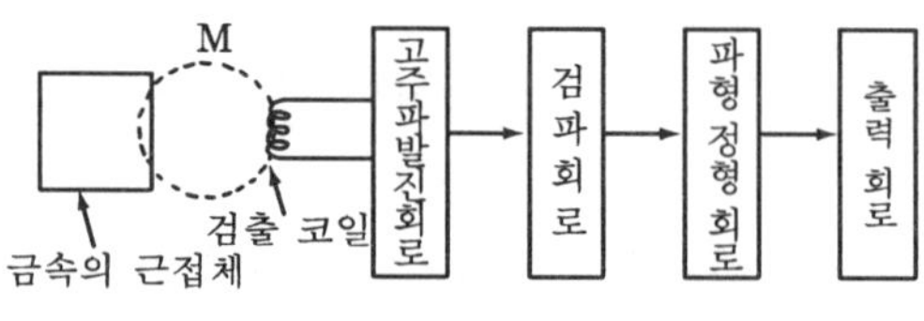

〈그림 6-12〉 고주파유도형 근접 스위치

2. 용량형 근접 스위치

용량형 근접 스위치도 그림 6-13에 나타내는 바와 같이 고주파형 근접 스위치와 거의 동일회로 구성이다. 고주파형의 경우는 코일 부분에서 발생시킨 수십 ㎑의 자력선을 이용하고 있지만 용량형은 인출하고 전극판에서 고주파 전계를 발생시키고 있다. 이 전계 중에 물체가 접근하면 물체 표면과 검출 전극판 표면에서 분극 현상이 일어나 정전 용량이 증가한다. 그 때문에 발진 조건이 조장되어 발진 진폭이 증가하고 출력이 얻어진다.

분극 현상을 이용하고 있으므로 근접 물체는 금속에 한정되지 않고 플라스틱, 목재, 종이, 액체 등 유전물질이면 모두 검출할 수가 있다. 용량형 근접 스위치에서는 검출 전극판을 분리할 수 없으므로 모두 일체형으로 되어 있으며 소형화하는 것은 곤란하다.

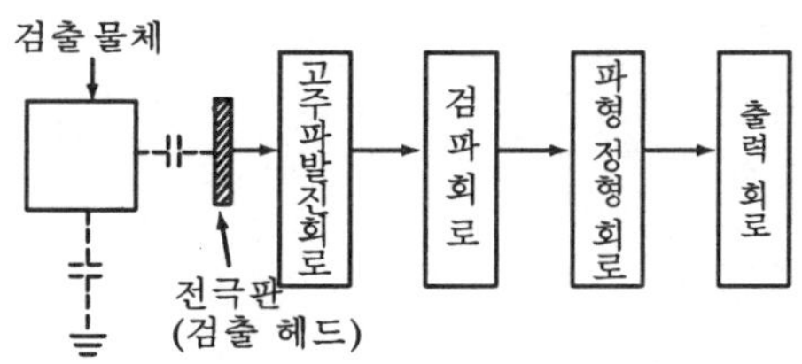

〈그림 6-13〉 용량형 근접 스위치

3. 자기형 근접 스위치

자기형 근접 스위치는 자성체 또는 발진 원인 영구 자석밖에는 검출할 수 없다. 검출 소자에는 ① 리밋 스위치, ② 홀 소자, 자기저항 소자, ③ 자기 코일 등이 있지만 리밋 스위치 방식이 널리 사용되고 있다. 리밋 스위치는 그림 6-14에 나타내는 바와 같이 접점이 유리관 내에 불활성가스와 함께 봉입되어 있고 외기에 근접촉되지 않으므로 신뢰성이 높다.

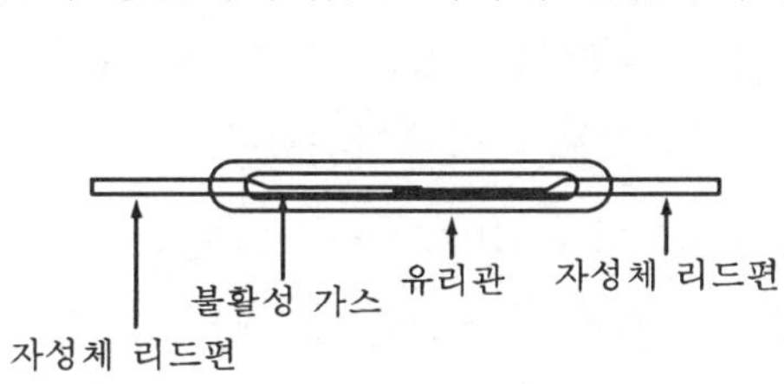

〈그림 6-14〉 자기 리드 스위치

이 근접 스위치의 큰 특징은 구동 전원이 불필요하고 마그넷으로써 동작할 수 있다. 자기형 근접 스위치는 어느 것이나 자동차, 가전 제품, 계측기에 널리 이용된다. 특히 홀 소자와 자기 저항 소자는 VTR이나 모터의 회전 제어에 사용된다.

4. 마이크로 스위치

정확한 의미로서는 스위치에는 없지만 물체가 접촉하고 압력을 가함으로써 전기회로를 개폐하는 것에 마이크로 스위치가 있다. 근접 스위치의 대용으로써 널리 사용되고 있다. 마이크로스위치는 3.2㎜ 이하의 미소접점 간격에서 스냅 액션 기구를 갖고 정해진 동작을 정해진 힘으로써 직접 조작하고 접점의 개폐 속도가 조작 속도와 관계없게 되어 있다. 특정의 동작 특성을 충실히 반복하는 높은 정밀도를 갖고 작은 동작으로써 스위치 동작이 가능하다. 일명 센서티브(sensertive) 스위치라고 불리며 로봇의 손 등에서 물체의 검출 센서로 이용된다.

6-5 초음파 센서

초음파란 보통 인간의 귀에서 들을 수 있는 20㎐~20㎑ 범위보다 높은 주파수 즉 20㎑ 이상의 주파수의 음파를 지칭한다. 여기서 음파란 잘 알고 있듯이 공기 중이나 수중 또는 고체내의 탄성 진동전파, 즉 기계적 진동의 전달을 의미하는데 초음파는 인간이 귀로 들을 수 없는 주파수의 음파를 가리킨다. 초음파의 응용은 에너지를 이용하는 동력적 응용과 신호로서 이용하는 통신적 응용으로 구분할 수 있다.

역사적으로 보아 초음파의 응용이 최초로 계획된 것은 제1차 세계대전 중 독일 잠수함에 시달림을 받던 연합군측이 그 탐지용으로 개발한 것인데, 이것은 결국 전쟁에는 쓰이지 못하고 전쟁이 끝난 후 초음파 측정기로서 실용화되었다.

그 후 소나(SONAR : Sound Navigation And Ranging) 기술은 대폭으로 개량되어 전후 민생용으로 여러 분야에 적용됨에 따라 초음파 기술은 눈부신 발전을 거듭하였다.

한 마디로 초음파라 해도 각 분야에서 이용되는 초음파의 주파수는 낮게는 25㎑ 정도에서 높게는 초음파 현미경 등에 사용되는 20㎒ 이상까지 분포하고 있다. 또, 같은 초음파라도 그 파가 공기, 수중, 그리고 고체 등 어떤 물질에 존재하느냐에 따라 그 성질이 크게 달라진다. 일반적으로 초음파의 발생이나 검출은 크게 나누면 전자유도현상, 자왜현상, 압전현상의 어느 하나를 이용하고 있다. 어느 것이든 전기 에너지와 탄성 에너지의 변환을 하며, 전기 신호를 초음파로 변화하는 송파기(스피커)와 그 역변환을 하는 수파기(마이크로폰)가 있다. 일반적으로 이 둘은 동일 구조로 초음파의 발생과 검지가 가능하며, 합쳐서 이것을 초음파 센서라고 한다. 이 초음파 센서의 특징은 다음과 같은 것이 있다.

● 초음파의 발생과 검출을 겸용하는 가역 형식이 많다.
● 전기 음향 변환 효율을 높이기 위하여 보통 공진상태로 사용된다. 이 때문에 센서로서 사용한 경우, 감도가 주파수에 의존한다.
● 초음파의 존재의 유무, 또는 초음파 펄스파형의 상대적 크기에 주목하는 일이 많다.

다음은 초음파의 송수신을 행하는 방법에 따른 특징을 알아보도록 한다. 먼저 가장 널리 이용되고 있는 압전형을 살펴본다.

1. 압전 진동자

유전체에 전압을 인가하면 전기분극을 일으킨다. 그러나 어떤 종류의 유전체에서는 전기분극은 전압의 인가뿐만 아니라 응력에 의해서도 일어난다. 이 응력에 의하여 전기분극을 일으키는 현상을 압전 효과라고 한다. 반대로 전압을 가하였을 때 응력 또는 왜곡이 생기는 현상을 역압전 효과라고 한다. 보통은 이들 두 개의 효과를 총칭하여 압전 효과라고 하며 이러한 현상을 가진 물질을 압전소자라 한다. 수정, 로셀염의 결정 및 티탄산바륨, 티탄산염과 같이 압전 효과를 이용하여 초음파를 발생시키거나 검출하는 것을 압전소자라 한다.

그림 6-15는 압전 효과의 원리를 나타낸다.

현재 초음파 센서로서 가장 많이 사용되고 있는 것이 압전(Piezo) 효과를 이용한 진동자로서 2매의 Piezo 소자를 맞붙여 한 쪽이 늘어가면 다른 쪽이 줄어들도록 하여 왜곡 진동을 하도록 한 진동자이다. 이것을 Bimorph 진동자라고 하며 그림 6-16에 나타냈다.

이 Bimorph 진동자는 출력전압이 크고 구조도 간단하며 소형이다. 또, 기계적 강도도 있고 온도 특성이나 습도 특성도 양호하며 가격이 저렴하다는 점에서 소형 타입의 초음파 센서로서는 가장 많이 사용되고 있다.

이러한 형태의 초음파 센서는 어느 것이든지 공진주파수(중심주파수) 23~25㎑, 40~

45㎑가 표준 형태이다.

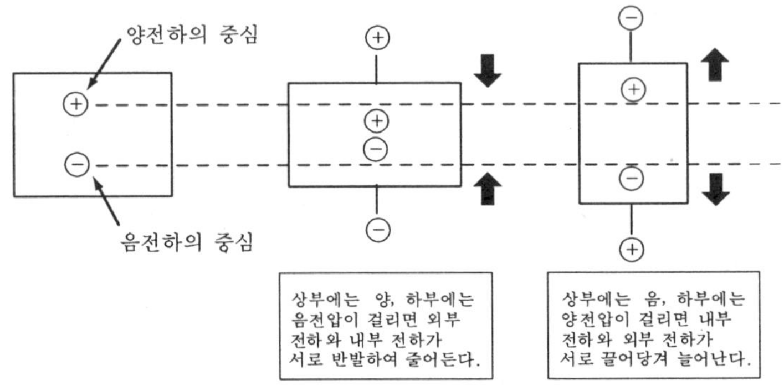

〈그림 6-15〉 압전 효과의 원리

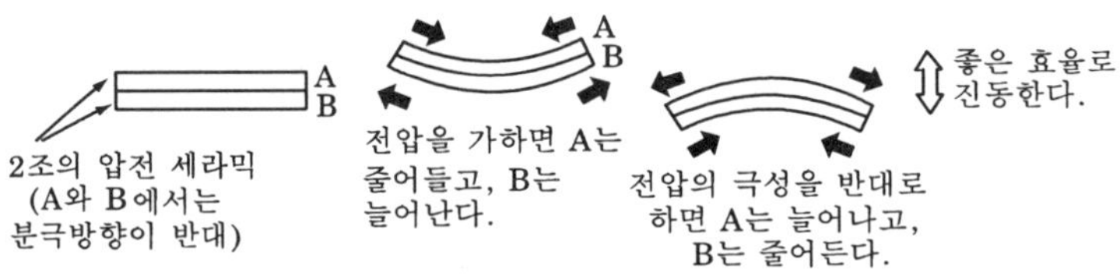

〈그림 6-16〉 Bimorph형 진동자의 원리

2. 초음파 측정

초음파를 검지하여 측정하는데는 여러 가지 초음파의 물리적 성질이나 대상 물체의 음향적 성질이 이용되는데 대체적으로 다음과 같은 3가지의 경우로 나뉜다.

- 대상 물체로부터 초음파 반사, 산란을 이용
- 초음파 전달시 음속이나 감쇠가 매질에 따라 정해지는 성질 이용
- 공간의 음원에서 발사된 파를 관측하여 음원의 위치 계산 가능한 성질 이용.

이중 첫 번째 경우를 살펴보자. 초음파가 공기 중 또는 수중을 통하여 다른 매질에 닿으면 그 음향 임피던스의 차이에 따라 반사가 일어난다. 따라서 대상물체를 향해 초음파를 발사하고 그 반사를 검출, 해석함으로써 그 물체의 존재나 위치 또는 그 성질을 파악할 수 있는데 이것을 그림 6-17에 나타낸다.

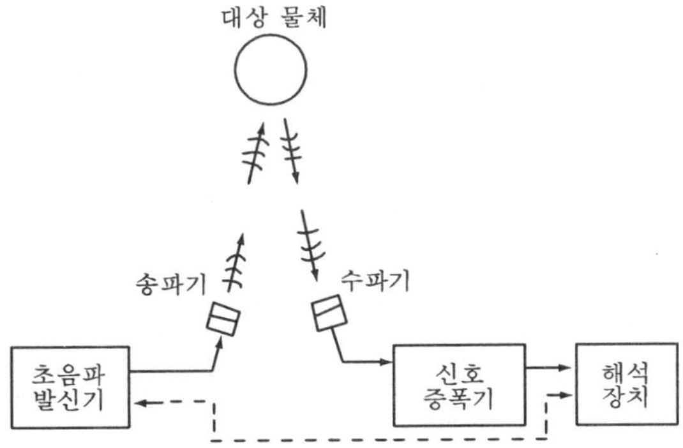

〈그림 6-17〉 초음파의 반사, 산란에 의한 센싱

초음파가 어떤 매질을 통하여 다른 매질과의 경계면에 도달했을 때 거기서 반사가 일어난다. 그곳에서의 반사율 γ는 다른 두 매질의 음향 임피던스의 차에 따라 결정된다.

일반적으로 임피던스는 $Z=\rho C$로 표현된다. 여기서 ρ는 매질의 빈도, C는 그 매질 속의 음속이다. 이 식은 음향 임피던스가 실수일 때, 즉 전달 중에 흡수 감쇠가 없을 때만 성립하므로 아주 정확하다고는 할 수 없다.

그러나 일반적으로 초음파가 전달되는 매질에서는 그 허수 성분이 작기 때문에 음향 임피던스는 거의 실수로 생각할 수 있다.

매질의 경계면이 비교적 평탄하고 어느 정도 이상의 면적을 가지면 거기에 도달한 초음파는 규칙적으로 반사한다. 그러나 경계면에 미세한 요철(凹凸)이 있는 경우, 여기서 반사되는 초음파는 불규칙적이다.

또, 초음파가 전달하고 있는 매질 속에 음향 임피던스가 다른 미세한 물체가 존재하는 불균일한 매질의 경우도 그곳에서 불규칙적인 반사가 발생한다. 이들 불규칙적인 반사를 산란이라고 한다.

3. 기본회로

초음파 센서의 등가회로는 그림 6-18에서와 같이 표현된다.

이것은 그림 6-18에서 보인 바와 같이 LCR의 직렬회로로 되어 있다. 초음파 센서의 리액턴스 특성을 나타낸 것이다. 그림의 좌측과 우측은 용량성, 가운데는 유도성(인덕턴스로 간주할 수 있다)을 나타낸다. 이것은 수정 진동자나 세라믹 진동자와 같이 Q가 높은 발진 소자로 볼 수 있으며, 이 특성 때문에 초음파 센서 특유의 회로를 구성할 수 있다.

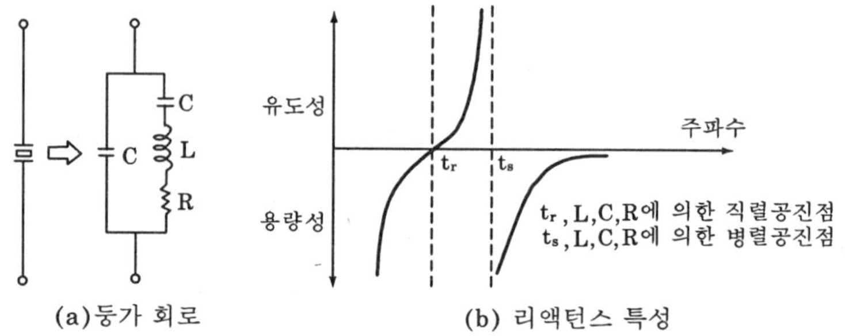

〈그림 6-18〉 초음파 센서의 등가회로와 리액턴스

4. 디지털 IC를 사용한 초음파 발진회로

그림 6-19는 보급형의 초음파 거리계 등에 사용되고 있는 발진기의 일례이다. 그림 6-19에서 알 수 있듯이 이 회로는 모두 디지털 IC로 구성되고, 그 출력은 커플링 콘덴서(coupling condenser) C_p를 통해서 초음파 진동자(스피커)에 접속되어 있다.

각 부의 동작을 간단히 설명하면, IC_1, IC_2에 의해 초음파 대역에 대응하는 고주파 전압을 발생시켜, 이 신호를 $IC_3 \sim IC_4$의 인버터(inverter)로 각각 파워를 올리고 커플링 콘덴서 C_p를 통해서 고주파 전압을 초음파 스피커에 공급하고 있다.

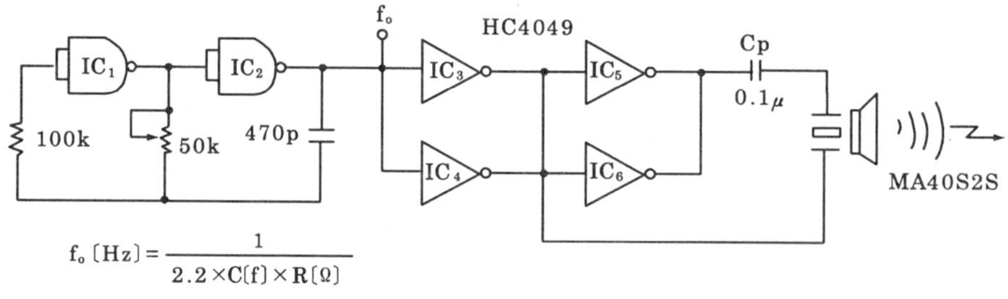

〈그림 6-19〉 디지털 IC를 사용한 초음파 발진회로

또 압전 센서의 성질상 장시간 DC전압이 공급된 경우 현저한 특성 열화를 초래하기 때문에, 일반적으로 커플링 콘덴서 C_p를 통해서 교류분의 전력이 공급되고 있다.

5. 펄스 트랜스를 사용한 초음파 발진회로

그림 6-20은 펄스 트랜스(pulse transformer)를 사용한 회로 예이다. 여기에서는 가변 발진기 OSC의 신호출력을 NPN 트랜지스터(transistor)로 증폭하고 이것을 펄스 트랜스에 가하여 승압(昇壓)해서 큰 교류 전압을 초음파 스피커에 공급하고 있다.

그런데 위의 그림 6-20에서도 알 수 있듯이 초음파 발진회로에서는 어느 것이나 초음파 스피커(발진 소자)를 직류적으로 격리하여 압전 소자의 열할을 방지하고 있다. 또, 그 구동 신호는 펄스상이어도 초음파 스피커가 큰 정전 용량을 가지고 있기 때문에, 소자 사이에서는 거의 사인파에 가까운 형이 된다. 여기에서는 초음파 스피커로서 MA 40S2S를 사용하여 40㎑의 초음파 에너지를 발생시키고 있다.

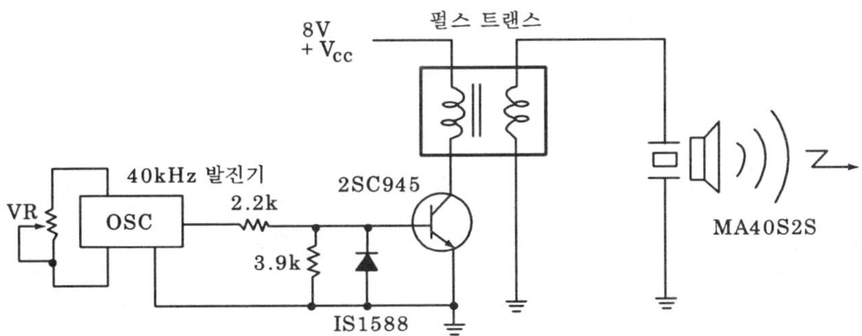

〈그림 6-20〉 펄스 트랜스를 사용한 초음파 발진회로

6. 트랜지스터를 사용한 초음파 수신회로

초음파(센서)의 수신회로를 구성하는 경우, 입력신호가 극히 미약하기 때문에 일반적으로는 수십 dB 이상의 고이득 앰프(high gain amplifier)를 필요로 한다. 이 경우 취급하는 신호 대역이 한정되어 있으므로, 회로적으로는 훨씬 취급하기 쉬운 면도 있다. 그러나 초음파 신호 특유의 회로 구성도 요구되고 있으므로 그에 대한 번잡함이 따른다.

그림 6-21은 초음파 수신회로의 입력부를 나타낸 것이다. 여기에서는 초음파 센서로서 MA 40S2R을, 그 증폭회로에 NPN 트랜지스터를 사용하고 있다.

초음파 센서는 일반적으로 극단적인 에너지 감쇠가 수반된다. 이 때문에 센서 일레멘트에는 수 ㎷ 정도의 극히 미약한 입력 신호밖에 얻을 수 없으며, 실제로는 여러 가지 다단

증폭회로(多段增幅回路)가 필요하다.

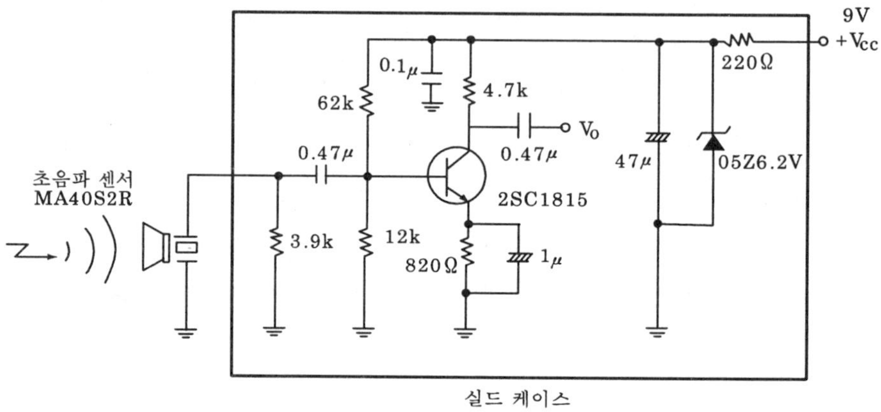

〈그림 6-21〉 트랜지스터를 사용한 초음파 수신회로

7. 송수신 겸용회로

초음파를 매체로 해서 거리계를 구성하는 경우 초음파 발신기와 초음파 센서부가 필요하지만, 이 경우 모두를 개별적으로 설치하는 방법과 하나의 소자를 공용하는 방법이 있다.

여기에서 양자는 어느 것이나 장단점이 있으므로 어느 쪽이 우수하다고 일괄적으로는 말할 수 없지만, 거리계의 성질상 송수 겸용형(送受兼用型)이 결국 하나의 소자를 공용하는 방법이므로 여러 가지로 유리하지 않을까 생각한다. 다만 이 경우, 송수신의 타이밍을 솜씨좋게 처리해야 하므로 그에 대한회로 기법이 필요하다.

그림 6-22는 송수신 겸용회로이다. 여기에서는 하나의 초음파 센서(스피커라도 좋다)에 송신 출력을 주는 동시에, 그 수신 출력도 꺼내고 있다. 또 여기에서는 송신부 내 T에 NAND게이트, 버퍼, 펄스 트랜스에 의한 승압회로를 설치하여, 이것에 의해 30㎐에서 변조된 40㎑의 고주파 신호를 펄스 트랜스에 입력하고 있다. 다음에 펄스 트랜스에서 승압된 펄스 전압이 고전압으로 변환되어 초음파 스피커에 공급되고, 이 에너지가 음향 에너지로서 공중에 방출되는 것이다.

다음은 수신부 R의 구성이다. 여기에서는 다이오드에 의한 클립(clip)회로와 그 후단에 교류 앰프가 배치되어 있다. 또, 송수신 겸용회로는 하나의 초음파 센서에서 송・수신을 공용하기 때문에 이것에 의한 송・수신 각 신호의 간섭을 야기시키고, 큰 송신 에너지가 직접 수신회로에 흘러 들어갈 우려가 있다.

이 레벨은 반사파의 그것과 비교해서 극단적으로 크기 때문에 앞단의 앰프가 포화되고 회로 동작이 불안정하게 된다. 이 때문에 수신 앰프의 앞단에 역병렬(逆竝列)의 다이오드 클리퍼를 삽입해서 이러한 사고를 방지하고 있다. 또한, 이 종류의 장치에서는 클립회로가 있어도 송신 신호의 직접파, 잔향파(殘響波)의 영향은 피할 수 없으므로 여러 가지회로 기법에 의해 불필요한 신호를 제거하여 거리 측정 기능의 장해를 피하고 있다.

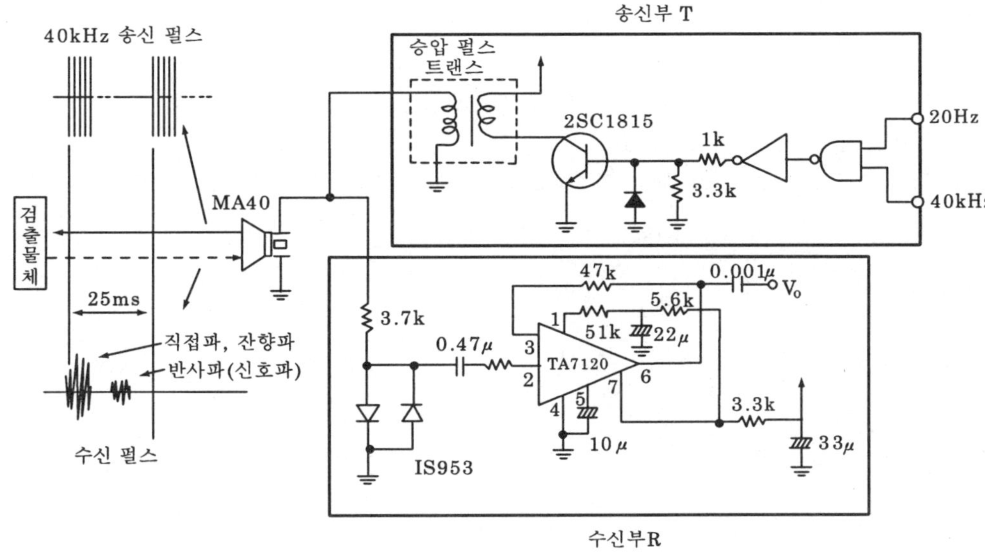

〈그림 6-22〉 송수신 겸용회로

8. 초음파 센서의 응용회로

초음파를 이용하여 검출할 수 있는 것은 물체의 유무, 물체와의 거리, 속도 등 여러 가지가 있다. 여기서는 초음파 센서를 이용하고 있는 응용 사례를 알아보자.

(1) 물체검지 장치

이 회로는 광 센서를 이용해서도 만들 수 있지만 광 센서로서는 투명한 것을 검지할 수 없다. 또, 적외선 센서에서는 사람이나 동물과 같은 주위 온도와 다른 온도를 가지고 있을 필요가 있다. 그런데 초음파 센서에서는 투명한 것이라도 검지할 수 있다.

표 6-3은 초음파 센서를 사용한 검출방식을 나타낸다. 검출방식에는 직접형과 반사형이 있는데, 직접형 검출방식은 송신기와 수신기를 대향하여 배치함으로써 직접파가 있을 때는 (신호전압이 있을 때는) 물체가 존재하지 않고 신호전압이 없으면 물체가 존재하는 것이다.

반사형 검출 방식은 송신기와 수신기를 비교적 가깝게 배치할 수 있는데, 반사파가 있을 때 물체가 존재하는 것이다.

또, 반사형에는 송신기와 수신기를 2개 사용하는 독립형과 하나의 송수신 겸용 초음파 센서를 사용하는 겸용형이 있다. 겸용형은 센서 하나로 해결할 수 있는 이점은 있으나 송수신 전환회로가 필요하며, 아주 가까운 거리는 검출할 수 없다.

〈표 6-3〉 초음파 센서의 검출 방식

배치 방식	용 도	특 징
직접형 	리모콘 물체의 검지	· 검지감도가 자유로이 설정할 수 있어 설계가 쉽다. · 설치장소가 2개소 필요
반사방식(독립형) 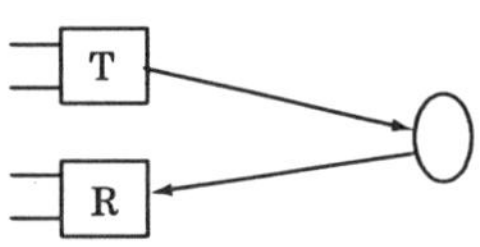	물체의 검지 거리 측정	· T에서 R로 직접 들어가는데 대한 대책 필요 · T와 R 전용 센서를 사용할 수 있으며 효율이 좋다. · 근거리(10cm 이하)인 경우가 없다.
반사방식(겸용평) 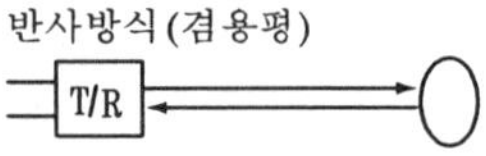	물체의 검지 거리 측정	· 송수신 전환회로가 필요 · 근거리는 측정할 수 있다.

(2) 거리 측정

센서로부터 대상 물체까지의 거리를 알기 위한 방법으로 초음파의 왕복 전달시간 측정에 의한 거리 측정법이 있다. 그림 6-23은 그 일례로 hopper의 상측에서 초음파 펄스를 발사형 그 초음파가 탱크 속 분체의 상면에서 반사, 산란하여 되돌아오기까지의 시간을 측정함으로써 그 시간에서 탱크 속의 분체량을 파악할 수 있다.

공기 중에서 음파의 전달속도는 잘 알고 있듯이 1기압 중에서는 대략

$$v = 331 + 0.6T \text{ [m/s]}$$

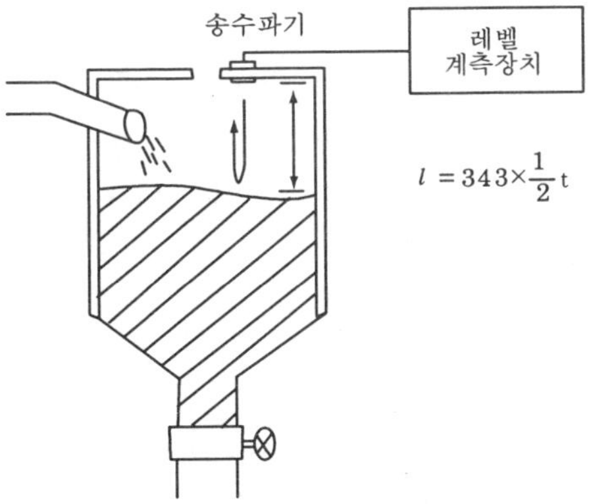

〈그림 6-23〉 레벨계

로 구할 수 있다. 여기서 T는 (℃)로 표시되는 온도이다. 따라서 음의 왕복 전달시간이 t 초라하면 그 사이의 거리는

$$I = 1/2 \times 343 \times t \text{ [m] (20℃의 경우)}$$

가 된다. 그림 6-24에 초음파 거리 측정기의 표준적인 회로구성을 나타낸다.

보통 공기 중에서 거리 측정에 사용되는 초음파 주파수 $f = 25 \sim 200$㎑ 정도이며, 파장 $\lambda = v/f$는 수 밀리~수십 밀리 급이다. 이런 종류의 거리 센서는 초음파에 의한 센싱의 가장 기본적인 것으로 앞서 언급한 분체 레벨센서 이외에 여러 분야에서 이용되고 있다. 이들은 어느 것이나 대상 물체까지의 거리를 비교적 간단하게 측정할 수 있다.

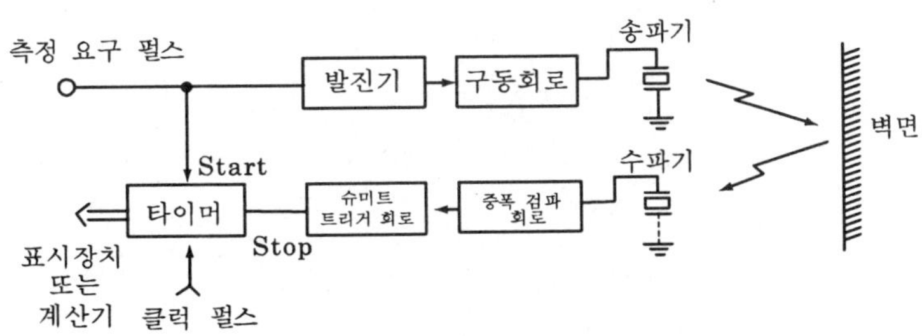

〈그림 6-24〉 초음파 거리 측정기회로

6-6 리드 스위치[31)]

리드 스위치는 자석과 조합한 자기센서로서 비교적 사용하기 쉬우므로 광범위하게 응용되고 있다. 리드 스위치는 그 동작형태에 따라 그림 6-25와 같이 노멀 오픈형, 노멀 클로즈형 및 트랜스퍼형으로 나뉜다.

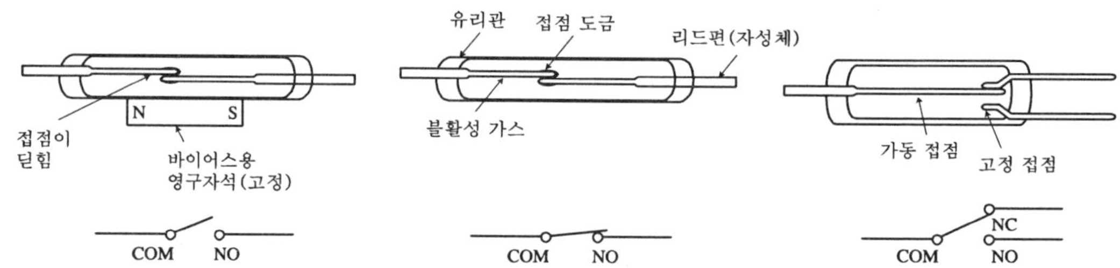

(a) 노멀 오픈형 (b) 노멀 클로즈형 (c) 트랜스퍼형

〈그림 6-25〉 각종 리드 스위치 및 접점

그림 6-26은 리드 스위치의 구조를 나타낸다. 리드 스위치는 백금, 금, 로듐등의 접점 도금을 한 쌍의 리드편을 적당한 간격을 유지하도록 하여 외부자계에 의해 접촉 또는 비접촉(ON 또는 OFF)하도록 한 것이다. 유리관 내에는 질소와 수소의 혼합가스와 같은 불활성가스가 봉입되어 있다. 리드 스위치는 종류에 따라 전류가 일반적으로 0.3A 정도이며 리드 스위치의 치수는 외경이 2~3㎜ 정도, 길이도 10~25㎜ 정도이며 일반 스위치에 비해 약

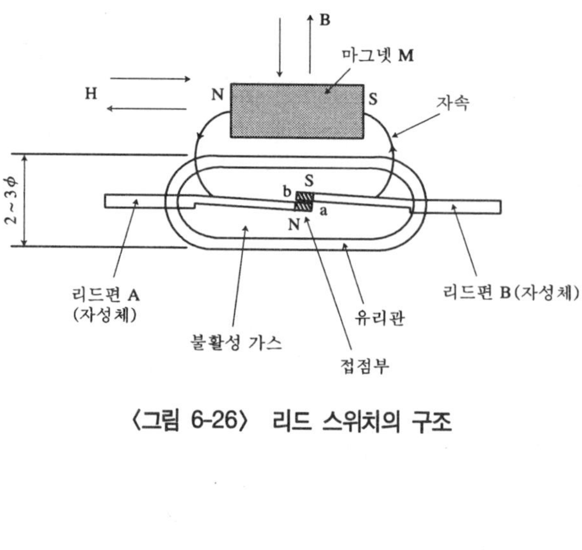

〈그림 6-26〉 리드 스위치의 구조

간 소형이다.

리드 스위치의 동작원리는 그림 6-25(a)의 구조에서 막대자석을 리드 스위치에 접근시키면 연질 강자성 재료의 리드편이 자계의 방향에 따라 자화된다. 리드 스위치의 동작은 막대자석 M이 H 또는 B 방향으로 이동한 경우 자계의 작용에 의해 리드편 A, B에 자속이 작용하여 접점 a-b 간에 자극을 발생시킨다. 여기서 발생한 자극은 N, S로 서로 다른 극끼리이므로 흡인력이 작용하여 접점부가 닿게(ON) 되고, 막대자석 M을 리드 스위치에서 멀어지게 되면 접점은 자력을 잃게 되므로 접점부가 떨어지게(OFF) 되는 것이다.

리드 스위치의 장점으로서는 접점부가 완전히 차단되어 있으므로 높은 온도, 높은 습도 및 어떠한 환경 속에서도 안정하게 동작한다. 자기 에너지를 매개로 해서 수 ㎜ 정도 떨어진 위치에서 무접점으로 스위치의 ON, OFF 조작을 할 수 있다.

또한 그 동작도 매우 고속이며 500㎐ 정도의 응답특성을 갖는다. 그리고 내전압 특성이 우수하고(>10㎸), 사용 온도 범위가 넓으며(−270~+150℃), 동작수명이 길다.

단점으로는 접점용량이 작아 대전류의 ON, OFF 동작에는 부적합하다. 리드 스위치는 접점의 전환 동작이 자기 에너지에 의존하고 있으며, 따라서 자장의 변화 속도에 접점의 ON, OFF 속도도 비례한다.

1. 리드 스위치의 증폭 회로

리드 스위치는 성질상 1A 정도의 전류를 흘릴 수 있지만 큰 전류는 흘릴 수 없다. 따라서 큰 전류를 다룰 경우 증폭회로를 이용한 회로가 요구된다.

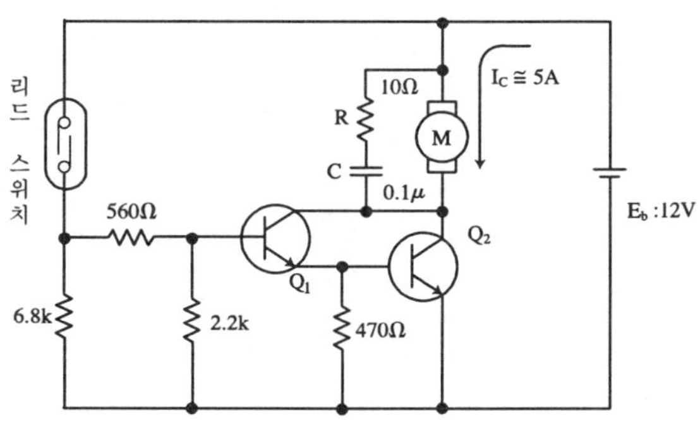

〈그림 6-27〉 직류 5A의 제어회로

그림 6-27은 직류부하 5A의 회로를 나타낸다. 이 회로에서는 트랜지스터 2개를 사용하여 리드 스위치의 미약한 전류를 증폭하고, 부하전류가 5A일 때 리드 스위치의 전류가 20 mA 정도이므로 리드 스위치의 부담은 경감된다. R과 C는 서지전압 흡수회로이다.

제6장 사 례 문 제

1. 홀 센서의 구동방식을 정전압 방식과 정전류 방식으로 할 때 그 회로와 동작내용을 각각 설명하여라.

2. 홀 IC를 이용하여 모터의 ON, OFF 회로를 작성하고 동작내용을 설명하여라.

3. 근접 센서의 종류를 들고, 각각에 대한 동작원리를 설명하여라.

4. 초음파 센서의 발신부와 수신부 회로를 각각 그리고 동작내용을 설명하여라.

5. 2개의 초음파 센서를 이용하여 2개의 액체 레벨의 차이(거리)를 검출할 때 트랜스듀서 1(초음파 센서1)의 Δt가 8.2ms, 트랜스듀서2(초음파 센서2)의 Δt가 14.5ms하면 2개의 액체에 대한 레벨의 차이는 얼마가 되는가? 여기서 Δt란 초음파 센서에서 발신 초기의 시간과 반사되어 들어오는 시간차를 의미한다.

6. 초음파 센서와 광 센서의 차이점을 구체적으로 설명하여라.

7. 사례그림 6-1의 블록도는 고주파형 근접 센서를 나타낸다. 코일 근처에 금속체가 접근하면 발진 주파수가 변하는 원리를 이용한 것이다. 각 블록에 사용된 회로에는 어떤 회로들이 사용되는지를 설명하여라.

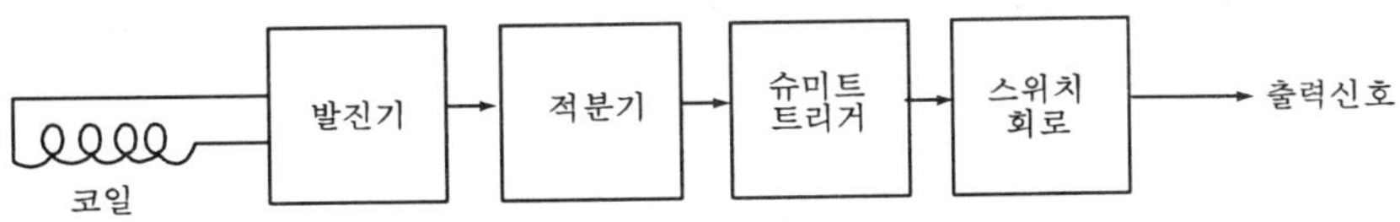

〈사례그림 6-1〉 고주파형 근접 센서의 블록도

8. 사례그림 6-2는 홀 센서를 이용한 회전수 검출회로이다. 회로의 동작원리를 자세하게 설명하여라.

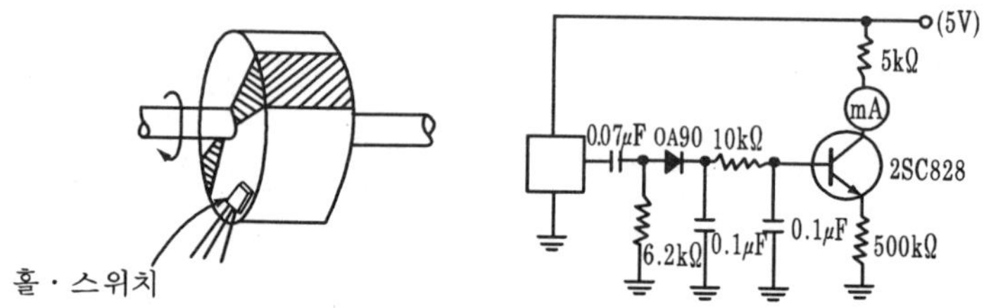

〈사례그림 6-2〉 회전수 검출회로

Chapter 7

압력 센서

7장에서는 압력 센서의 원리와 동작내용, 활용방법에 대해서 설명하도록 한다.

7-1 압력 센서

압력 센서는 기체, 액체, 고체 등, 모든 물질 간에 작용하는 역학 에너지를 검출하기 위한 센서의 총칭으로서 대기압보다 높은 압력을 측정하는 압력계와, 대기압보다 낮은 압력을 측정하는 진공계 등이 포함되어 있다. 여기에서 압력이란 두 개의 물체가 접촉면 또는 물체 사이의 두 부분의 양측에서 서로 미는 힘을 말한다. 일반적으로 이것은 단위 면적당 작용하는 힘의 정도로 나타내게 된다.

압력 센서가 관계하는 분야는 역학량(力學量)의 검출인데, 이것에는 압력 외에 물체의 중량, 회전력을 나타내는 토크(torque), 그리고 물체간에 작용하는 힘도 포함되어 있다.

또, 이것들은 모두 공통의 개념으로 연결되어 있으므로 어느 물리량을 측정하는 경우라도 압력 센서로 대응할 수 있다. 그러나 압력, 중량, 토크, 힘은 역학상의 미묘한 차이가 있으므로 현재에는 압력 센서도 적절하게 구분되어 사용되고 있다.

그림 7-1은 압력 센서의 용도를 명확하게 한 것이다. 여기에서는 전체를 역학량의 검출이라는 개념으로 정리하고 있다. 따라서, 이 모두를 검출하는 것이 압력 센서가 된다.

그런데, 다이어프램(diaphragm) 방식은 벨로즈 방식과 거의 비슷한 압력 범위를 커버하고 있지만 구조상 상당히 콤팩트하게 짜 넣기가 쉽다. 따라서, 최근 확산형 반도체 압력 센서는 대부분 이 방식을 채용하고 있다. 확산형 반도체 압력 센서에 대해 살펴보기로 하자.

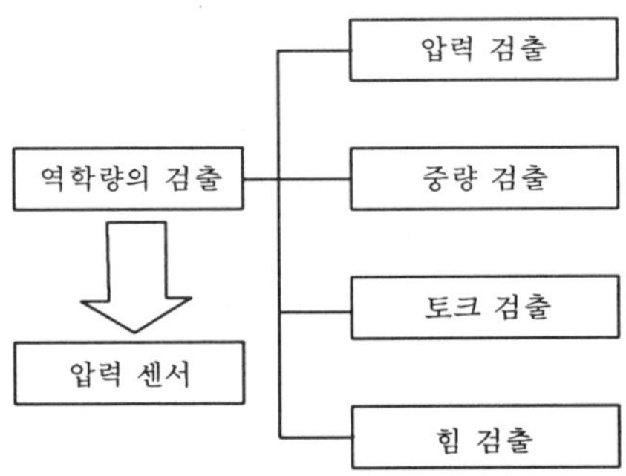

〈그림 7-1〉 압력 센서의 용도

1. 확산형 반도체 압력 센서

확산형 반도체 압력 센서는 그림 7-2에서 보는 바와 같이 반도체 단결점을 직접 가공하여 박막화시킨 것으로서 기체, 액체의 입력을 Si판이 받으므로 마모, 진동의 영향이 거의 없다. 기계식에 비해서 게이지율이 수십 배 크고 반복 히스테리시스가 0에 가까운 특징을 갖는다.

동작 내용을 살펴보면, 압력이 인가되면 Si판이 압력을 받아 Si판이 변형된다. 이에 따라 P형 반도체의 확산저항의 변형되어 압력에 대한 base 확산저항이 변화된다. 이를 bridge회로에 연결하여 압력을 검출한다.

반도체 특유의 온도의 영향을 받으므로 온도보상이 필요하여, 서미스터, 포지스터를 연결하여 온도를 보상한다.

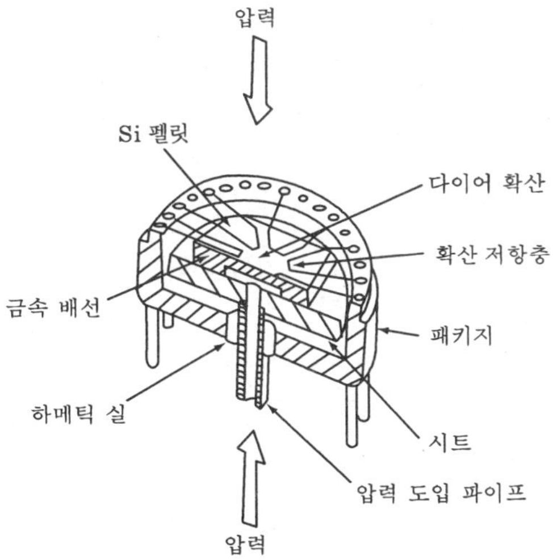

〈그림 7-2〉 확산형 반도체 압력 센서의 구조

7-2 압력 센서의 기본회로

압력 센서의 구동회로는 기본적으로는 정전압식과 정전류식이 있다. 금속 스트레인 게이지 압력 센서의 경우, 온도에 따른 감도변화가 아주 적기 때문에 회로가 간단한 정전압식이 적합하다. 센서의 사양에는 권장값이 지정되어 있다.

반도체 스트레인 게이지 압력 센서(확산형을 포함)의 경우, 사양에는 전류값이 지정되어 있는 경우가 많다. 일반적으로 반도체 스트레인 게이지의 감도는 온도상승에 따라 저하하는 경향이 있으며, 실리콘의 경우 오차는 있으나 대략 −0.2%/℃ 정도의 값으로 되어 있다.

한편 저항값은 비저항(반도체의 캐리어 농도)에 의해 크기는 다르지만 대개 양(+)의 온도계수를 가지고 있다. 그래서 저항변화에 따른 감도변화를 없애기 위하여 정전류 구동을 권장하는 센서가 많아지고 있다.

1. 정전압 전원회로

정전압 구동용의 전압전원으로서는 3단자 레귤레이터 IC를 사용하는 방법이 있다. 그러나 출력전압의 정격이 5V, 8V, 10V 등으로 분산되어 있고, 각각 정격값에 대한 오차를 가지고 있다는 점 등이 약간의 단점으로 생각된다.

다음의 그림 7-3은 제너 다이오드와 OP앰프, 트랜지스터의 조합에 의한 회로 예로서 괄호 내의 수치는 10V, 30㎃ 정도의 출력을 얻기 위한 설계 예이다. 출력전압 V_{out}는 제너 다이오드의 전압을 V_Z라 하면 다음 식과 같이 된다.

$$V_{out} = \frac{R_1 + R_2}{R_2} V_Z$$

이 회로는 전원전압의 넓은 범위에 걸쳐 제너 전류에 변화가 없고 출력전압이 안정하다는 점이 특징이다. 온도 특성은 대부분 제너 다이오드의 특성으로 정해진다. 최근에는 특성이 뛰어난 기준전압 다이오드도 여러 종류가 시판되고 있으며, 특히 2.5V와 같은 낮은 기준전압 소자도 시판되고 있다. 그리고 R_3은 제너 전류 I_Z가 개개의 제너 다이오드에 대하여 특성상 지정되어 있는 경우는 다음 식으로 결정한다.

$$R_3 = \frac{V_{out} - V_Z}{I_Z} = \frac{R_1 \cdot V_Z}{R_2 \cdot I_Z}$$

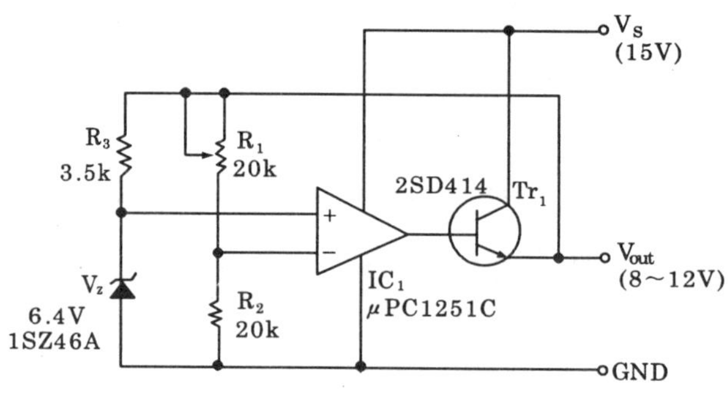

〈그림 7-3〉 입력 센서용 정전압 전원(10V 300㎃)

2. 정전류 전원회로

그림 7-4는 비교적 안정한 전원전압이 얻어지는 경우 권장할 수 있는 정전류회로의 일례이다. 출력 전류 I_B는 다음 식으로 계산된다.

$$I_B = V_Z / R_S$$

여기서 전원전압(OP 앰프의 +전원을 겸한다)을 V_S라 하면 V_S에는 다음 식의 관계가 필요하다.

$$V_S > (V_Z + R_B \cdot I_B + 2)$$

앞 식의 2V는 OP 앰프의 포화전압분이다.

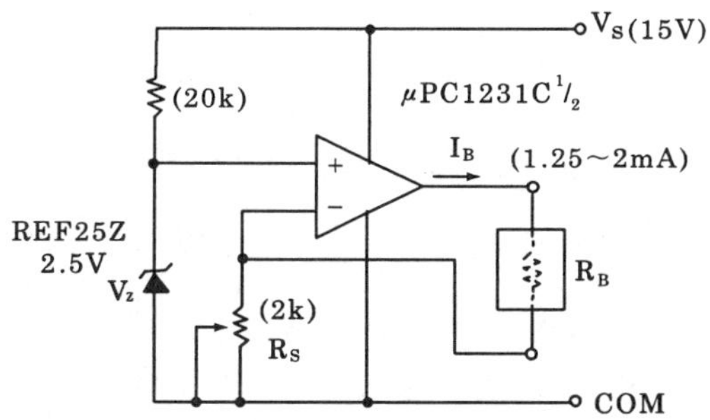

〈그림 7-4〉 압력 센서용 정전류 전원 (1.5㎃)

3. 압력 센서 P-3000 응용회로

압력 센서에도 여러 가지가 있는데, 여기에서는 P-3000을 사용한 회로의 예를 들어본다. 그림 7-5는 압력 센서로서 P-3000을 사용하고 여기에 OP 앰프 1개에 의한 정전류회로,

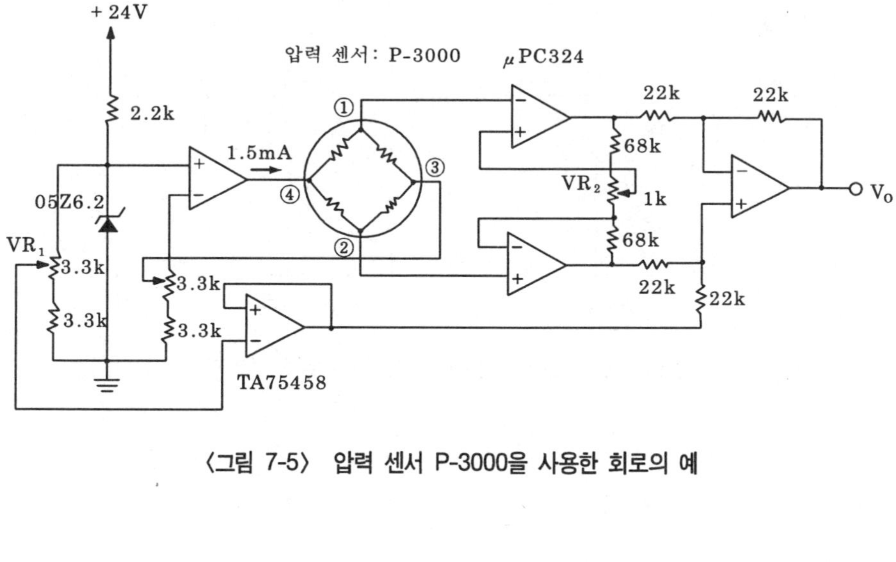

〈그림 7-5〉 압력 센서 P-3000을 사용한 회로의 예

OP 앰프 3개를 사용한 계장용 앰프를 각각 조합하고 있다. 또, 압력 센서 : P-3000의 바이어스 전류는 사양서에서 1.5㎃가 주어져 있기 때문에 R_{adj}를 조정해서 1.5㎃로 설정한다. 증폭용 앰프에 관해서는 P-3000의 출력 임피던스가 수 kΩ(at25℃)이지만 입력 앰프에 임피던스가 수십 MΩ 이상 있기 때문에 전혀 문제가 없다.

단, 이 센서는 제로점 조정부(調整部)가 없으므로 여기에서는 외부에 시프트(shift) 전압회로를 개별적으로 설치하여 VR_1에서 조정하고 있다.

4. 압력 센서 모듈 : PS4 응용회로

압력 센서에도 여러 가지가 있는데 그 바이어스회로, 증폭기의 설계는 꽤 전문적인 지식이 요구된다. 이 때문에 DC 앰프에 익숙하지 못한 사람이 설계하면 그 요구를 만족시키지 못하는 경우가 많다.

그와 같은 사람들을 위하여 모든 회로가 내장된 센서 모듈의 활용을 추천하고 싶다. 그림 7-6은 시판되는 센서 모듈 : PS4를 사용한 회로의 예이다. 여기에서는 모듈 출력을 2단의 외부 트랜지스터회로에서 증폭하여, 12V, 1A의 플런저(plunger)를 작동시키고 있다.

그런데, 여기에서 예로 든 압력 센서 모듈은 스위칭 출력 외에 아날로그 출력단자도 있고, 더욱이 1㎳의 고속 응답성을 가지고 있기 때문에, 미소한 압력조절에도 적용할 수 있다.

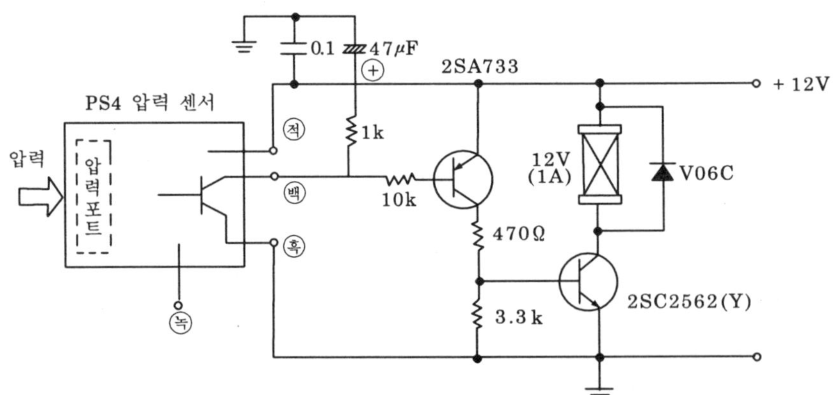

〈그림 7-6〉 압력 센서 모듈 PS4를 사용한 회로 예

제7장 사 례 문 제

1. 압력센서는 출력신호가 미약하여 단독으로 사용할 수 없다. 따라서 압력센서를 효율적으로 사용하기 위한 결합 회로를 그려서 설명하여라.

2. LVDT(linear variable differential transformer)의 동작원리와 그 용도를 설명하여라.

3. 압력센서의 정전압, 정전류 구동회로를 그리고 동작내용을 설명하여라.

Chapter 8

디지털 회로의 산업전자 응용

산업전자 회로에 많이 활용되는 디지털 논리는 그 종류가 다양하지만 그 중에서 플립플롭, 시프트 레지스터, 주파수 분할회로, 카운터 회로, 그리고 다이오드 논리회로 및 트랜지스터 논리회로가 많이 이용된다. 이 장에서는 이와 같은 디지털 논리회로의 개요와 그 주변회로의 응용 등에 대해서 살펴볼 것이다. 또한 산업전자 응용분야에서 요구되는 TTL IC와 CMOS IC 간의 인터페이스, 아날로그 회로와 디지털 회로 간의 신호변환 등에 대해서 학습하고 관련 응용회로를 살펴보기로 한다.

8-1 플립플롭

산업전자에서 많이 이용하는 F/F로는 J-K F/F와 D F/F 등이 있다. 본 절에서는 클럭 입력이 부착된 F/F와 비동기 입력이 부착된 F/F에 대해서 살펴보고자 한다.

1. J-K 플립플롭

그림 8-1(a)는 클럭 부착 J-K FF으로서 클럭 신호의 상승 에지(PGT)에 의해 트리거된

다. J와 K의 입력은 클럭 부착 S-R FF에 대한 S와 R의 입력과 같은 방법으로 FF의 상태를 제어하며 중요한 차이점은 J=K=1의 조건이라 하더라도 모호한 출력논리를 발생하지 않는다는 것이다. 이런 1의 조건에 대하여 FF은 항상 클럭 신호의 상승천이가 발생할 때 반대상태로 가게 되어 있다. 이런 모드에서 J와 K가 HIGH이면 FF은 각각의 펄스에 대해 상태를 전환(toggle)시킬 것이다.

그림 8-1(a)의 진리표는 J와 K의 결합에 대해서 J-K FF이 어떻게 PGT에 부합하는지를 설명하는 진리표이다. 진리표는 J=K=1일 조건을 제외하면 클럭 부착 S-R FF과 같다. 이 조건은 결과적으로 $Q_{N+1} = \overline{Q}_N$ 이며 Q의 새로운 값이 PGT 이전에 가졌던 값의 역이라는 뜻이고 이것이 토글 동작이다. 플립플롭의 동작은 그림 8-1(b)에서 파형에 의해 설명된다.

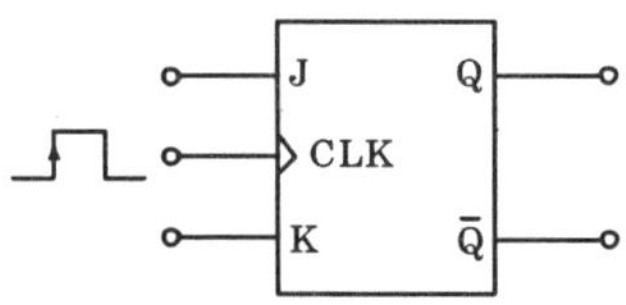

J	K	$Q_N + 1$
0	0	Q_N(no change)
1	0	1
0	1	0
1	1	$\overline{Q}_N$ (toggies)

(a)

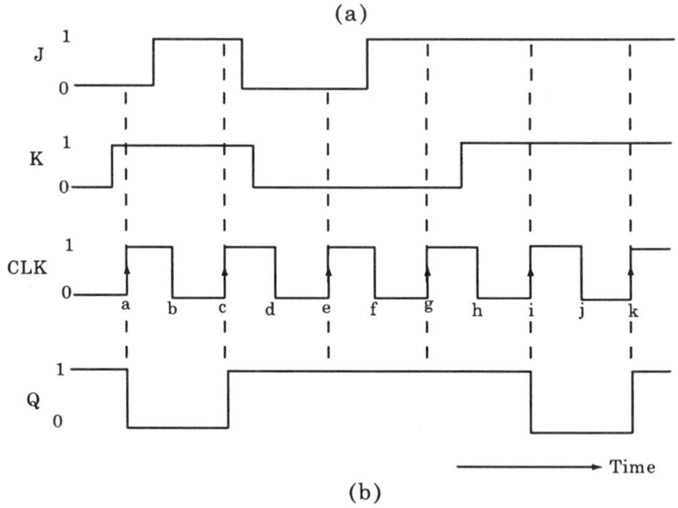

(b)

〈그림 8-1〉 (a) 상승 에지 트리거(PGT)에 응답하는 클럭 부착 J-K 플립플롭, (b) 파형

그림 8-2는 하강 에지 클럭(NGT) 신호에 트리거를 주는 클럭 부착 J-K FF에 대한 기호이다.

작은 원은 CLK 입력이 1에서 0상태로 천이될 때만 FF이 트리거됨을 의미한다. 이 FF의 동작은 그림 8-1에 나타낸 상승 에지 플립플롭의 동작과 비슷하나 b, d, f, h, j점의 하강 에지에서만 출력값이 바뀐다는 것이 다르다. J-K FF에서 두 종류의 에지 트리거된 J-K FF 모두 일반적으로 사용된다.

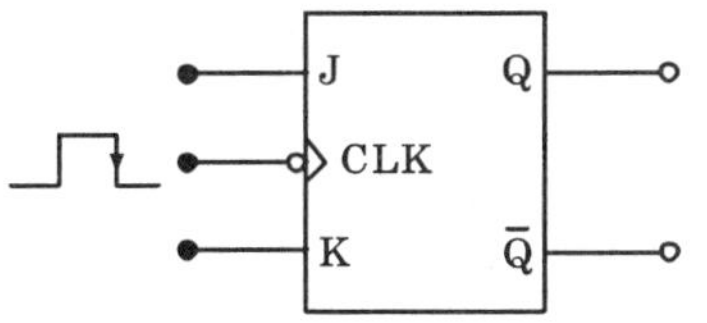

J	K	Q_{N+1}
0	0	Q_N(no change)
1	0	1
0	1	0
1	1	$\overline{Q}_N$ (toggles)

〈그림 8-2〉 NGT에서 트리거되는 J-K FF

J-K FF이 S-R FF보다 더 많이 사용되는데, 그 이유는 애매모호한 상태(ambiguous state)가 없기 때문이다. 토글 동작을 하는 J=K=1인 조건은 모든 형태의 2진 카운터로 사용된다. J-K FF은 S-R FF이 할 수 있는 모든 동작 외에 토글 동작의 기능을 갖고 있다.

2. D 플립플롭

그림 8-3(a)는 CLK 입력의 PGT에 트리거하는 클럭 부착 D FF의 기호이다. D입력은 동기입력으로서 진리표에 따라 FF의 상태를 제어한다. 동작은 매우 간단하다. Q는 클럭의 PGT가 발생할 때 D 입력상에 존재하는 상태와 같다. 이것은 그림 8-3(b)의 파형에서처럼 매시간 CLK 입력에 PGT가 나타나고 Q는 D입력에서 현재값이다. CLK의 NGT는 효과가 없으며 D입력은 PGT가 생길 때를 제외하면 효과가 없다. 하강 에지 트리거 D FF은 클럭 입력의 NGT에 의해서만 구속받는다는 것을 제외하면 위에서와 같은 방법으로 동작한다. 이를 FF에 대한 기호는 클럭 입력상에 작은 원을 갖는다.

D FF의 구현 에지트리거 D FF은 그림 8-4에서 보는 바와 같이 에지 트리거 S-R FF에 1개의 인버터를 더하여 간단히 구현할 수 있다.

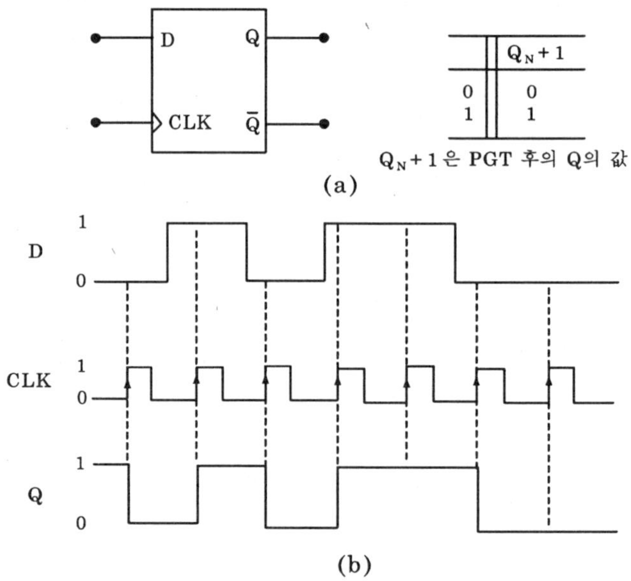

〈그림 8-3〉 (a) PGT에서 트리거되는 D플립플롭, (b) 파형

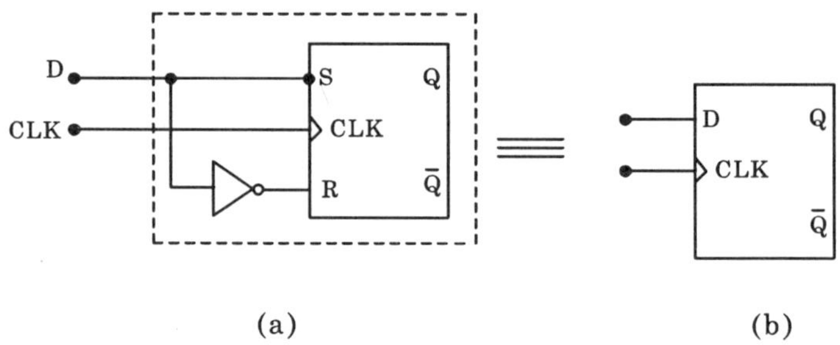

〈그림 8-4〉 S-R FF로부터 에지트리거의 D FF 구현

3. 비동기 입력

대부분의 플립플롭들은 동기입력 및 클럭 입력과는 독립적으로 동작되는 1개 이상의 비동기 입력(asynchronous input)을 갖는다. 이 비동기 입력들은 임의의 시간에 다른 입력조건과 무관하게 플립플롭을 1 이나 0 상태로 세트 및 클리어시키기 위하여 사용된다. 비동기 입력은 오버라이드(override) 입력이라고 할 수 있는데, 이는 플립플롭에 가해진 다른 입력값들에 상관없이 플립플롭의 상태값을 변화시킬 수 있기 때문이다.

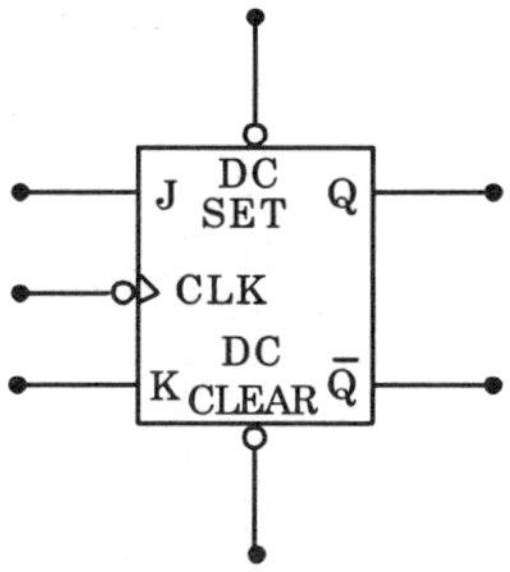

DC SET	DC CLEAR	FF response
1	1	Clocked operation
0	1	Q = 1
1	0	Q = 0
0	0	Not used

〈그림 8-5〉 비동기 입력을 갖는 클럭 부착 J-K FF

그림 8-5는 DC SET와 DC CLEAR로 표시된 2개의 비동기 입력을 갖는 J-K 플립플롭이다. 플립플롭의 작은 원은 동적(active) LOW 입력을 나타낸다.

이런 비동기 입력들이 DC 레벨을 응답하는 것을 이해하는 것이 중요하다. 0이 DC SET 입력에 인가되면, 다른 입력이 무엇이든 간에 Q=1인 상태로 되고, DC CLEAR 입력에 LOW가 인가되면, 즉시 플립플롭은 Q=0 상태로 된다. 이처럼 비동기 입력은 원하는 순간에 플립플롭을 특별한 상태로 유지시킬 수 있다. 즉, 일시적인 비동기 입력펄스에 의하여 플립플롭을 원하는 상태로 세트 또는 클리어할 수 있다는 것이다.

일반적으로 사용되는 표기법은 아래와 같다.

비동기 SET 입력	비동기 CLEAR 입력
DC SET	DC CLEAR
PRESET	CLEAR
SET	RESET
S_D(direct set)	S_D(direct clear)

대부분의 IC화된 FF은 적어도 하나 이상의 비동기 입력을 갖고 있지만 이들 입력은 경우에 따라서 사용하지 않는다. 이런 경우 그것들은 정적 논리 레벨을 가지게 된다. FF 사용에 있어 비동기 입력을 사용하지 않는 경우 비동기 입력을 굳이 나타낼 필요는 없다.

비동기 입력 동작을 그림 8-6에 설명하였다.

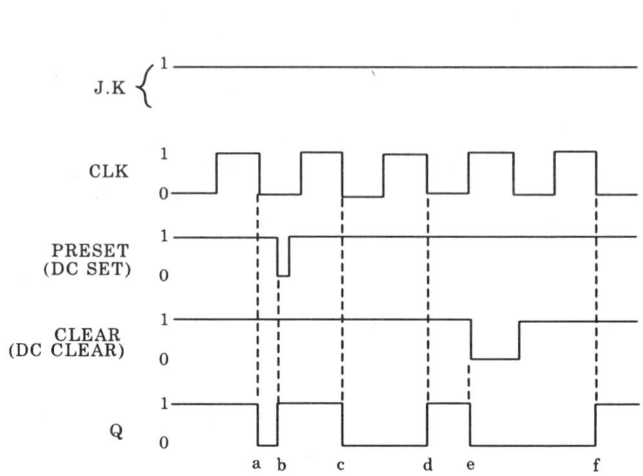

〈그림 8-6〉 비동기 입력은 FF의 상태를 순간적으로 바뀌게 할 수 있다.

8-2 시프트 레지스터

시프트 레지스터(shift register)는 한 레지스터에서 다음 레지스터로 한 번에 1비트씩 그 내용을 전송하는데 사용된다. 이러한 직렬전송동작을 검사하기 전에 기본적인 시프트 레지스터동작을 고찰해 보자.

그림 8-7(a)는 4개의 J-K 플립플롭을 사용한 4비트 시프트 레지스터를 나타낸다. 플립플롭은 X_3의 출력을 X_2로, X_2를 X_1으로, X_1을 X_0로 전송하도록 연결되어 있다.

그림 8-7(b)의 파형은 입력 데이터가 시프트 펄스의 인가 때마다 한 플립플롭에서 다음 플립플롭으로 왼쪽에서 오른쪽으로 시프트하고 있음을 보여준다. T_1에서 NGT가 발생할 때 플립플롭 X_2, X_1, X_0는 왼쪽의 플립플롭 상태 때문에 J=0, K=1의 논리상태를 갖는다. 플립플롭 X_3는 DATA IN 때문에 J=1, K=0의 논리 상태를 갖는다. 이와 같이 T_1에서 플립플롭 X_3만이 HIGH가 되고 다른 모든 플립플롭들은 LOW를 유지한다. 두 번째 NGT가 T_2에서 발생할 때 플립플롭 X_3는 DATA IN 때문에 J=0, K=1을 갖는다. 플립플롭 X_2는 X_3의 현재 HIGH 상태 때문에 J=1, K=0의 논리를 갖는다. 플립플롭 X_1과 Z_0는 여전히 J=0, K=1의 논리를 갖는다. 이와 같이 T_2에서 플립플롭 X_2만이 HIGH가 되고, 플립플롭 X_3는 LOW가 된다. 그리고 플립플롭 X_1과 X_0는 LOW를 유지한다.

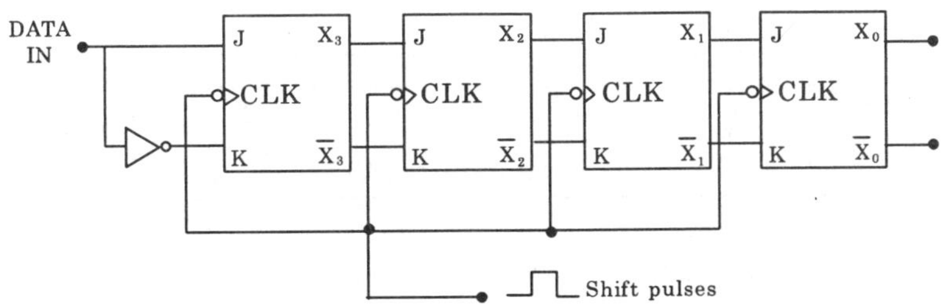

(a)

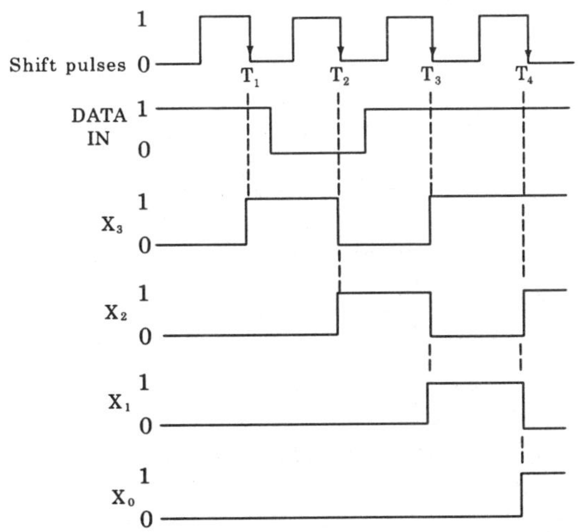

(b)

〈그림 8-7〉 4비트 시프트 레지스터

1. 레지스터간의 직렬전송

그림 8-8은 X 레지스터의 내용이 Y 레지스터에 직렬로 전송되도록 2개의 3비트 시프트 레지스터 연결을 보여준다. 이 회로는 J-K플립플롭보다 좀더 적은 연결수를 갖는 D 플립플롭을 사용하였다. X의 레지스터 마지막 플립플롭인 X_0는 Y레지스터의 첫 번째 플립플롭인 Y_2의 입력에 연결되어 있다.

이와 같이 스프트 펄스가 인가될 때마다 정보의 전송은 $X_2 \rightarrow X_1 \rightarrow X_0 \rightarrow Y_2 \rightarrow Y_1 \rightarrow Y_0$의 순으로 전달된다. X_2 플립플롭의 상태는 D입력에 의해서 결정된다.

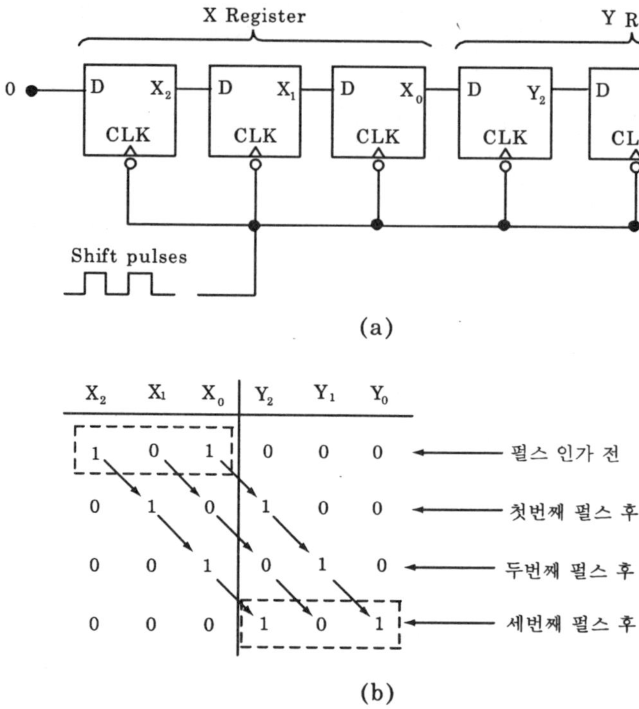

〈그림 8-8〉 X 레지스터에서 Y 레지스터로의 직렬전송

2. 병렬 및 직렬전송

병렬전송에서 모든 정보는 그 비트수가 많다 할지라도 단 1개의 전송명령 펄스의 발생에 의해서 동시에 전송된다. 직렬전송의 경우 그림 8-8에서 보는 바와 같이 N비트 정보의 완벽한 전송은 N개의 클럭펄스를 필요로 한다(3비트 전송은 3개의 클럭펄스를, 4비트 전송은 4개의 클럭펄스를 필요로 한다). 병렬전송은 시프트 레지스터를 사용하여 직렬전송보다 훨씬 빨리 수행됨을 알 수 있다.

일반적으로 병렬전송은 직렬전송보다 송신 레지스터(sending regisrer) X와 수신 레지스터(receiving register) Y간에 더 많은 내부 연결선을 필요로 한다.

병렬이나 직렬전송의 선택은 시스템의 응용 및 사양에 달려 있다. 병렬전송의 속도의 장점과 직렬전송의 경제적인 단순함의 장점을 조합한 직렬 · 병렬전송 방법이 자주 이용된다. 정보의 전송에 관해서는 다음에 언급하기로 한다.

8-3 주파수 분할

그림 8-9(a)에서 보는 바와 같이 각 플립플롭의 J, K 입력은 1의 값을 가지므로 클럭 입력신호가 HiGH에서 LOW로 바뀔 때마다 출력은 상태를 전환한다(토글한다).

연속적인 클럭펄스가 플립플롭 X_0의 CLK 입력에만 인가된다. 출력 X_0는 플립플롭 X_1의 클럽 입력에 연결되고 출력 X_1은 플립플롭 X_2의 클럽입력에 연결된다. 그림 8-9(b)에서의 파형은 펄스가 인가될 때 플립플롭의 상태변화를 보여주고 있다. 이를 다음과 같이 정리할 수 있다.

① 플립플롭 X_0는 각 입력 클럭펄스의 NGT가 발생할 때마다 토글한다. 따라서 X_0의 출력파형은 클럭펄스 주파수의 1/2에 해당하는 주파수를 갖는다.
② 플립플롭 X_1은 X_0출력이 HIGH에서 LOW로 변할 때마다 토글한다. X_1의 파형은 X_0, 1/2에 해당하는 주파수를 갖게 되므로 결국 클럭 주파수의 1/4에 해당하는 주파수를 갖는다.
③ 플립플롭 X_2는 X_1출력이 HIGH에서 LOW로 변할 때마다 토글한다. 이와 같이 X_2의 파형은 X_1주파수의 1/2배이고 클럭 주파수의 1/8배가 된다.

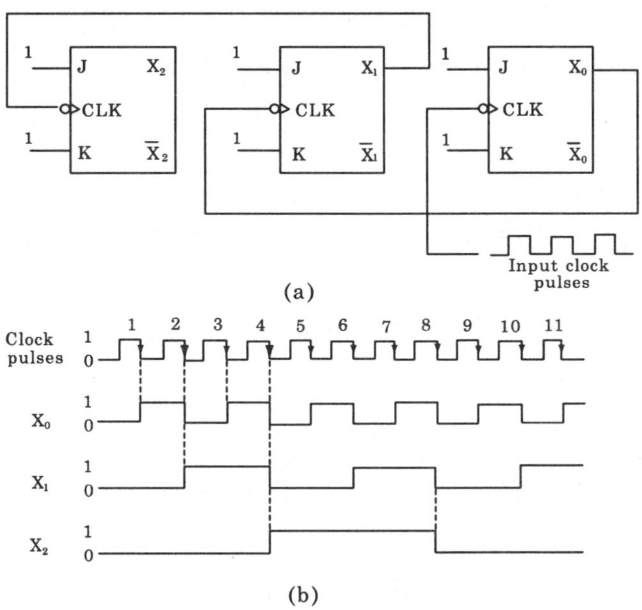

〈그림 8-9〉 3비트 2진 카운터로서 연결된 J-K 플립플롭

④ 각 플립플롭의 출력은 구형파이다[50%의 듀티사이클(duty cycle)]. 앞에서 언급한 바와 같이 각 플립플롭은 입력주파수를 2로 나눈다. 이와 같이 플립플롭을 1개 추가하여 4개의 플립플롭을 구성한다면 클럭 주파수의 1/16배와 같은 주파수를 얻을 수 있다. 적당한 수의 플립플롭을 사용하여 2의 배수로 주파수를 분할할 수 있다. 특히 N개의 플립플롭을 사용하여 입력주파수의 $1/2^N$의 값을 갖는 출력주파수를 얻게 된다.

1. MOD수

그림 8-9의 카운터는 $2^3 = 8$개의 다른 상태를 갖는다(000~111까지). 이를 MOD(modular)-8카운터라 하며, MOD 수는 카운트 순서에서 상태(state)의 수를 나타낸다. 4개의 플립플롭이 사용될 경우 상태의 순서는 0000~1111까지 전체 16개의 상태를 카운트한다. 이러한 카운트를 MOD-16 카운터라 한다.

일반적으로 N개의 플립플롭이 그림 8-9의 배열대로 연결된다면 카운터는 2^N개의 서로 다른 논리상태를 가지게 되고, 이를 MOD-2^N 카운터라 한다. 이는 0이 되기 전에 2^N-1까지 카운트할 수 있다. 또한 카운터의 MOD 수는 마지막 플립플롭에서 얻은 주파수 분할을 나타낸다. 한 예로서 4비트 카운터는 4개의 플립플롭으로 구성되므로 MOD-2^4=MOD-16 카운터이다. 따라서 15($=2^4-1$)까지 카운트할 수 있다. 그것은 또한 입력 펄스 주파수를 MOD수인 16으로 분배하는 데 이용할 수 있다.

8-4 비동기(리플) 카운터(asynchronous/ripple counters)

그림 8-10은 4비트의 비동기 2진 카운터 회로이다. 아래의 동작 내용들을 상기해보자.

① 클럭펄스는 FFA의 CLK 입력에만 가해진다. 따라서 FFA는 클럭이 1에서 0으로 변할 때 토글(현재 상태의 반대 상태로 바뀜)한다. 모든 FF의 J=K=1이다.

② FFA의 출력은 FFB의 CLK입력 같이 작용한다. 따라서 FFB는 FFA의 출력이 1에서 0으로 변할 때마다 토글할 것이다.

③ 그림 8-10의 표는 클럭이 계속 가해질 때의 FF들의 2진 상태들을 보여주고 있다. 만약 FF의 출력 D, C, B, A가 2진수를 나타낸다고 하면(D는 MSB, A는 LSB) 0000~1111까지의 2진수 카운트 시퀀스(sequence)를 얻는다.

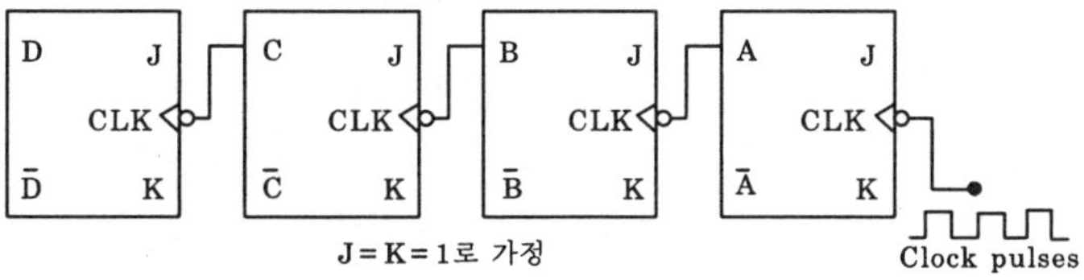

D C B A	Number clock pulses
0 0 0 0	0
0 0 0 1	1
0 0 1 0	2
0 0 1 1	3
0 1 0 0	4
0 1 0 1	5
0 1 1 0	6
0 1 1 1	7
1 0 0 0	8
1 0 0 1	9
1 0 1 0	10
1 0 1 1	11
1 1 0 0	12
1 1 0 1	13
1 1 1 0	14
1 1 1 1	15
0 0 0 0	16(recycles)
0 0 0 1	17
0 0 1 0	18
0 0 1 1	19
0 1 0 0	20
0 1 0 1	21

〈그림 8-10〉 4비트 비동기(리플) 카운터

④ 15번째의 클럭이 가해진 후 카운터 FF들은 1111의 출력을 낸다. 16번째의 클럭펄스에서 FFA는 1에서 0으로 변하고, 또한 이것은 FFB를 1에서 0으로 변하게 한다. 이렇게 해서 카운터는 0000의 상태가 된다. 즉 카운터는 하나의 완전한 사이클을 거치게 되고(0000~1111까지)상태는 0000으로 되돌아간다. 이때 다시 클럭펄스가 가해지면 새로운 카운팅 사이클(counting cycle)이 시작된다.

각각의 FF의 출력이 다음 FF의 CLK 입력신호가 되는 이러한 형태의 카운터를 비동기 카운터(asynchronous counter)라 한다. 이렇게 부르는 이유는 FFA만이 클럭펄스에 반응하고, 나머지 모든 FF은 클럭펄스에 정확히 동기되어 상태를 바꾸지 않기 때문이다. 최근의 FF에서 이 지연시간은 매우 작긴 하지만(보통 10에서 40 ns), 어떤 경우에는 문제가 되기도 한다. 이런 방식으로 동작하는 카운터를 일반적으로 리플카운터(ripple counter)라고도 부른다. 이후 "비동기 카운터"와 "리플 카운터"는 서로 같은 뜻으로 쓰인다.

예제 8-1

디지털 시계(시, 분 등이 표시되는)를 만들 때 처음으로 해야 할 일은 일반 전원에서 60㎐ 파형을 이용하여 그림 8-11과 같은 구형파를 만드는 회로를 구성하는 일이다. 여기서 만들어진 60㎐의 구형파는 MOD-60 카운터의 입력이 되고 다시 60으로 나누어져 1㎐ 파형을 만든다. 이 1㎐ 파형을 초, 분, 시간을 세는 카운터들에 인가한다. MOD-60 카운터를 만들려면 FF이 몇 개나 필요할까?

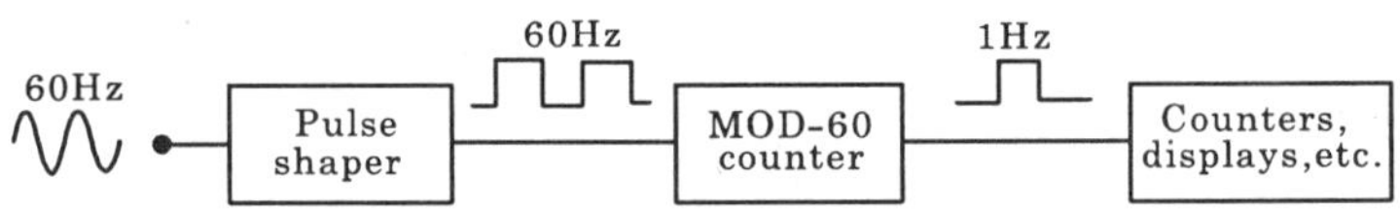

〈그림 8-11〉

풀 이

2의 정수제곱(멱)이 정확히 60이 되는 정수는 없다. 가장 근사값은 $2^6=64$이다. 그러므로 6개의 FF을 사용하면 MOD-64 카운터가 된다. 이것은 요구조건에 맞지 않으므로 그림 8-10과 같은 형태의 카운터를 써서는 답을 구할 수 없다. 다음에 이런 기본 2진 카운터를 수정해서 2^N이라는 제약에서 벗어나 임의의 MOD-수를 얻는 방법에 대해 알아보기로 한다.

1. 모드수 〈 2^N의 카운터

그림 8-12의 기본적인 리플카운터(ripple counter)는 MOD 수가 2^N에 한정되어 있다. 여기서 N은 FF의 수이며 2^N은 N개의 FF을 사용해서 얻을 수 있는 최대의 MOD 수이다. 기본적인 카운터는 카운터에 상태생략을 가능하게 함으로써 2^N보다 적은 MOD 수를 만들 수 있게 된다. 그림 8-12(a)는 가장 일반적인 방법의 3비트 리플카운터의 예를 나타낸다. NAND 게이트를 무시하면, 이것은 000∼111까지 카운터하는 MOD-8의 2진 카운터가 된다. 그런 NAND 게이트를 고려하면 다음과 같이 변한다.

카운터되는 순서는 다음과 같다.

C	B	A	
0	0	0	
0	0	1	
0	1	0	
0	1	1	
1	0	0	
1	0	1	
1	1	0	(카운터를 클리어하기 위한 임시 상태)

비록 카운터가 110 상태로 가지만, 000상태로 되돌아가기까지는 불과 수ns밖에 걸리지 않는다. 따라서 우리는 이 카운터가 000(0)~101(5)까지 세고 나서 다시 000으로 되돌아간다고 말할 수 있다. 이 카운터는 110과 111상태를 생략하므로 오직 6개의 상태만을 갖는다. 따라서 MOD-6 카운터가 된다. 클리어하기 전에 110 상태가 잠시 나타남으로 해서 추력 B의 파형이 스파이크(spike)를 포함하고 있다는 것에 주의해야 한다. 이 스파이크는 폭이 매우 좁아서 표시등이나 숫자표시판에 표시되지는 않는다. 그러나 이 B출력은 카운터의 외부에 있는 다른 회로를 구동할 수 있는 문제를 일으킬 수 있다. 또한 출력 C의 주파수는 입력 주파수의 1/6과 같다는 것을 주의해야 한다. 즉, 다시 말해서 MOD-6 카운터는 입력주파수를 6으로 나눈 것이다.

그림 8-12(b)는 플립플롭 A의 클럭 입력에 따라 각각의 플립플롭의 상태변화를 일으키는 상태도(state diagram)를 나타낸다.

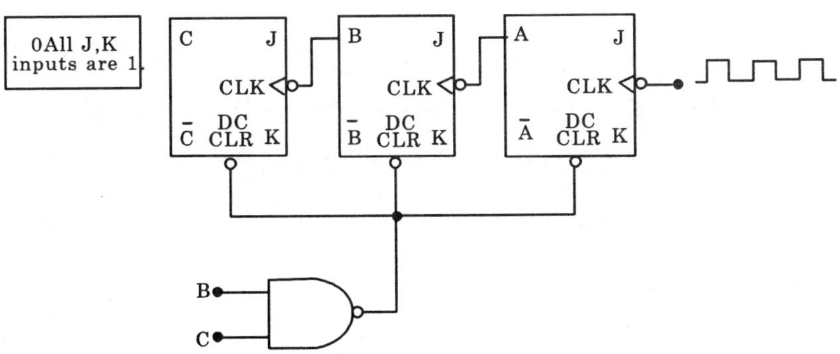

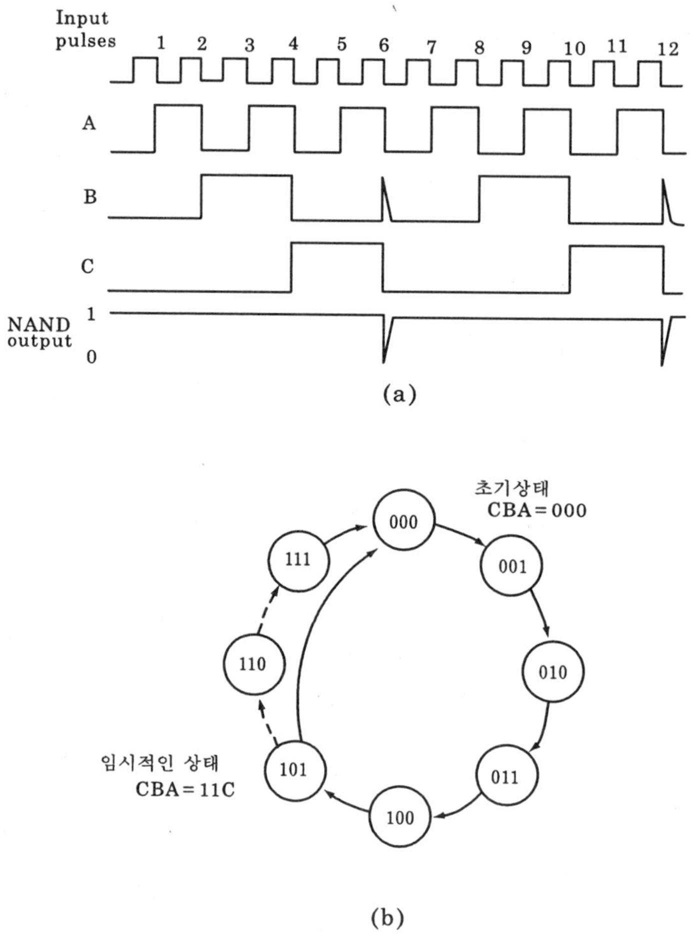

〈그림 8-12〉 (a) 1100이 발생할 때 MOD-8 카운터를 이용하여 구성한 MOD-6 카운터, (b) 상태도

입력 클럭펄스가 입력될 때마다 상태가 단계적으로 하나씩 변한다. MOD-6 카운터의 기능은 000 상태에서 101 상태가 될 때까지는 정상적으로 변한다. 101 상태 다음의 클럭이 입력되었을 때 카운터는 000 상태가 되기 전에 110의 임시적인(temporary) 상태를 거치게 된다. 이 임시적인 상태는 매우 짧으므로 101 상태에서 000 상태로 가는 것처럼 보인다. 점선의 화살표는 이것을 나타낸다.

- MOD수의 변환 : 그림 8-13의 카운터는 MOD-6인데 그 이유는 NAND 게이트의 입력의 선택 때문이다. 이렇게 입력을 바꿈으로써 원하는 MOD 수(MOD number)를 구할 수 있다.

8-5 동기(병렬) 카운터

리플카운터에 나타나는 문제점은 FF의 전파지연이 누적되는 데에 있다. 다시 말해서 FF들이 입력 펄스에 대해 동시에(병렬로) 트리거되는 동기(병렬)카운터를 사용함으로써 극복할 수 있다. 입력 펄스가 모든 FF에 가해지므로 각 FF들이 토글될 시점이나 클럭펄스에 영향을 받지 않고 그대로 유지되도록 제어하는 방안이 강구되어야 한다. 이것은 그림 8-13(a)의 4비트 MOD-16 병렬 카운터의 J, K 입력을 사용하면 된다. 모든 FF은 CLK 입력단자에 입력펄스를 동시에 받는다. A FF에서는 J=K=1이므로 각 입력 펄스의 하강에지(NGT)에서 토글할 것이다. B FF의 J, K 입력은 A의 출력에 연결되어 있기 때문에 A의 값에 따라서 특징 입력 펄스에서 B가 토글할 것인지가 결정된다. 입력 펄스가 가해지

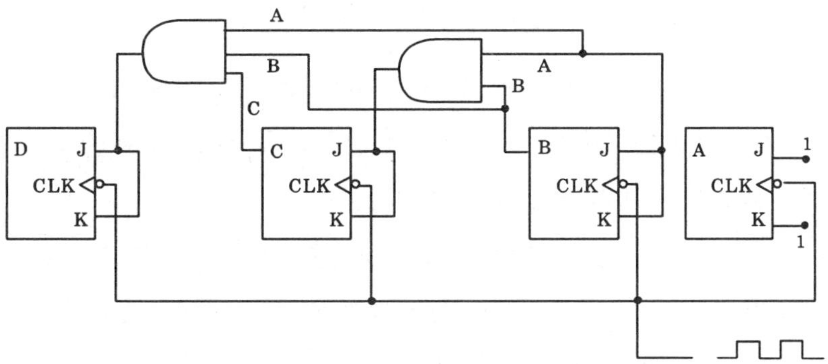

(a)

Count	D	C	B	A
0	0	0	0	0
1	0	0	0	1
2	0	0	1	0
3	0	0	1	1
4	0	1	0	0
5	0	1	0	1
6	0	1	1	0
7	0	1	1	1
8	1	0	0	0
9	1	0	0	0
10	1	0	1	0
11	1	0	1	1
12	1	1	0	0
13	1	1	0	1
14	1	1	1	0
15	1	1	1	1

(b)

〈그림 8-13〉 MOD-16 동기 카운터

기 전에 A=1이면 $J_B = K_B = 1$이므로 B FF은 토글할 것이다(예를 들어 3에서 4로 카운트한다).

마찬가지로 A=B=1일 때 C FF은 입력 펄스가 가해지기 전에 토글하는데(예를 들면 3에서 4로 카운트한다.) 그 이유는 1번 AND 게이트 때문이다. D FF은 2번 AND 게이트로 인해서 A=B=C=1이면 펄스가 가해지기 전에 토글한다. 따라서 이 카운터는 그림 8-13 (b)의 표와 같이 2진 카운팅 시퀀스(counting sequence)를 진행해 나갈 것이다.

이 병렬 카운터의 가장 중요한 특징은 모든 FF이 입력펄스와 동기를 이루어 동시에 상태를 바꾼다는 점이다. 따라서 전체 전파지연 시간은 1개의 FF t_{pd}와 1개의 AND 게이트에서 J, K까지의 도달시간의 합이다. 이 말은 리플카운터보다는 매우 높은 입력 펄스 주파수를 가할 수 있다는 것이다. 물론 병렬 카운터는 논리회로와 결선이 많아지는 단점이 있다.

1. 프리셋 카운터(PRESETTABLE COUNTER)

대부분 IC로 이용할 수 있는 많은 동기(병렬) 카운터는 프리셋(preset)이 가능하도록 설계되어 있다. 다시 말해서, 이것들은 비동기(클럭 신호의 독립)나 동기(클럭 신호의 동작천이)적으로 원하는 시작점을 미리 조절할 수 있다.

그림 8-14는 3 비트의 프리셋이 가능한 병렬 업카운터를 보여준다. 비동기 프리셋의 클리어 입력은 비동기적으로 프리세팅(presetting)하게 연결되어 있다. 언제라도 원하는 수를 카운터에 불러들이기 위해서는 다음의 절차가 필요하다.

① 원하는 병렬 데이터 입력 P_C, P_B, P_A를 인가한다.

② 병렬 로드입력 $\overline{PL}$에 LOW 상태로 펄스를 인가한다.

순간적으로 LOW 상태에서 이 절차는 P_C, P_B, P_A의 레벨을 C, B, A에 각각 비동기 병렬전송을 취한 것이다. 비정렬 전송(jam transfer)은 J, K, CLK의 입력과 독립적으로 일어난다. $\overline{PL}$이 HIGH 상태가 되면 플립플롭은 CLK 입력에 응답하여 카운터는 카운트를 시작한다.

이런 비동기 프리세팅은 TTL의 74190, 74191, 74192, 74193, CMOS와 등가인 74HC 190, 74HC191, 74HC192, 74HC193과 같은 IC 카운터 등이 있다. 정확하게 CMOS 40193과 74C193은 논리적으로 같고 TTL 74193과 같은 핀 배열을 가지고 있다.

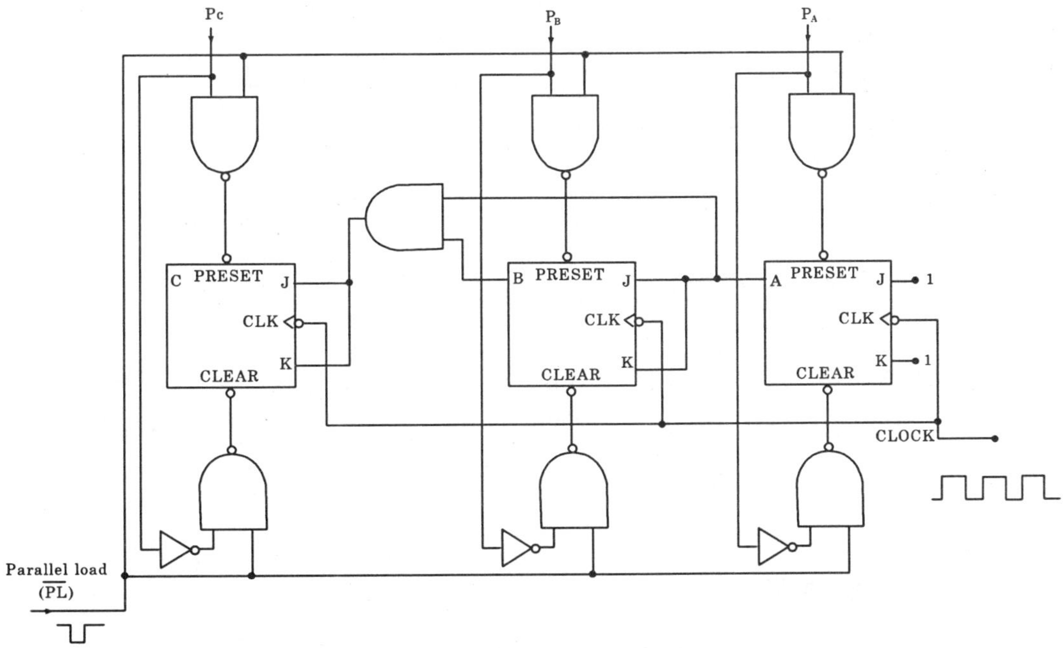

〈그림 8-14〉 비동기 프리셋을 가진 프리셋 가능한 병렬 카운터

8-6 다이오드 논리 게이트

1. OR 게이트 회로

그림 8-15와 같이 다이오드를 병렬로 연결하고 입력 A, B, C에 각각 신호전압을 가했을 때, 출력 Z에 나오는 값이 어떠한가를 알아보자.

먼저 A=B=C=0[V]일 때, 다이오드 D_1, D_2, D_3는 모두 차단 상태가 되며 R 양단에는 전류가 흐르지 못하므로 전압 강하가 발생치 않아 출력 Z는 0[V](논리 상태 "0")가 될 것이다. 그러나 A=5[V], B=C=0[V]일 때에는 D_1에만 순방향 바이어스가 가해져 도통 상태가 되어 그림 8-16과 같이 R 양단에는 $I_R=(5-0.7)/R=4.3/R$[A]의 전류가 흐르게 된다. 그 결과 출력 Z에는 $Z=I_R \cdot R=4.3$[V]의 전압(논리 상태 "1")이 나타난다. 또한 A=0, B=5[V], C=0일 때도 똑같은 원리로 출력 Z에는 4.3[V]의 전압이 나타날 것이다.

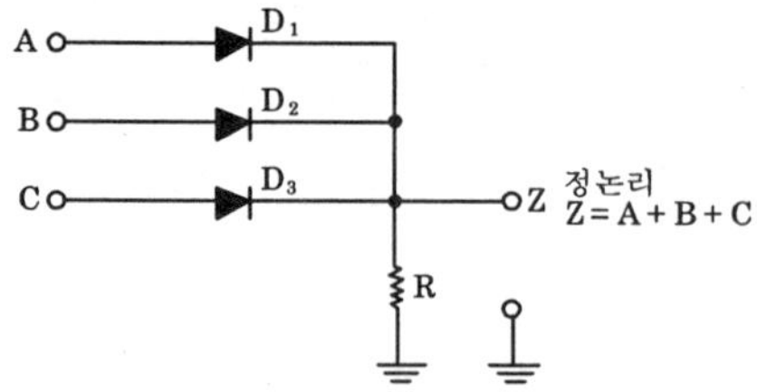

〈그림 8-15〉 OR 게이트

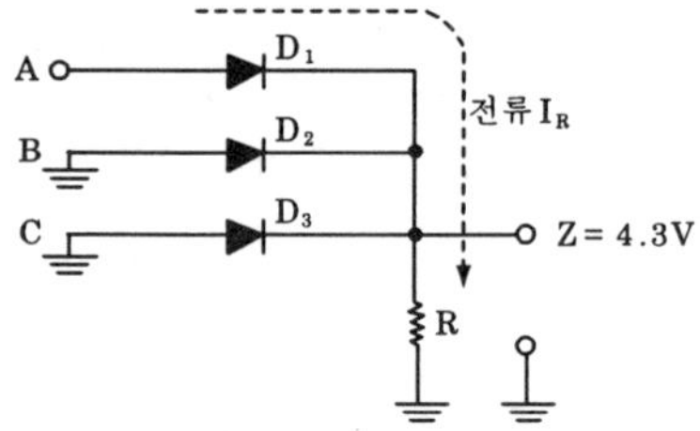

〈그림 8-16〉 OR 게이트의 동작 상태

입력전압을 여러 가지 상태로 바꾸어 가하더라도 입력 A, B, C 중 어느 하나 이상의 입력에 5[V]의 전압이 가해지면 출력 Z에 4.3[V](논리 상태 "1")의 전압이 나타남을 알 수 있으며 따라서 OR 게이트로 동작하는 것이 증명된다.

2. AND 게이트 회로

그림 8-17과 같이 다이오드를 병렬로 연결하고 입력 A, B, C에 각각 신호 전압을 가하였을 때 출력 Z에 나오는 값이 어떠한지 알아보기로 하자.

먼저 A=B=C=0[V]일 때, 다이오드 D_1, D_2, D_3에는 모두 순방향 바이어스가 가해져 도통상태가 되며, 이때 R 양단에 흐르는 전류 $I_R=(5-0.7)/R$[A]가 되어 R 양단에는 4.3[V]의 전압 강하가 발생하므로 출력 Z에는 0.7[V](논리 상태"0")의 전압이 나타난다.

다음에 A=5[V], B=C=0[V]일 때에는 다이오드 D_1은 차단 상태가 되나 D_2, D_3는 순방향 바이어스가 가해져 도통 상태가 되므로 그림 8-17과 같이 출력 Z에 0.7[V]의 전압이 나타난다.

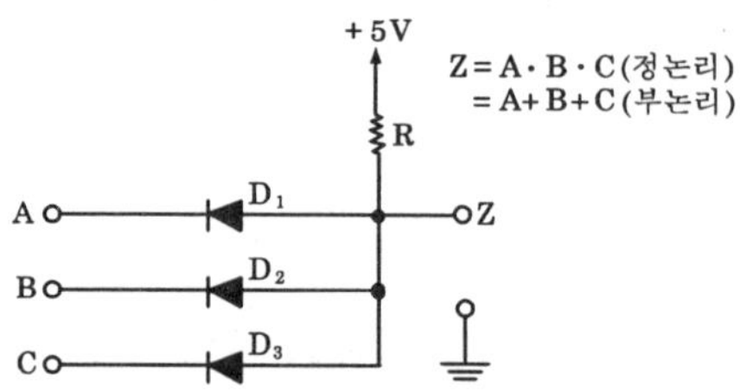

〈그림 8-17〉 AND 게이트

이러한 상태는 세 개의 입력 중 어느 하나에만 5[V]가 가해졌을 때 나타난다. 그러나 A=B=C=5[V]일 경우에는 다이오드 D_1, D_2, D_3 모두가 차단 상태여서 저항 R에 전류가 흐르지 못하므로 전압강하가 발생할 수 없기 때문에 출력 Z에는 5[V](논리상태 "1")의 전압이 나타난다(그림 8-18).

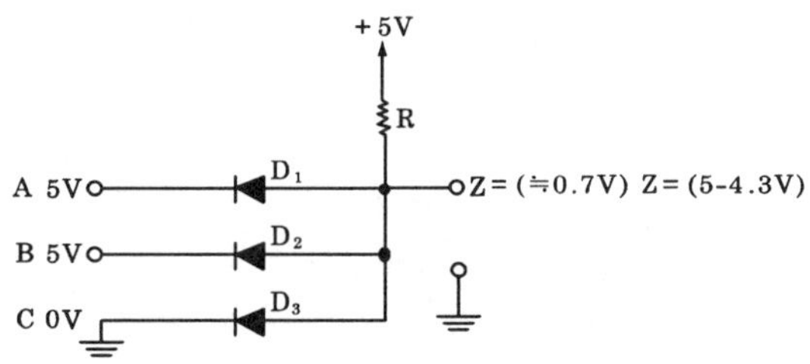

〈그림 8-18〉 AND 게이트 동작 상태

8-7 D/A, A/D 변환

그림 8-19와 같이 프로세스와 관련된 입·출력 조작에서 가장 중요한 두 가지는 디지털 값을 아날로그 값으로 변환하는 D/A 조작과 아날로그 값을 디지털 값으로 변환하는 A/D 조작이다. 본 절에서는 이와 같은 신호 변환에 대해서 살펴보도록 한다.

D/A 변환 프로세스와 관련된 출력장치는 컴퓨터 출력을 적절한 구동신호로 바꾸어 프로세스를 제어하는데 사용한다. 이러한 구동신호는 직류 모터를 속도제어하는 전압처럼, 그 고유한 특성이 아날로그여야 한다. 이러한 경우에 디지털 시스템의 출력을 원하는 아날로그 형태로 바꾸어 주는 장치가 필요한데, 이것을 D/A 변환기(DAC)라고 한다.

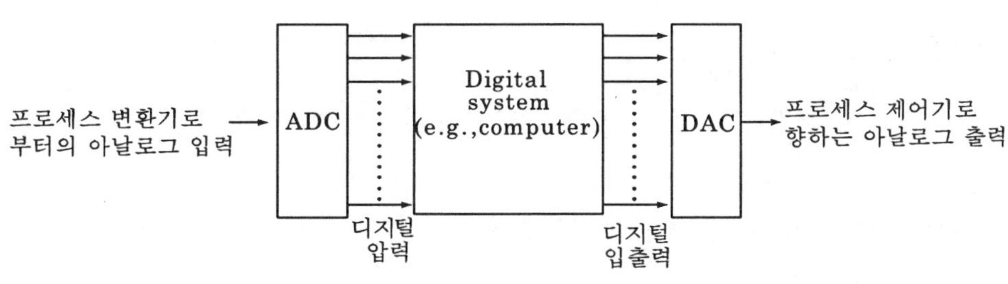

〈그림 8-19〉 디지털 시스템과 아날로그 시스템의 인터페이스에 사용된 ADC와 DAC

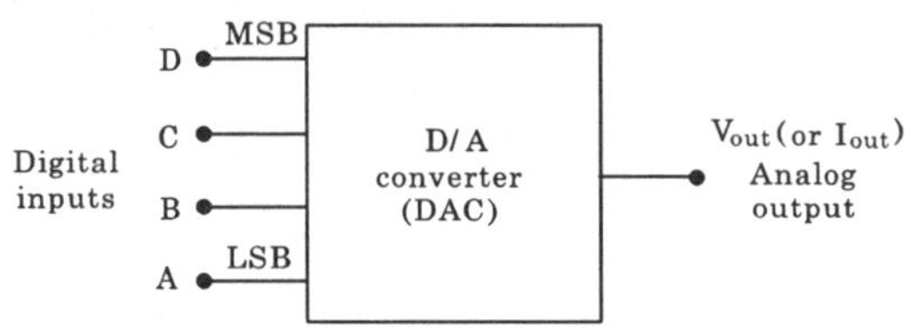

(a)

D	C	B	A	V_{out}
0	0	0	0	0 volts
0	0	0	1	1
0	0	1	0	2
0	0	1	1	3
0	1	0	0	4
0	1	0	1	5
0	1	1	0	6
0	1	1	1	7
1	0	0	0	8
1	0	0	1	9
1	0	1	0	10
1	0	1	1	11
1	1	0	0	12
1	1	0	1	13
1	1	1	0	14
1	1	1	1	15 volts

(b)

〈그림 8-20〉 전압출력의 4비트 D/A 변환기

● 분해능(스텝 크기) : D/A 변환기의 분해능(resolution)은 디지털 입력의 변화에 따라 아날로그 출력이 발생할 수 있는 가장 작은 변화로 정의된다. 그림 8-20의 표에서는 분해능이 1V임을 알 수 있다. 왜냐하면 V_{out}은 입력코드가 바뀔 때 1V 이상 변할 수 있기 때문이다. 분해능은 항상 LSB의 가중값이 동일하며 스텝 크기(step size)라고도 한다. 그림 8-21에 좀더 시각적으로 예시되어 있는데, 그림 8-21은 4비트의 2진 카운터에서 나온 출력이 디지털 입력에 공급되고 있다.

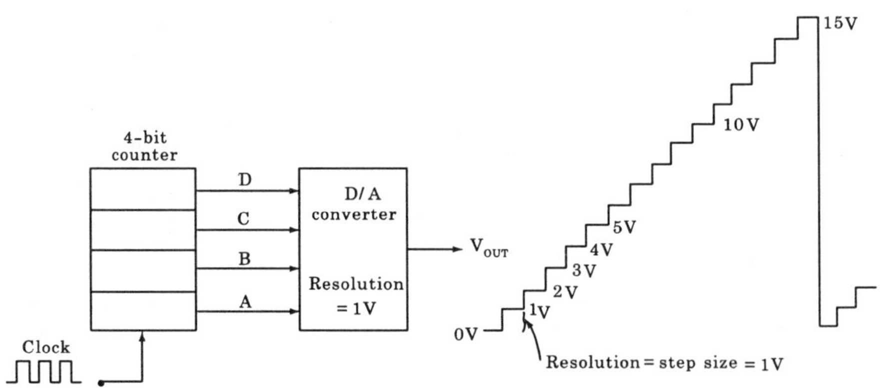

〈그림 8-21〉 2진 카운터를 입력으로 한 D/A 변환기의 출력파형

스텝 크기는 1V이므로 % 분해능을 나타내면

$$\%\text{분해능} = \frac{\text{스텝크기}}{\text{가장 큰 출력}} \times 100\%$$

$$= \frac{1\,\text{V}}{15\,\text{V}} \times 100\% = 6.67\%$$

예제 8-2

10비트 D/A 변환기는 스텝 크기가 10㎷이다. 최대 출력전압과 백분율 분해능을 결정하라.

풀 이

10비트이면 총 스텝이 $2^{10}-1 = 1023$ 스텝이고 1 스텝은 10㎷이다. 최대 출력은 따라서 10㎷×1023= 10.23V이고

$$\%\text{분해능} = \frac{10\,\text{mV}}{10.23\,\text{V}} \times 100\% = 0.1\%$$

1. D/A 변환기 회로

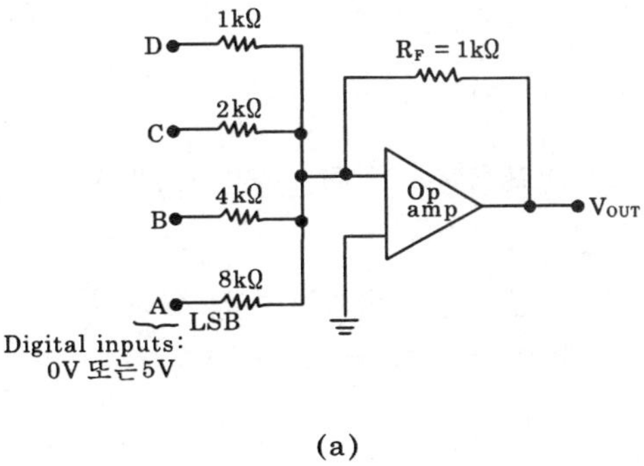

(a)

Input code				
D	C	B	A	V_{out}(volts)
0	0	0	0	0
0	0	0	1	-0.625 ← LSB
0	0	1	0	-1.250
0	0	1	1	-1.875
0	1	0	0	-2.500
0	1	0	1	-3.125
0	1	1	0	-3.750
0	1	1	1	-4.375
1	0	0	0	-5.000
1	0	0	1	-5.625
1	0	1	0	-6.250
1	0	1	1	-6.875
1	1	0	0	-7.500
1	1	0	1	-8.125
1	1	1	0	-8.750
1	1	1	1	-9.375 ← Full scale

(b)

〈그림 8-22〉 OP 앰프를 이용한 D/A 변환기

그림 8-22는 4비트 D/A 변환기 회로를 나타낸 것이다. OP 앰프는 가산 증폭기로 사용되어, 입력전압의 가중값을 더하는 역할을 한다.

$$V_{out} = -(V_D + 0.5V_C + 0.25V_B + 0.125V_A)$$

(1) 전류출력 D/A 변환기

D/A 변환을 실현하는데 사용되는 많은 다른 방식의 회로가 있지만 그 모든 회로를 여기에서 전부 설명하지는 않겠다. 하지만 여기서는 전압출력 대신에 아날로그 전류출력을 사용하는 또 다른 D/A 변환방식을 살펴보고자 한다. 4비트 D/A 변환기 기본회로가 그림 8-23(a)에 나와 있다.

예제 8-3

$V_{REF} = 10$V이고 $R = 10$ kΩ이라고 가정하자. 이 D/A 변환기의 분해능과 최대 출력을 구하라.

풀 이

$I_D = V_{REF}/R = 1$ mA. 이것은 MSB의 가중값이다. 다른 3비트의 전류는 0.5, 0.25, 0.125 mA가 될 것이다. 따라서 LSB는 0.125 mA이고 이것이 또한 분해능이다.
최대 출력은 2진 입력 모두가 HIGH가 되는 경우 발생하고 이때 각 전류 스위치는 닫히게 되고

$$I_{out} = 1 + 0.5 + 0.25 + 0.125 = 1.875 \text{ mA}$$

출력전류는 V_{REF}에 비례한다는 점을 명심하라. 만약 V_{REF}가 증감하면 I_{out}도 같은 비율로 변하게 된다.
I_{out}이 정확하려면 R_L은 접지에 단락되어야 한다. I_{out}을 정확하게 하기 위한 한 가지 공통적인 방법은 전류를 전압으로 변환하는 역할의 op 앰프를 그림 8-23(b)처럼 사용하는 것이다.

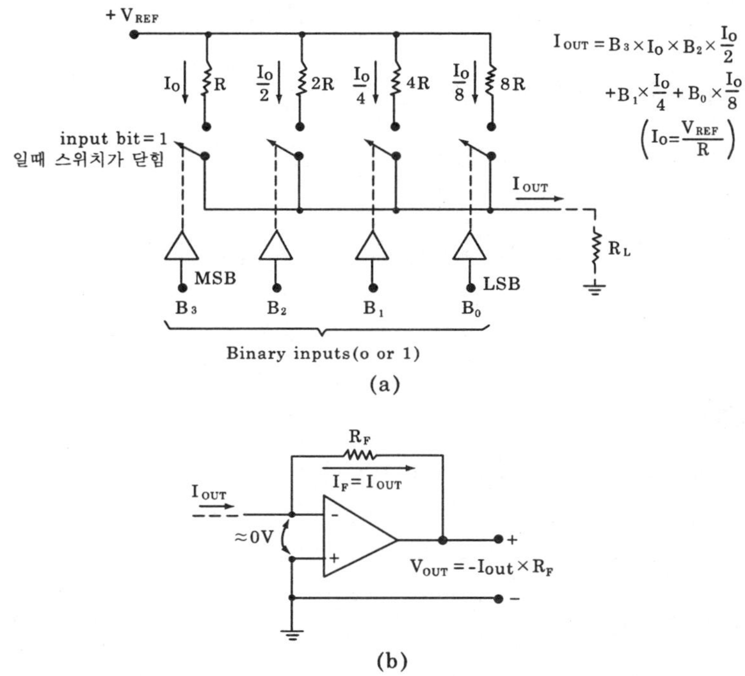

〈그림 8-23〉 (a) 전류출력 DAC, (b) 전류-전압변환기

(2) 곱셈형 D/A 변환기

많은 D/A 변환기는 아날로그 출력을 만들기 위한 기준전압원을 필요로 한다. 어떤 D/A 변환기에서는 정확한 출력을 만들어내도록 하기 위해서 기준전압이 고정된 정확한 값을 갖는다. 또 다른 종류는 기준전압(reference voltage)이 가변될 수 있고 심지어 극성이 반대로 바뀔 수도 있다. 후자의 경우가 곱셈형 D/A 변환기라고 하는데 그 이유는 아날로그 출력이 2진 입력과 기준전압의 곱으로 만들어지기 때문이다.

예를 들면 그림 8-23(a)에 나오는 D/A 변환기는 다음 식과 같이 전압 V_{REF}에 비례하여 출력전류가 얻어진다.

$$I_{\text{out}} = k(V_{REF} \times B)$$

여기서 B는 2진 입력이고 k는 비례상수이다. 예제 8-4의 결과로 비례상수 k를 결정할 수 있다. 예제에서 $I_{out} = 1.875\text{mA}$이고 $V_{REF} = 10\text{V}$, $B = 1111_2 = 15_{10}$이다. 따라서

$$1.875\,\text{mA} = k(10\,\text{V} \times 15)$$

$$k = \frac{1.875\,\text{mA}}{150\,\text{V}} = 0.0125\,\text{mA/V}$$

k를 구하면 I_{out}은 어떤 V_{REF}와 2진 입력에서도 구할 수 있다.

예제 8-4

그림 8-23(a)의 D/A 변환기에서 $V_{REF} = 3.8\text{V}$이고 2진 입력이 $0110 = 6_{10}$일 때 I_{out}을 구하라.

풀 이

$k = 0.0125\,\text{mA/V}$이므로

$$I_{out} = (0.0125\,\text{mA/V})(3.8\,\text{V} \times 6)$$
$$= 0.285\,\text{mA}$$

곱셈형 D/A 변환기는 아날로그 출력을 만들어내기 위해 아날로그 전압(V_{REF})에 2진수값을 곱하는 데 사용될 수 있다.

2. A/D 변환

디지털 시스템은 2진수 또는 2진 코드 형태로 모든 내부동작이 이루어진다. 디지털 시스템에 입력될 정보는 일단 2진 형태로 바뀌어 디지털 회로에 인가되어야 한다. 반면에 디지털 시스템에서 출력되는 2진 코드는 그 출력의 용도에 따라 다른 형태로 변환되어야 한다.

디지털 시스템을 외부와 연결시키기 위해서는 많은 입·출력 장치들이 필요하다. 입력장치를 살펴보면, 아날로그 신호인 프로세스 파라미터가 측정되어 그 값에 비례하는 전압이나 전류로 변경되고, A/D 변환기(ADC)로 보내어져, 아날로그 량에 상응하는 디지털 수치로 변환된다.

A/D 변환기는 아날로그 전압을 입력받아 다소의 변환시간 후에 아날로그 입력에 상응하는 디지털 코드를 만들어 낸다. A/D 변환과정은 일반적으로 D/A 변환과정보다 더 복잡하고 더 많은 시간이 소요되며, 많은 다양한 방법이 개발되어 사용되고 있다.

3. 디지털-램프(DIGITAL RAMP) A/D 변환기

그림 8-24는 디지털-램프 A/D 변환기에 대한 완전한 그림이 나와 있다. 이 변환기의 동작은 다음과 같이 이루어진다.

① 양(+)의 START 펄스가 인가되면, 카운터는 0으로 리셋된다. 또한 START 펄스가 HIGH인 동안은 AND 게이트의 출력이 0이 되므로 클럭이 카운터에 전달되지 않는다.
② 카운터가 0으로 되면, $V_A'=0$이 되므로(V_A가 양의 전압이라 가정하면) 비교기 출력이 HIGH가 된다.
③ START 펄스가 LOW로 바뀌면, AND 게이트는 인에이블되어 클럭의 펄스를 카운터에 전달할 수 있게 된다.
④ 카운터가 증가함에 따라 D/A 변환기의 출력 V_A'는 변환기의 분해능과 동일한 1스텝당 전압만큼씩 증가한다.

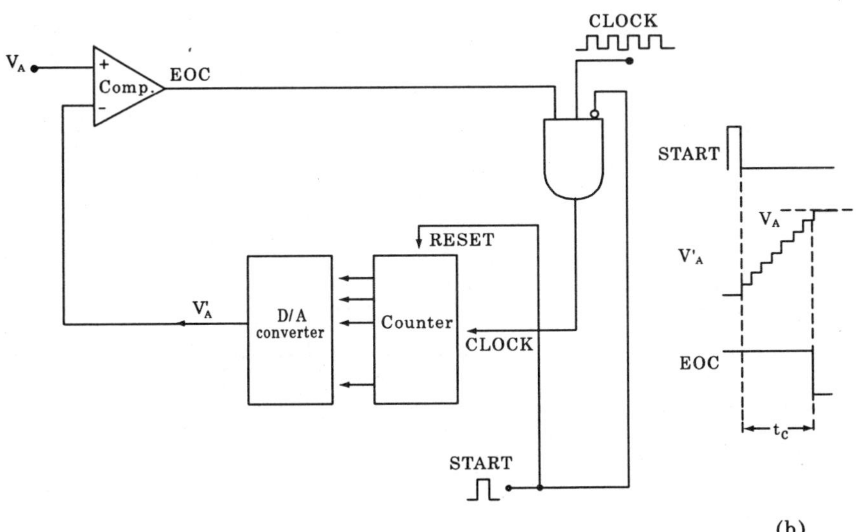

〈그림 8-24〉 디지털 램프 A/D 변환기

⑤ 이러한 증가는 V_A'가 V_A를 초과해서 그 차이가 V_T 이상 날 때까지 계속된다. V_A'가 V_A를 V_T만큼 초과하면, 비교기 출력은 LOW가 되고, 카운터에는 펄스 공급이 중단됨으로써 카운터는 요구된 디지털 값 V_A에 해당되는 수치에서 멈추게 된다. 변환과정은 이 시점에서 완료된다. 비교기 출력이 HIGH에서 LOW로 바뀌는 신호가 변환의 끝을 나타낸다. 이 신호는 가끔 EOC(end of conversion : 변환종료)라고 불린다.

4. 연속근사 A/D 변환기

이 연속근사변환기(successive approximation ADC ; SAC)는 가장 널리 사용되고 있는 A/D 변환기의 한 종류이다. 이것은 디지털 계단파 A/D 변환기보다 더욱 복잡한 회로로 구성되어 있지만 변환시간은 더 짧게 걸린다. 그림 8-25처럼 기본배열은 디지털 램프 A/D변환기와 유사하다. 하지만 SAC는 D/A 변한 블록에 입력을 제공하는 카운터 대신에 레지스터를 사용한다. 논리제어기(control logic)는 레지스터의 내용을 매 비트마다 수정을 계속하다가 레지스터 전체의 데이터가 아날로그 입력 V_A와 등가가 되는 수치가 될 때 멈춘다. 전체과정은 다음과 같다.

① 논리제어기는 레지스터의 MSB(최상위 비트)를 1로 다른 비트를 0으로 만든다. 이렇게 함으로써 DAC에서 나오는 V_A'의 값은 MSB의 가중값과 동일하게 된다. 만약 V_A'가 V_A보다 크면 비교기는 출력 COMP 단자에 LOW를 출력하고, 이 LOW에 의해 논리제어기는 MSB

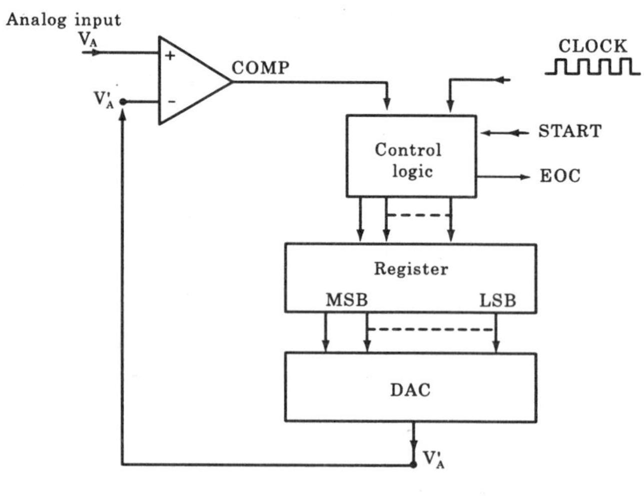

〈그림 8-25〉 연속근사 A/D 변환기의 블록선도

를 다시 0으로 만든다. 그렇지 않고 V_1'가 보다 작으면 MSB는 HIGH를 유지한다.

② 논리제어기는 레지스터의 MSB 다음 비트를 1로 만든다. 그러면 V_A'값이 바뀐다. 만일 이 값이 V_A보다 크면 COMP는 LOW가 되어 논리제어기로 하여금 비트를 다시 0으로 바꾸도록 작용한다. 그렇지 않으면 비트는 1을 유지한다.

③ 이상과 같은 과정이 레지스터의 각 비트에 대해 계속된다. 이와 같은 시행착오는 매 비트당 1클럭 주기가 걸린다. 모든 비트에 대한 시행착오 후 레지스터는 V_A와 등가인 디지털 값을 갖게 된다.

다음과 같은 예를 통해 연속근사 A/D 변환과정을 더 쉽게 설명할 수 있다. 단순하게 하기 위해 1V의 스텝 크기를 갖는 4비트 변환기를 사용한다. 표 8-1은 $V_A = 10.4\text{V}$일 때 변환과정을 순서적으로 보여준다.

〈표 8-1〉

Steps	Register	VA	VAV	Comparater
Initial status	0000	0	10.4	HIGH
I A. 첫 번째 MSB=1	1000	8	10.4	HIGH
B. $V_{A'}$ < V_A이므로 MBS=1				
II A. 두 번째 MSB=1	1100	12	10.4	LOW
B. $V_{A'}$ > V_A이므로 2rd MSB=0	1000	8	10.4	HIGH
III A. 세번째 MSB=1	1010	10	10.4	HIGH
B. $V_{A'}$ < V_A이므로 3rd MSB=1	1010			
IV A. LSB=1	1011	11	10.4	LOW
B. $V_{A'}$ > V_A이므로 LSB=0 레지스터 안의 디지털 숫자는 최종 결과이다.	1010 1010	10	10.4	HIGH

5. 플래시 A/D 변환기

이 변환기는 가장 고속의 A/D 변환기이지만 다른 종류에 비해 더 많은 회로가 필요하다. 예를 들어, 6비트 짜리 플래시(flash) A/D 변환기는 63개의 아날로그 비교기(analog comparator)가 필요하고 8비트 짜리는 255개의 비교기가 필요하며, 10비트 짜리는 1,023개의 비교기가 필요하다. IC 플래시 변환기는 현재 8비트뿐만 아니라 9 또는 10비트 짜리가 시장에서 많은 수요가 발생하고 있다.

그림 8-26(a)에 있는 플래시 변환기는 3비트의 분해능과 1V의 스텝 크기를 갖는다. 전압분배기가 각 비교기를 위한 기준 레벨을 설정함으로써 1V(LSB의 가중값), 2V, 3V, ……7V(최대값)에 대응하는 7레벨이 존재한다. 아날로그 입력 V_A는 각 비교기의 다른 입력에 연결되어 있다.

V_A < 1V일 때 모든 비교기 출력 C_1 ~ C_7은 HIGH가 된다. V_A > 1V일 때 1개 이상의 비교기 출력이 LOW가 된다. 비교기 출력은 LOW일 때 동작하는 우선순위 인코더(priority encoder)에 입력되어, 비교기 출력이 LOW인 것 중 가장 큰 숫자에 해당하는 비교기에 대응하는 2진 출력을 발생시킨다.

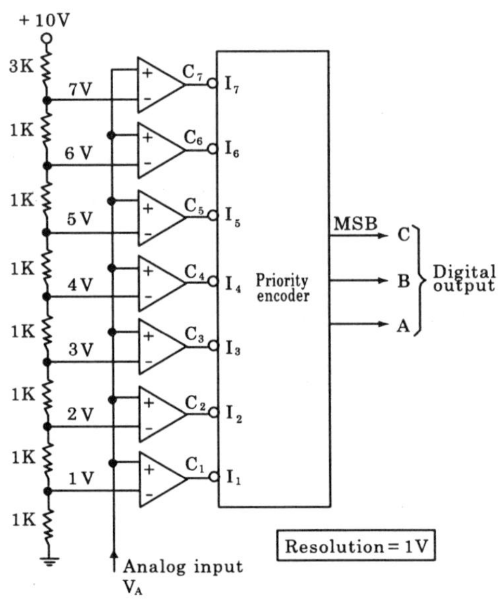

V_A	C_1	C_2	C_3	C_4	C_5	C_6	C_7	C	B	A
<1V	1	1	1	1	1	1	1	0	0	0
> 1V, <2V	0	1	1	1	1	1	1	0	0	1
> 2V, <3V	0	0	1	1	1	1	1	0	1	0
> 3V, <4V	0	0	0	1	1	1	1	0	1	1
> 4V, <5V	0	0	0	0	1	1	1	1	0	0
> 5V, <6V	0	0	0	0	0	1	1	1	0	1
> 6V, <7V	0	0	0	0	0	0	1	1	1	0
>7V	0	0	0	0	0	0	0	1	1	1

〈그림 8-26〉 (a) 3비트 플래시 ADC, (b) 진리표

그림 8-26(b)에 있는 표는 8-26(a)의 아날로그 입력에 대한 결과를 보여준다. 플래시 변

환기는 시간이나 순서에 상관없이 동작이 이루어지기 때문에 클럭 신호가 필요없다. 변환과정은 V_A가 입력되자마자 일어난다. 그리고 변환시간은 단지 비교기와 인코더의 전달지연 시간에 따라서만 변한다. 전형적인 플래시 변환기는 50 ns에 변환을 끝낼 수 있다.

이론적으로 N비트 플래시 A/D 변환기는 2^N-1개의 비교기가 필요하다. 플래시 변환기의 주된 이점은 동작속도에 있지만 그에 따른 회로는 더욱 복잡 비대해진다. 이처럼 고가인 A/D 변환기이기 때문에 이러한 변환기를 응용하는 경우는 고속을 요구하는 곳에만 국한된다.

6. 샘플링값 유지회로(sample-and-hold circuit)

아날로그 전압이 A/D 변환기의 입력단에 직접 인가되는 경우, A/D 변환기의 동작 속도보다 더 빠르게 아날로그 전압이 변경된다면 그로 인해 변환과정에 악영향이 미칠 수 있다.

변환과정을 안정하게 하려면, A/D 변환이 발생하고 있는 동안에 입력되는 아날로그 전압을 일정하게 유지시켜주는 샘플링값 유지회로(sample-and-hold circuit : S/H 회로)를 사용해야 한다. 그림 8-27은 샘플링값 유지회로(S/H 회로)를 간략하게 나타낸다.

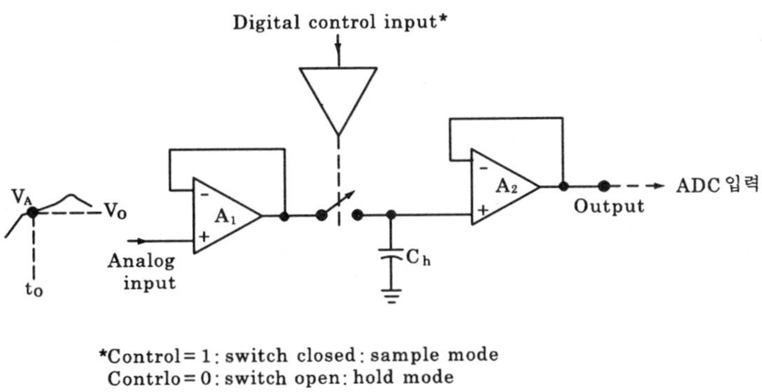

〈그림 8-27〉 간소화된 S/H 회로의 블록선도

S/H 회로는 아날로그 신호를 고임피던스의 입력 버퍼 op앰프 A_1을 통해서 받아, 신속하게 충전되는 저임피던스의 커패시터 C_h로 보낸다. 커패시터 바로 앞 단에는 디지털 신호로 제어되는 스위치가 달려 있어 A_1의 출력을 단속할 수 있다. 즉 이것을 샘플링 작용(sample operation)이라 한다. 스위치는 C_h가 아날로그 입력을 전류량으로 충분히 충전시

킬 수 있을 만큼 오랫동안 닫혀 있다. 예를 들어 만약 스위치가 t_0 시점에 닫히면, A_1의 출력은 곧바로 C_h에 충전되어 콘덴서 양단의 전압은 V_0가 된다. 이어서 스위치가 열리더라도 C_h는 현 전압을 그대로 유지하여 A_2의 출력은 동일한 전압을 A/D 변환기에 공급한다. 출력 버퍼, op앰프 A_2는 고입력 임피던스로 구성되어 있어 커패시터 양단의 전압이 A/D 변환기가 동작하는 시간 동안 방전되지 않도록 작용한다. 따라서 A/D 변환기는 결국 DC 입력전압 V_0를 수신한다.

Chapter 9

I_{gr} 계측 및 원격 감시시스템

9-1 활선 절연저항 계측장치

1. 개발 배경

1) 개발 동기

최근 날로 증가하는 전기와 관련한 화재 및 재해의 절반 이상이 전기 누전이 원인이 된 것으로 연구 조사 기관의 통계 결과가 발표된 바 있다. 이는 절연 저항이 주요 원인으로써, 이러한 원인을 사전에 예방할 수 있다면 화재로 인한 사회적, 경제적 손실을 대폭 감소시킬 수 있다.

자가용 전기설비에서 가장 많이 발생하는 트러블은 저압 회로의 누전에 기인하는 사고로서, 전기 화재나 감전 사고, 그리고 정전 범위의 확대 등으로 진행하기 때문에 조속한 누전 검출 및 경보를 통해 사전에 회로의 차단이 무엇보다도 중요하다.

본 시스템은 주택, 공장, 건물 등의 전기 시설물에 대한 절연 열화의 경향을 파악하여 전기 공급의 신뢰성 확보 뿐만 아니라 수시 점검에 의한 경비를 대폭적으로 절감시킬 수 있는 이점을 갖는다. 그러나 절연 저항의 측정은 정전을 필요로 하여 전기 계통 전체에서의 절연 측정이 불가능할 뿐만 아니라, 정전으로 인해 컴퓨터 및 중요한 전자기기의 파손을 초래하기도 한다.

또한 컴퓨터를 이용한 시스템 및 정보관리 등에 의해 정전이 불가능한 경우도 있어 절연저항 측정을 수행할 수 없는 경우도 발생한다. 그밖에 정전으로 인해 시스템의 정지나 주요 정보의 상실로 주변 지역사회의 혼란과 복잡성이 가중되어 손실이 막중하게 된다.

이와 같이 전기 설비의 절연 불량으로 인한 재해를 사전에 예방할 뿐만 아니라 경비 절감을 위하여 국내에서는 최초로 웹 기반(Online)의 무정전 활선 절연저항 측정 장치가 개발되었다.

본 기술은 무정전의 활선 상태에서 절연저항을 웹 기반 하에서 24시간 실시간 감시하고, 이 데이터를 분석, DB구축을 통해 미세한 절연 열화를 조기에 감지함으로써, 지락 사고에 의한 전기 화재, 재산 손실, 인명 피해 등을 사전에 예방하는 것이다.

2) 기존 기술(I_O 계측 방식)의 문제점

기존 기술의 경우에는 ZCT를 전원 접지선에 삽입시켜, 대지 누설전류의 유효 분을 계측할 경우, 피 측정계의 문제와 전원의 전력 품질의 문제, 계측기 성능의 문제를 개선하지 않으면 안 된다.

가) 피 측정계의 문제

옥내배선을 포함한 저압 배전선의 일반적인 피 측정계의 등가회로를 그림 9.1에 나타내었다.

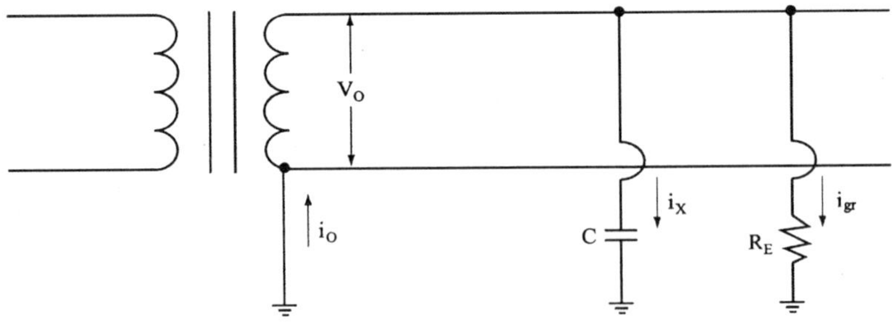

〈그림 9.1〉 저압 배전선의 등가회로

그림 9.1에 있어서 V_O는 전원전압, I_O는 접지선 전류, I_{gr}은 대지 누설저항 R_E에 의한

누설전류(유효 분), I_X는 대지 정전용량 C에 의한 무효전류이다.

그림 9.2는 이 전압, 전류간의 벡터 도를 나타낸다.

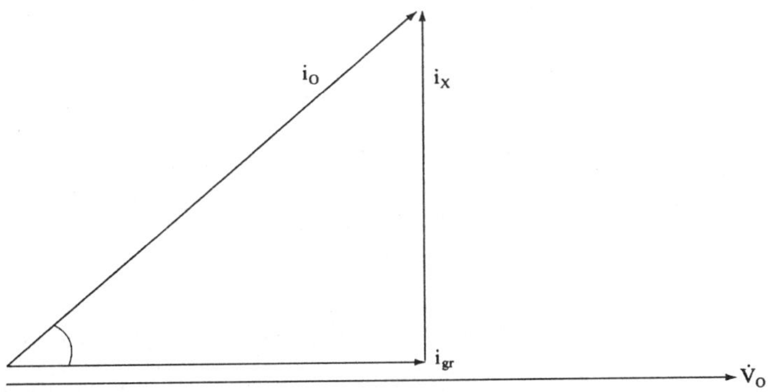

〈그림 9.2〉 전압-전류 벡터도

그림 9.1과 그림 9.2에서 대지누설전류 I_{gr}은 전원전압 V_O와 동상이며, 무효전류 I_X는 V_O에 대해 위상이 90° 앞선다. 따라서 접지선전류 I_O는

$$\dot{I}_O = \dot{I}_{gr} + \dot{I}_X$$

대지정전용량 C는 일선접지 2도체 전선간의 정전용량 C_1과 전선대진간의 정전용량 C_e의 합이다. 즉, 다음 식과 같다.

$$C = C_1 + C_e$$

2도체 전선의 정전용량 C_1은 다음 식으로 계산한 값으로 된다.

$$C_1 = 27.8\,\varepsilon s / \ell n(D/d) \ [nF/Km]$$

여기서, εs : 절연피복의 비유전률

D : 피복외경 [mm]

d : 도체외경 [mm]

또한 전선과 대지간의 정전용량 C_e는, 앞의 식에 의해서 유도하면, 다음 식이 된다.

$$C_e = 2 \times 27.8 / \ell n(2h/a) \ [nF/Km]$$

여기서, h : 전선의 지상 높이 [mm]

a : 전선도체의 반경 [mm]

2mm VV-F선에 있어서 C_e를 계산하면, 약 200(nF/km)가 된다. 옥내선이 200m이면, C_e는 약 0.04μF이고, 이때 I_X는 1.4mA 정도(220V, 60Hz선로) 된다.

저압전로의 절연저항 값은 0.2MΩ 이상으로 되는 것이 바람직하기 때문에 누설저항 값 0.2 MΩ에 대한 I_{gr}은, 약 1mA(220V선로)가 될 때의 옥내선 200m에 대한 접지선에 흐르는 합성전류 Io는 1.72mA가 된다. 따라서 접지선에 삽입한 종래의 클램프형 전류계 지시치로는 I_{gr}과 I_X를 분리시켜 계측할 수 없다. 이와 같이 피 측정계는 통상 대지정전용량이 크고 이것에 의한 무효전류는 절연불량에 의한 누설전류에 비해 대단히 크게 된다.

나) 계측기의 성능

접지전류에 의한 CT출력은 미약한 값이기 때문에 계측치를 연산 처리하기 위해서는, 출력 증폭부가 필요하다. 출력증폭기는 주파수 진폭특성, 위상 왜곡 특성을 고려하지 않으면 안 된다.

ZCT는 권선의 누설 임피던스에 의한 실효저항분을 고려할 필요가 있다. ZCT를 포함한 피 측정회로의 2차 측에서 본 등가회로를 그림 9.3에 벡터도를 그림 9.4에 나타낸다.

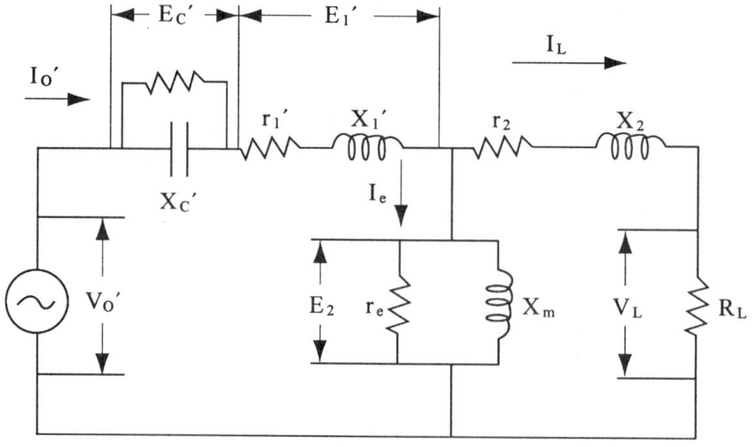

〈그림 9.3〉 측정대상 회로의 등가회로

V_O' : 전원 전압(2차측), I_O' : 접지선 전류(2차측)

X_O' : 대지정전용량 리액턴스(2차측), R_E' : 대지누설저항(2차측)

E_C' : 대지전압(2차측), r_1' : CT 1차권선의 저항(2차측)

X_1' : CT 1차권선의 누설 리액턴스(2차측)

E_1' : CT 1차권선의 임피던스 강하전압(2차측)

r_2 : CT 2차권선의 저항, X_2 : CT 2차권선의 누설 리액턴스

r_e : CT의 여자저항, X_m : CT의 여자 리액턴스

E_2 : CT의 여자전압, I_e : CT의 여자전류

R_L : 부담저항, V_L : CT 출력전압, I_L : CT의 2차권선 전류

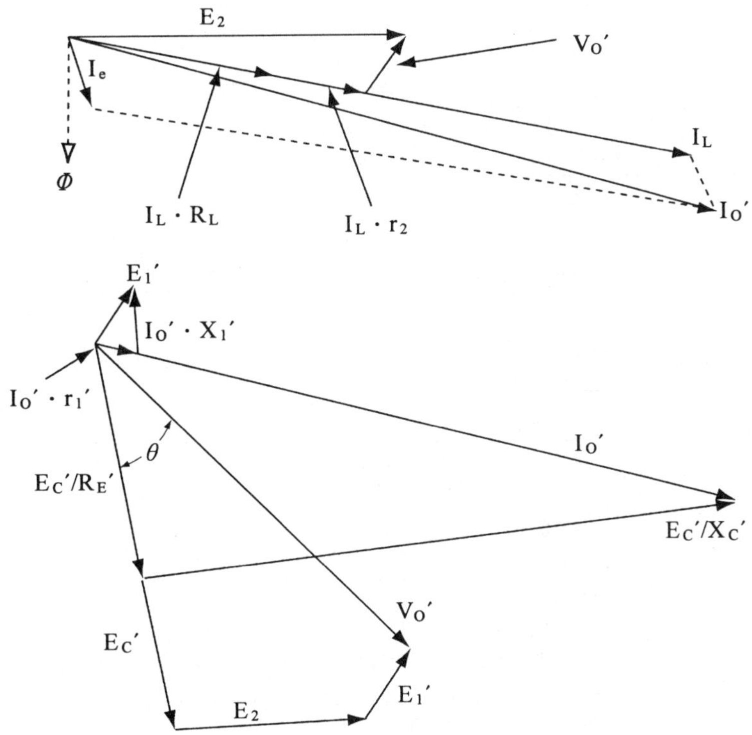

〈그림 9.4〉 측정회로의 벡터도

그림 9.4에서 보는 것처럼 전원전압 V_O'와 대지전압 E_C'의 벡터는 ZCT권선의 누설 인덕턴스와 실효저항, 여자 임피던스 등이 영향을 주어 위상차 θ가 발생하고, 절대치도 같지 않아 일치하지 않는 것을 알 수 있다.

그림 9.4의 ∅는 ZCT 철심 내의 주 자속이다. 이와 같이 측정회로에 대한 계측기의 성능도 ZCT를 포함하여 오차를 일으키는 변수로 고려할 필요가 있다.

3) 사양 및 기능

항 목	사 양
제어전원	AC100−240V
정격주파수	50/60Hz
소비전력	20VA 이하
절연저항	10MΩ 이상(단 전원입력일괄과 접지 간)
내전압	AC2000V 1분간 CUTOFF 전류10mA(단, 전원입력일괄과 접지간)
사용 온도 범위	0℃∼+50℃
중량	5Kg 이하
적합 영상 변류기	관통형 영상변류기(TZ), 분리형 영상변류기(SZ)
적용감시전로	B종 접지가 된 저압전로(단 대지정전용량이 5㎌ 이하) 절연 감시 전압 : 10Hz 0.25V
회로수	최대 8회로
스캐닝 시간	15초/CH전CH 스캐닝시간=15초(8-미사용CH)
측정모드	전CH을 측정하여 순차적으로 표시, 1 CH 선택측정가능
유효측정범위	AC85∼265V
측정대상	단상2선, 단상3선, 3상3선, 3상4선
측정 주파수 범위	AC 45∼65Hz
입력 저항 측정 범위	10kΩ∼500kΩ
합성 누설 전류 입력	정격 Range : 0mA∼1000mA 유효측정범위 : 5%∼120%
대지 저항성분치 전류	표시유효범위 : 0∼120mA(120mA 초과 시 (OR)표시) 표시분해능 : 1mA
대지 절연 저항치	표시유효범위 : 10kΩ∼500kΩ MAX 500kΩ 초과 시 (OR)표시, 10kΩ 미만 시 (UR)표시 표시분해능 : 10kΩ *입력전압 및 대지저항성분전류에 따라 저항치를 환산하기 때문에 입력전압치에 따라 대지절연저항치의 표시범위가 변화한다. 입력전압: AC100V−265V10kΩ−500kΩ
경보 출력 접점	1a AC250V 5A30VDC 5A
차단 출력 접점	8a AC250V 5A30VDC 5A
통신 포트	RS-485 MODBUS

4) 용도 및 특징

가) 용도

본 기술은 무정전 절연저항 측정 기술로서 주택, 건물, 산업용 공장 등에 사용하는 수배전반 및 전기 시설물에 대한 절연저항의 감시 측정을 정전시키지 않고 실시함으로써, 전기공급의 신뢰성 확보 및 수시 점검에 의한 경비를 대폭적으로 절감시키기 위함이다.

나) 특징

- 활선 상태에서 누설전류 및 저항을 웹기반에서 실시간 원격감시 가능(통신포트 설치)
- 데이터를 분석하여 DB를 구축하고, 미세한 절연 열화를 조기 감지하여 전기화재, 재산손실, 인명피해 예방
- 종전의 ELD가 지닌 누전전류량(정전용량 성분에 의한 전류 포함)이 아닌 I_{gr}(저항성분 접지전로)만을 검출하는 방식으로 정확한 계측이 가능
- 최대 8채널로 Feeder별 상시 감시로 절연불량 Feeder만을 골라 관리가 가능
- 정기 점검에 소요되는 비용과 정전일수를 대폭적으로 절감 가능
- 설치 환경에 따라 원하는 주의 경보 값을 임의로 설정 가능
- 임베디드 웹서버 기능을 이용하여 누전관련 데이터를 휴대전화 또는 인터넷으로 전송하는 네트워크 전송기능 포함

5) 제품의 외관

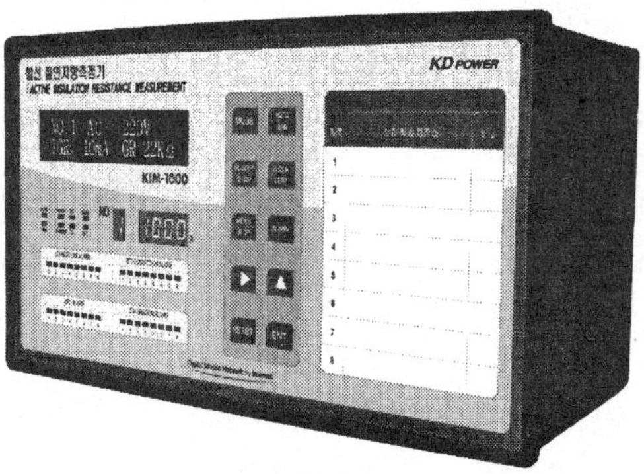

〈본체 및 Display〉

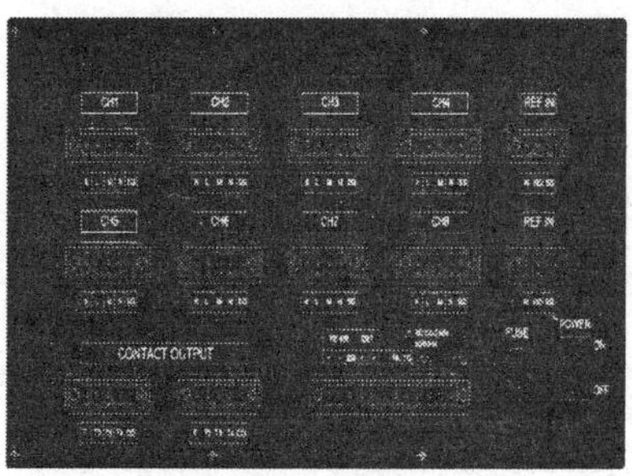

〈본체 후면 단자〉

〈기준 전압 전원 장치〉

〈중첩용 트랜스〉

2. 신청 기술의 내용

1) 신청 기술의 내용

가) 신기술의 개요

최근에 수용가의 전기설비는 공장뿐만 아니라 일반 가정용까지 상시 통전하고 있는 기기가 증가하고 있다. 이 때문에 옥내배선의 열화진단에 있어서, 전원 개폐기를 열고, 절연 저항을 측정하는 것이 곤란한 경우가 많이 생기고 있다.

이것에 대응하여 활선 상태 그대로 절연을 계측하기 위해서, 클램프형 전류계를 이용하여 전원 접지선, 혹은 인입선에서 대지 누설 전류를 계측하고 있다. 그런데, 상용 전원으로부터 공급되고 있는 각종 옥내기기는 긴 배선을 경유하고 있기 때문에 전원 접지선에 흐르는 전류는 전류(유효분) 외에 대지 정전 용량에 의한 무효 전류가 흐르고 있다.

이 때문에 보안 상 주목해야 할 순수 대지 누설 전류를 파악하기 위해서는 이 무효분과 유효분을 정확하게 나누어 계측할 필요가 있다. 계측하려는 순수 대지 누설 전류 유효분은 극히 작은 값인 것에 비해 대지 무효 전류는 대단히 큰 것이 일반적이다.

전압 220V, 60Hz의 일반 주택의 경우, 무효분 전류가 1mA 이상 가까이 된다. 이러한 현상처럼 클램프 형 전류계에 의해서 직접 계측한 값은 무효 전류분이 포함되어 있어 순수한 저항성분의 누설 전류는 파악할 수 없다. 이와 같은 상황에 있어서, 누설 전류의 유효분을 계측하는 방법으로서 몇 가지 방법이 있다. 그것은 외부로부터 가변 유효 전류 혹은, 무효 전류를 변류기(CT)에 흘려 피 측정 전류에서 이것을 제거시키는 방법이다.

그러나 이 방법은 클램프형 전류계에 의한 대지 누설 전류 검사에서 앞서 언급한 바와 같이 양쪽 성분의 합성전류를 계측하는 것이지만, 이 계측 값은 사전에 결정된 값 이하가 되면, 더 이상의 계측은 수행하지 않는 것으로 절연 진단 관리를 하고 있다.

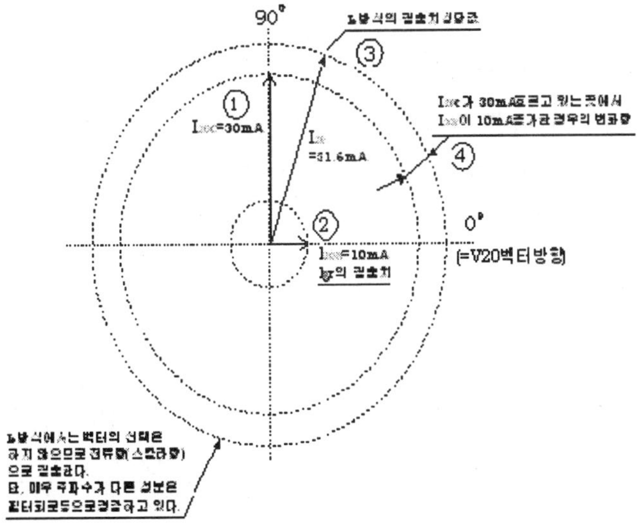

〈그림 9.5〉 I_{gr}과 I_O의 벡터비교

예를 들어서 그림 9.5에서 절연이 양호한 때의 전로의 대지 간 정전용량에 의한 전류가 30mA 흐르고 있을 때, 절연열화가 발생하여 10mA의 저항성 절연열화전류가 증가한 경우, 누전경보기와 같은 종래의 I_O방식에 의한 계측치는 ① 30mA → ③ 31.6mA의 5%정도 변화하지만, I_{gr}방식에서는 0mA → 10mA로 매우 큰 변화폭으로 검출된다는 것을 알 수 있다. 따라서 I_{gr}방식이 I_O방식에 비해 전로의 열화에 해당되는 절연저항성 성분(유효성분, 실효성분)을 잘 검출할 수 있어, 저압전로의 절연열화 검출에 매우 유용하다.

본 시스템은 범용의 ZCT를 전류센서로서 이용하여 이것에 간단한 장치를 부가함으로써 유효분만을 검출할 수 있는 고정밀도의 대지누설전류에 의한 절연저항 측정 장치가 개발되었다.

이 계측기술은, 피 측정 전류의 위상에 관계하지 않고, 연산처리를 통해 무효분을 분리하고, 미소의 유효분을 정확하게 계측하는 방법이다.

이 특징은 바이어스 전류를 ZCT에 중첩시켜, 스칼라량만으로 연산처리가 가능한, I_{gr}계측 알고리즘을 기본으로 한다.

나) I_{gr} 계측 방법

I_{gr} 계측 방법은 대지유효 및 무효전류벡터를 정밀하게 계측하는 수단으로 고려할 수 있다. 이것은 피 검출전류의 위상을 파악하는 것이 아니고, ZCT에 바이어스 전류를 중첩시킨 검출전류를 가감산 계산하여 계측 값을 얻는 방법이다.

그림 9.6은 이를 설명하기 위한 벡터도이다. 그림 2.2에서 I_{gr}은 미소 유효분 전류(누설전류), I_X는 무효분 전류, I_b는 전원전압의 위상과 완전하게 일치하는 바이어스 전류이다. I_1, I_2는 합성전류이다.

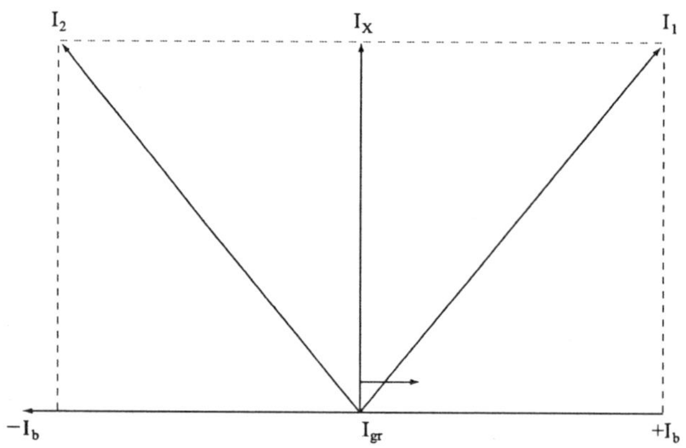

〈그림 9.6〉 I_{gr} 계측법의 벡터도

여기서, I_{gr} : 누설전류(유효분)

I_X : 대지정전용량에 의한 무효전류

그림 9.6에 있어서 관계식을 전개하면 다음과 같다.

$$|\dot{I}_1|^2 = |\dot{I}_r|^2 + |(\dot{I}_b + \dot{I}_{gr})|^2$$

$$|\dot{I}_2|^2 = |\dot{I}_r|^2 + |(\dot{I}_b - \dot{I}_{gr})|^2$$

$$|\dot{I}_1|^2 - |\dot{I}_2|^2 = 4 \cdot |\dot{I}_b| + |\dot{I}_{gr}|$$

$$\frac{|\dot{I}_1|^2}{4 \cdot |\dot{I}_b| \cdot |\Delta \dot{i}_r|} - \frac{|\dot{I}_2|^2}{4 \cdot |\dot{I}_b| \cdot |\dot{I}_{gr}|} = 1$$

$$\frac{I_1^2}{4 \cdot I_b \cdot I_{gr}} - \frac{I_2^2}{4 \cdot I_b \cdot I_{gr}} = 1 \quad (1)$$

(1)식은 I_1을 X축으로, I_2를 Y축으로 취하면, $(\pm\sqrt{8 \cdot I_b \cdot I_{gr}}, 0)$를 원점으로 하는 쌍곡선의 형태이다.

(1)식을 변형하면,

$$I_{gr} = \frac{I_1^2 - I_2^2}{4 \cdot I_b} \quad (2)$$

(2)식에서 나타낸 것처럼 I_{gr}은 합성전류의 스칼라량 I_1, I_2에서 얻어진 전류에 대하여, 1/(4 · b)를 배율로 하여 얻어진다.

시제품을 시험하기 위하여 변압기 2차 측에 0.5μF의 커패시터를 부가하여 대지저항 누설전류와 누설합성전류를 각 절연저항 값을 기준으로 측정하였다. 표 9.1에서 절연저항 값이 작을수록 계측 값에 대한 정확도가 높음을 알 수 있다.

또한 케이블에 상용주파수 60[Hz], 220[V]전원에 부하전류를 흘리고 대지 누설전류용 가변저항 및 커패시터를 취부하여 계측한 시험 결과는 표 9.1과 같다. 표 9.1에서 평균 5[%]의 허용 오차에서 0.05[μF]의 대지 정전용량이 있어도 약 1[MΩ]의 대지절연 저항 값의 계측이 가능하다는 것을 알 수 있다.

〈표 9.1〉 무정전 절연저항 측정결과

RC	0μF	0.01μF	0.02μF	0.03μF	0.05μF
2MΩ	1.96	1.95	1.91	1.90	1.84
1MΩ	1.02	1.01	0.986	0.961	0.952
0.7MΩ	0.70	0.69	0.698	0.690	0.673
0.5MΩ	0.507	0.502	0.493	0.488	0.470
0.3MΩ	0.303	0.302	0.298	0.289	0.273
0.2MΩ	0.212	0.2	0.2	0.201	0.201
0.1MΩ	0.099	0.098	0.097	0.096	0.095

표 9.2는 시간대 별로 실시간의 3상 4선식 옥내배선의 현장을 실제 계측한 시험성적표로서 대지저항 전류와 누설전류 및 대지저항 전류 값을 각각 나타낸다.

〈표 9.2〉 현장 시험성적표

번호	계측일시	I_{gr} [mA]	I_O [mA]	Gr [kΩ]	비고
1	2004.6.2014.30	0.2	16.9	999.8	1) 3상 4선 식
2	2004.6.2014.31	0.2	16.8	999.9	2) 220V 기준
3	2004.6.2014.32	0.3	16.6	640.0	3) (주)KDP현장
4	2004.6.2014.33	0.3	16.5	649.2	
5	2004.6.2014.34	0.3	16.4	634.8	
6	2004.6.2014.35	0.5	15.9	432.1	
7	2004.6.2014.36	0.3	16.6	681.1	
8	2004.6.2014.37	0.3	16.8	654.0	
9	2004.6.2014.38	0.4	16.6	522.1	
10	2004.6.2014.39	0.4	16.5	521.8	
11	2004.6.2014.40	0.4	16.3	504.9	
12	2004.6.2014.41	0.6	17.4	340.3	
13	2004.6.2014.42	0.2	16.9	999.8	
14	2004.6.2014.43	0.4	17.5	485.1	
15	2004.6.2014.44	0.6	17.6	386.8	
16	2004.6.2014.45	0.4	16.4	523.1	
17	2004.6.2014.46	10.3	15.3	20.3	
18	2004.6.2014.47	0.3	16.7	654.1	
19	2004.6.2014.48	0.4	17.4	340.2	
20	2004.6.2014.49	0.4	17.5	485.0	

다) 하드웨어(Hard ware)

무정전 절연장치의 하드웨어 구성은 그림 9.7에서 보는 것처럼 크게, 중첩용 변성기, Main Unit, 그리고 기준전압 발생장치로 구분되며, 최대 8채널의 측정개소에서 원격 감시가 가능하도록 시스템을 설계된다.

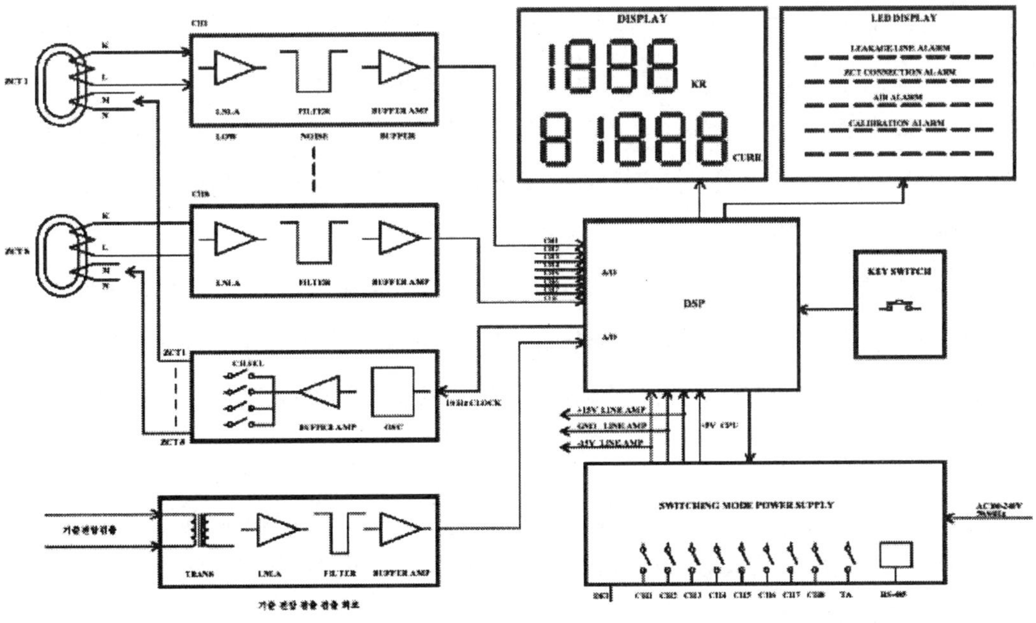

〈그림 9.7〉 H/W 구성도

① 중첩용 변성기

중첩용 변성기는 측정용 전압을 일점 접지방식의 접지선에 공급하기 위한 변성기이다. 중첩용 변성기는 일차 측에 수 회의 여자코일을 감고 창 내를 관통시킨 피 절연 감시전로의 변압기 제 2종 접지선이 1 TURN, 2차 도체로서 작용하고, 접지선에는 저주파의 전압이 유기된다. 여기에 접지선을 전원(절연 검출용)으로 하고, 전로의 대지간 절연 임피던스를 부하로 하는 절연감시의 회로가 구성된다.

② 메인 유닛(Main unit)

Main Unit는 ZCT 입력회로, 디지털 신호처리회로, 저잡음 라인 I/F회로, 그리고 디스플레이부로 구성된다.

a) ZCT 신호 입력부

ZCT신호 입력회로는 ZCT를 포함한 신호 검출회로로 구성된다. 누설전류 파라미터 항목을 측정하는데 있어 고조파 성분을 포함한 전류와 전압신호를 변환하는 변환기의 동작은 측정처리에 필수적이다.

이러한 변환기의 기능은 전력시스템에서 전류 또는 전압측정을 위해 직접적인 연결이 불가능한 환경에서 장비의 동작과 병행할 수 있는 수준으로 맞추는 것이다.

디지털 신호처리회로는 크게 A/D 변환부와 마이크로프로세서, 그리고 디지털 필터로 구성된다. A/D 변환부는 전단의 신호전압과 기준전압을 개별적으로 디지털로 변환하고, 마이크로프로세서에 입력된다.

아날로그 신호를 디지털로 변환시켜주는 A/D변환부는 누설전류 계측시스템의 중요한 부분이라 할 수 있다. 이러한 A/D 변환을 수행하기 위해 사용되는 A/D변환부는 샘플링(Sampling), 양자화(Quantization), 그리고 부호화(Coding)의 세 단계로 이루어진다.

b) 저 잡음 라인 I/F부

저 잡음 라인 I/F회로는 8채널의 절연측정 개소마다 절연상태를 감시, 제어하기 위한 채널의 인터페이스 회로로서, Opto-coupler, OP Amp, Active Low Pass Filter, Buffer Amplifier로 구성된다.

각 8채널마다 ZCT입력에 대한 인터페이스를 제공할 뿐만 아니라 60Hz의 ZCT 입력신호의 외부잡음을 제거하여 누설 절연데이터의 정확도를 높이기 위한 기능을 갖는 정밀 설계를 필요로 한다.

c) 디스플레이부

그림 3.1의 디스플레이부는 영상 변류기로 검출한 부하절연 임피던스에 흐르는 절연 검출용 주파수 성분의 전류에 대해 변압기의 접지선(또는 중성선)과 대지 간으로부터 받아들인 절연검출용 주파수의 전압에 의해 유효분 검출회로에서 유효분 연산을 행한 저항성의 전류를 분리 추출한다.

출력전류 환산회로에서는 추출한 저항성의 전류를 대상전로의 대지전압에 환산한 전류치(통과기준)또는 절연저항치로 변환하여 후단의 LED 디스플레이 등의 회로에 공급한다.

이 방식에서는 I_0방식으로는 가능하지 않은 접지전위(중성선)상의 절연도 다른 대지 전류를 가진 상과 동일 조건 상태에서 절연 검출이 가능하므로, 약간의 손실저항의 영향을 제거하면 직류절연저항계로 제 2종 접지선으로부터 절연저항을 계측한 것과 동일 조건으로 되어 신뢰성이 높은 절연관리가 가능하게 된다.

③ 기준전압 전원발생장치

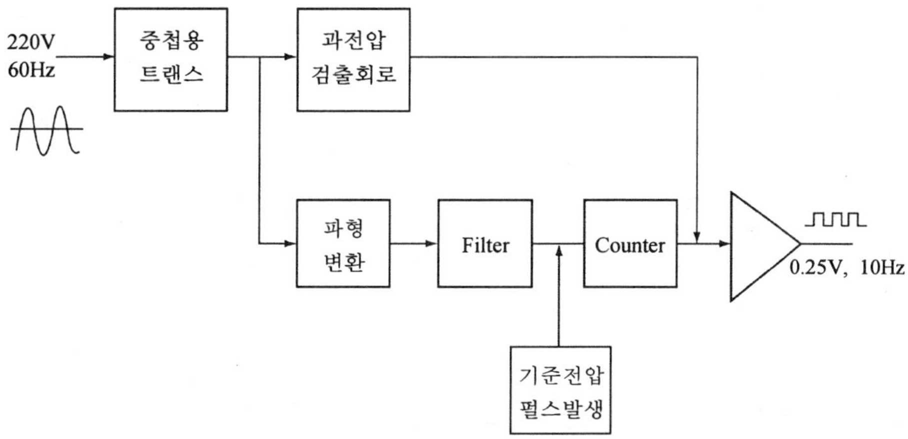

〈그림 9.8〉 기준전압 전원장치의 블록 다이아그램

그림 9.8에서처럼 기준전압 전원발생장치는 60Hz, 220V의 활선상태의 중첩용 트랜스로부터 0.25V, 10Hz의 기준전압을 발생시키기 위한 회로로서, 과전압 검출회로, Schmidt Trigger, Active Filter, Counter, 기준전압펄스발생회로, Power Amplifier로 구분된다.

220V, 60Hz의 정현파 신호입력을 받는 중첩용 트랜스는 1차 측에 수 회의 코일을 감고, 접지선을 1회 권수의 2차 도체로 하는 변압기로서, 접지선을 절연검출을 위한 전원 측으로 하고, 전로와 대지간의 절연 임피던스를 부하로 하는 절연감시회로로 구성된다.

마) 소프트웨어(연산 및 제어 알고리즘)

① I_{gr} 연산 알고리즘

ZCT로 검출한 부하 임피던스에 흐르는 절연 검출용 주파수 성분의 누설전류에 대해서, 변압기 접지선과 대지 간으로부터 받아들인 전로와 대지 간에 가한 절연 검출용 주파수 성분의 기준전압에 의해 저항성의 실효치 전류 I_{gr}을 분리 추출하고, 절연저항 값을 구하였다.

입력신호를 벡터 연산하는 경우 기준전압, 기준위상에 대한 기준신호가 요구된다. 기준신호(Ref)는 상용전원으로부터 전압, 위상을 정확하게 조정한 것으로서, 상용전원은 통상 저차수의 기수고조파가 1~2[%] 함유되어 있기 때문에 DSP에 의해서 DFT처리를 하여 기본 상용주파수의 성분만을 산출한다.

기본 상용주파수의 스펙트럼 값은 식 (2)와 같다.

$$\dot{X}_2 = \frac{2}{N} \cdot \sum_{k=0}^{N-1} X_k \left(\cos\frac{2\Pi Kn}{N} - j\ \sin\frac{2\Pi Kn}{N} \right) \tag{2}$$

여기서, N : 샘플링 수

n : 정수

T : 피 측정파(상용주파수)의 주기

$X(*)1$: 기본 상용주파수의 스펙트럼

X_k : 샘플링 k번째의 순시 값

계속해서 $X(*)1$으로부터 90도 앞선 스펙트럼을 $X(*)2$로 하면

$$\dot{X}_2 = \frac{2}{N} \cdot \sum_{k=0}^{N-1} X_k \left\{ \cos\left(\frac{2\Pi Kn}{N} + \frac{\Pi}{2}\right) - j\ \sin\left(\frac{2\Pi Kn}{N} + \frac{\Pi}{2}\right) \right\}$$

이것은 다음과 같이 변환할 수 있다.

$$\dot{X}_2 = \frac{2}{N} \cdot \sum_{k=0}^{N-1} X_k \left(-\sin\frac{2\Pi Kn}{N} - j\ \cos\frac{2\Pi Kn}{N} \right) \tag{3}$$

유효분 DFT스펙트럼으로부터 무효분의 동일한 스펙트럼으로 변환하는 것은 (2)식의 cos, sin항을 (3)식처럼 -sin, cos로 하여 치환하여 알고리즘을 구현하였다.

기준 신호 Ref의 기본파 스펙트럼 및 90° 앞선 스펙트럼은 직접 (2) 및 (3)식에 의해 산출할 수 있다. 이것을 X_{1Ref} 및 X_{2Ref}로 나타낸다. 이것에 의해 대지 누설전류의 유효분 I_{gr}, 무효분 I_X는 (4), (5)식으로 표현할 수 있다.

$$I_{gr} = \frac{|X_{1sig} + X_{1Ref}|^2 - |X_{1sig} - X_{1Ref}|}{4 \cdot |X_{2Ref}|} \tag{4}$$

$$I_X = \frac{|X_{1sig} + X_{2Ref}|^2 - |X_{1sig} - X_{2Ref}|}{4 \cdot |X_{2Ref}|} \tag{5}$$

그림 9.9는 I_{gr}의 연산 플로우차트를 나타낸다.

I_{gr}계측처리

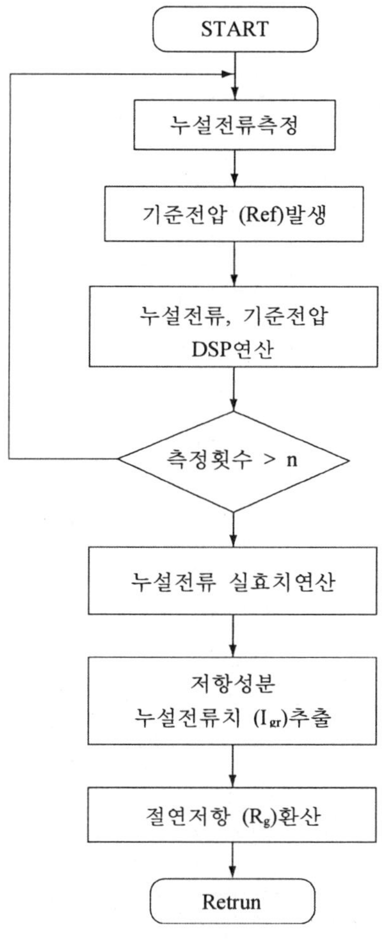

〈그림 9.9〉 연산 플로우차트

② 제어 프로그램

무정전 절연 계측장치의 Firmware 제어 알고리즘은 그림 9.10에서 보는 것과 같이 크게 설정모드부와 경보처리부, 그리고 디스플레이부로 구분한다.

a) Main Process

- 설정모드(설정키 입력)
- 교정모드(교정키입력)

- 경보처리
- 디스플레이(누설전류, 절연저항)

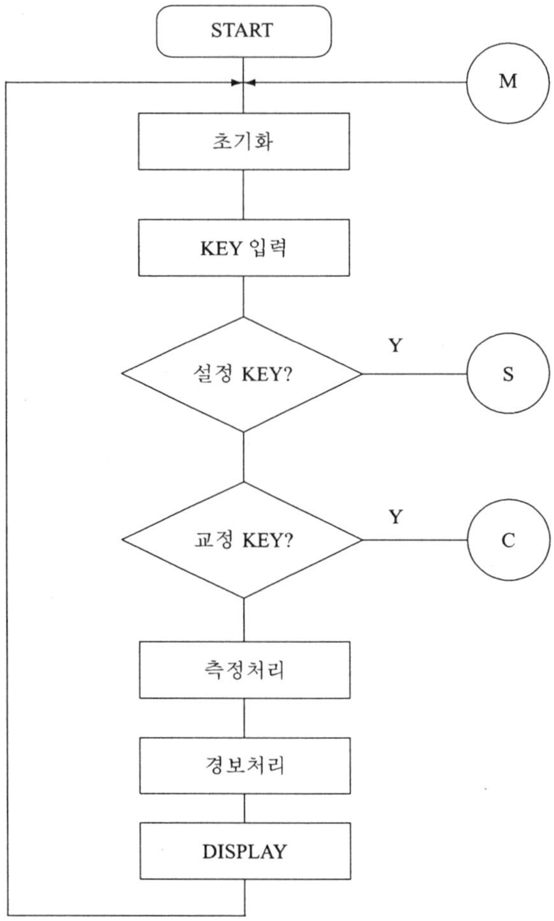

〈그림 9.10〉 Main Process 플로우차트

③ 사용자 MMI 및 통신 I/F

사용자 인터페이스 시스템의 주된 목적은 신호처리를 위한 Main Unit에 의해 처리된 데이터를 입력받아 사용자에게 그래픽 정보를 제공하는 컴퓨터 시스템으로서, 사용자에게 스크린 디스플레이나 또는 하드 카피 형태로 측정된 데이터에 접근할 수 있게 하는데 그 목적이 있다. 그것은 사용자가 I_{gr}계측 시스템을 현장에서 또는 원격에서 장치를 제어하고 감시할 수 있도록 해준다.

I_{gr}계측시스템의 MMI운용 프로그램은 웹 기반에서 원격으로 사용자와 하드웨어 사이의 인터페이스를 제공할 수 있도록 디자인하였다.

GUI 프로그램의 주된 기능으로서 어떤 임무를 수행하는 데 있어 사용자에게 친숙한 방법을 제공해 주기 위한 사용자 인터페이스와 명령 해석 및 수행을 담당하는 부분으로 나누어 설계된다.

현장 또는 원격에서 사용자의 명령 또는 지시가 사용자 인터페이스를 경유하여 제시되고 명령 해석기는 이를 해석한다. 해석된 명령은 수행해야 할 내용을 운용프로그램에 전달하고 운용프로그램은 명령을 실행하고, 필요할 경우, 메모리로부터 필요한 정보를 가져오는 구조로 설계된다.

I_{gr}누설 계측시스템 운용 프로그램은 제어와 set-up 명령뿐만 아니라 하드웨어 장치로부터 취득한 데이터를 전송, 제어, set-up 명령, 그리고 처리된 데이터를 수신할 수 있는 MMI기능을 갖추도록 구현된다. 또한 MMI프로그램은 다른 하드웨어 장치나 다른 컴퓨터 동작 시스템에 필요한 형태의 필요한 데이터로 변환을 수행할 수 있도록 설계한다.

a) MMI 화면구성

Web Browser를 이용하여 설치장소에 구애받지 않도록 원격에서 제어가 가능하도록 MMI(Man Machine Interface)를 개발하고, 누설전류, 전압, 전력 등의 계측 값이 누설 Data Logger를 통해 수집되도록 시스템을 구성한다.

- 일보, 월보, 년보 등의 절연 저항 측정일지 출력
- 경보출력 및 E-mail의 경보 메시지 전송
- 기간별 통계분석 자료 출력
- 절연상태 변화이력관리 출력
- RS-485 인터페이스
- TCP/IP 프로토콜 변환 회로 개발

사용자 MMI화면 구성은 다음과 같이 구분하여 설계한다.

• Main 화면
  - 전압, 전류, 전력

- 역률, 주파수, 불평형률
- %THD
- I_{gr}

• 절연상태
- 8채널
- 일반전등 절연회로
- 비상용회로
- 동력회로

• Trend Graph 및Trend 합성
• Trend 이력
• 경보설정 및 경보이력
• 일보, 월보 Report 출력

그림 9.11과 같이 MMI Main 화면에 전압, 전류, 전력, 역률, 주파수, %THD 등을 디스플레이 하는 프로그램 모듈로서 6개의 서브 모듈로 구성한다.

- Communication Manager Process
- Data Manager Process
- Event Manager Process
- GUI Manager Process
- DB Manager Process
- Report Manager Process

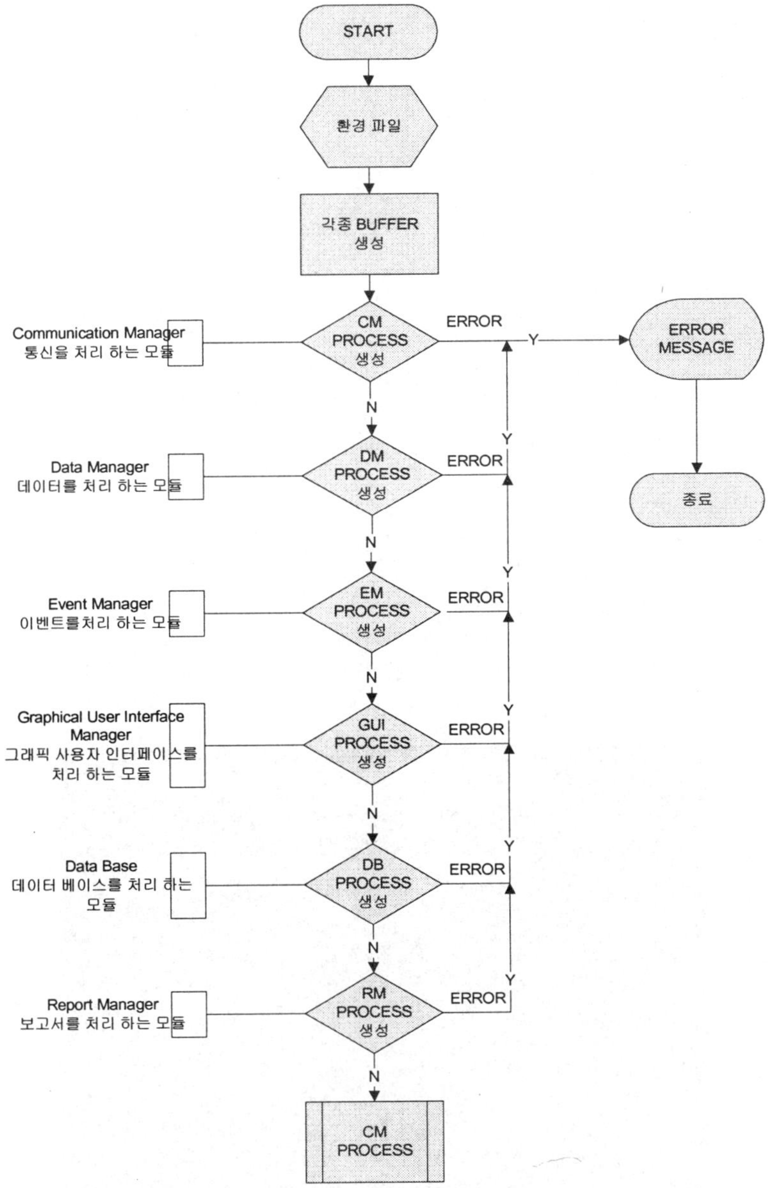

〈그림 9.11〉 Main Process Module 플로우차트

b) 사용자 인터페이스 조작

개발 장치의 단자를 통해 RS-232C의 통신방식으로 PC와 데이터 통신에 의해 상기한 조작보다 편리한 사용자 인터페이스가 가능하도록 화면을 구성하였다. 이 화면의 사용자 인

터페이스는 Windows환경에서 사용가능하며 각종 전력현황을 감시, 조작할 수 있도록 한다.

- 주 화면
- 8 채널 I_{gr} 표시 화면
- 누설전류Trend 표시 화면
- Trend 분석 표시 화면
- 이력 Load Profile 화면
- 경보이력 표시 화면
- 램프 및 부저상태 표시 화면
- 보고서 표시 화면
- 통신설정 모드표시 화면
- 계측결과 및 전력파라미터 표시

■ 주 화면

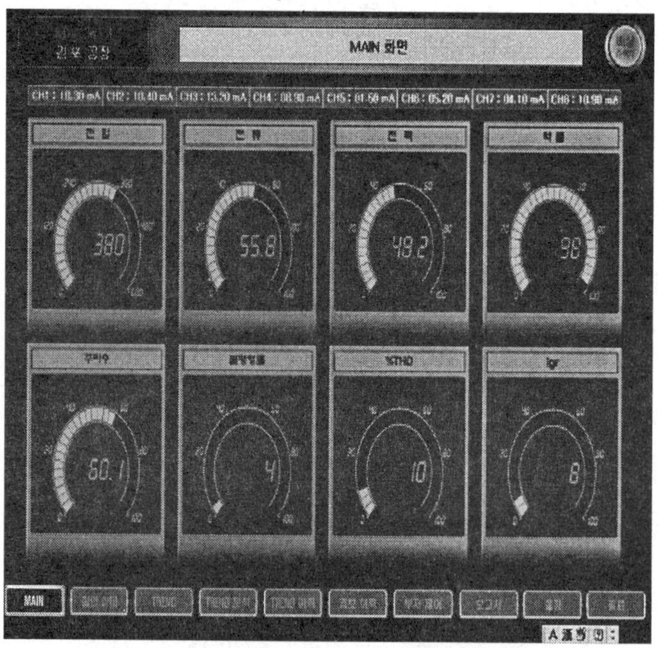

〈그림 9.12〉 주 화면

■ 채널 I_{gr} 표시 화면

〈그림 9.13〉 채널 Igr 표시 화면

■ Trend 분석 표시

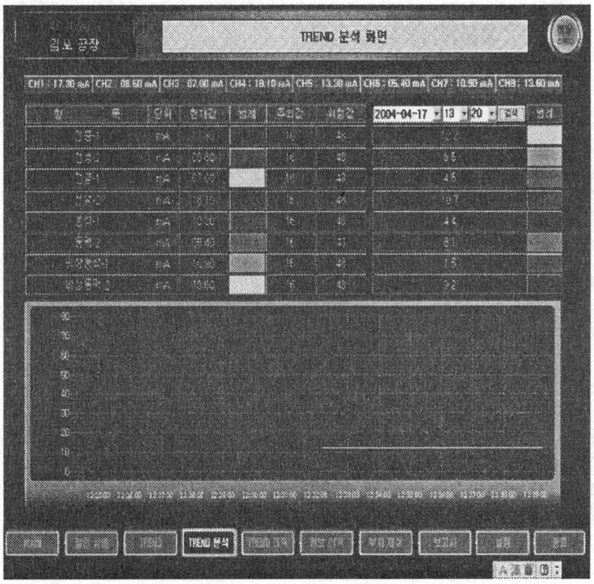

〈그림 9.14〉 Trend 분석 표시

■ 경보 이력 표시

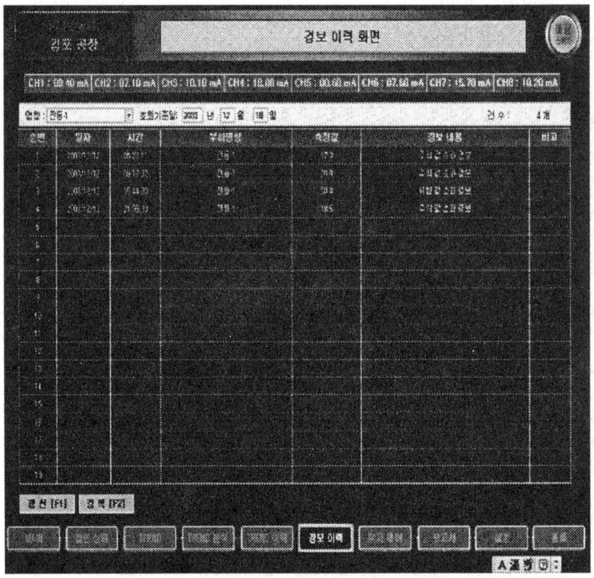

〈그림 9.15〉 경보 이력 표시

■ 램프 및 부저 제어 표시

〈그림 9.16〉 램프 및 부저 제어 표시

■ 보고서(일보, 월보, 연보) 표시

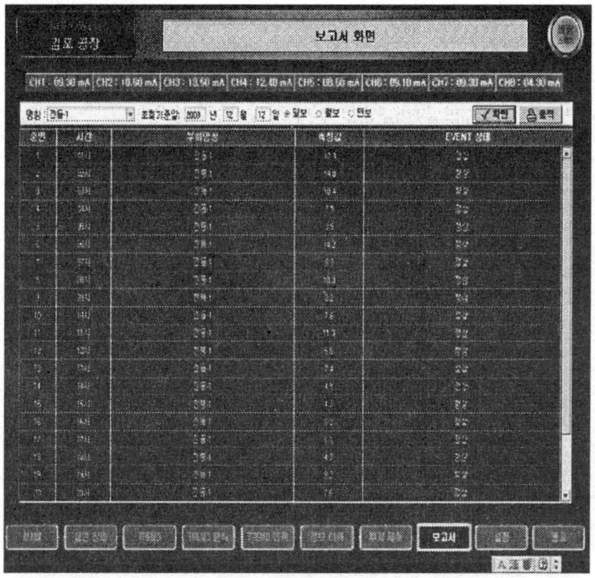

〈그림 9.17〉 보고서(일보, 월보, 연보) 표시

■ 통신 설정모드 표시

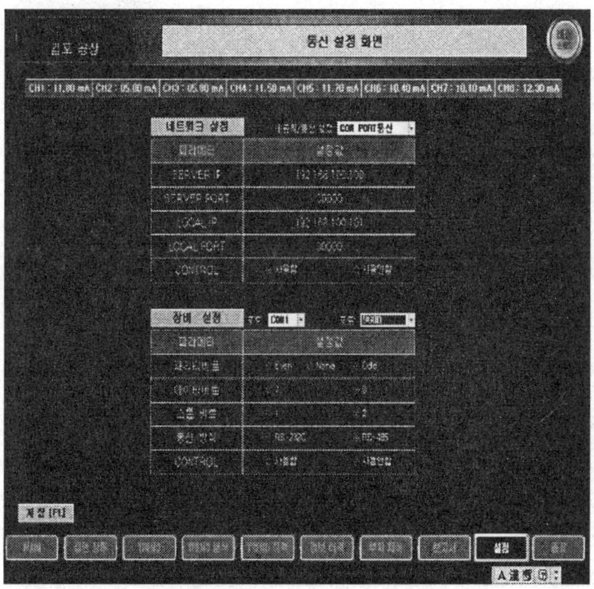

〈그림 9.18〉 통신 설정모드 표시

■ 누설전류Trend 표시화면

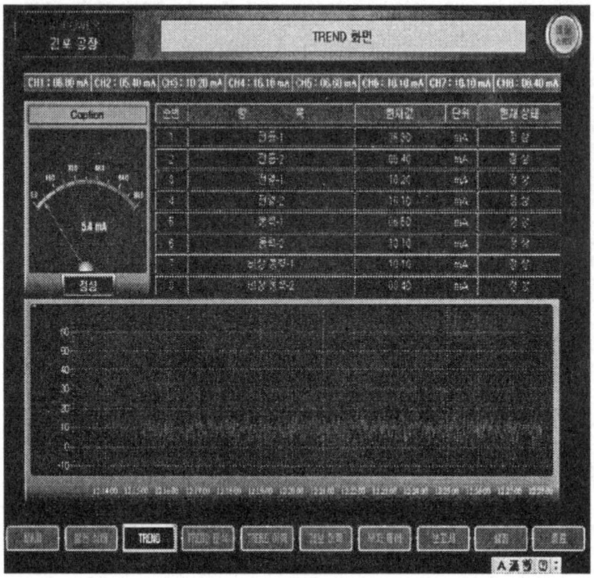

〈그림 9.19〉 누설전류Trend 표시화면

■ Trend 이력 Load Profile 표시

〈그림 9.20〉 Trend 이력Load Profile 표시

c) 웹 기반 네트워크 시스템 Configuration

㉠ 시스템 구성도

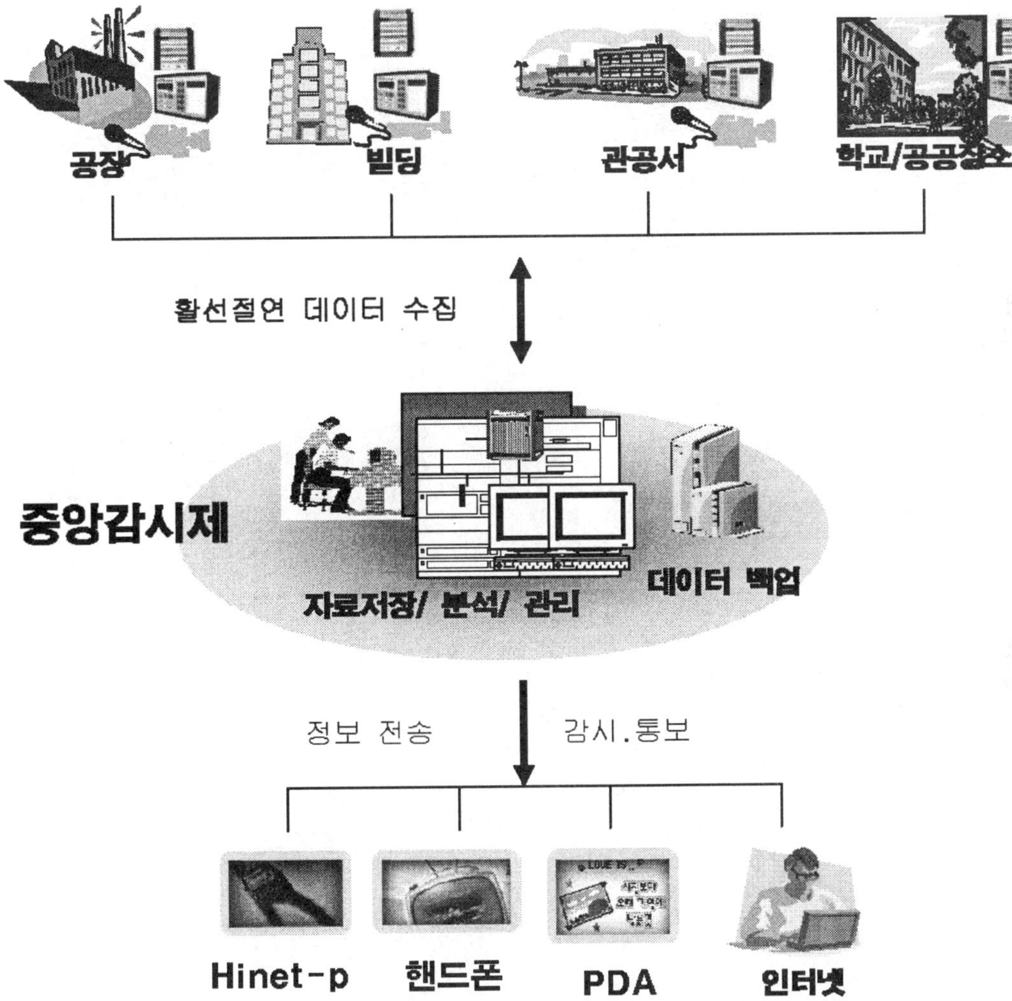

〈그림 9.21〉 웹 기반 네트워크 시스템 Configuration

- Web 기반 실시간 활선절연 상태 감시통보
- 데이터 전송, 백업, 자료화 실시간 지능프로그램 탑재
- 활선절연 정보 이력관리, 활선절연에 관한 개별, 통합 실시간 DB 구축

㉡ 네트워크 서비스 구성

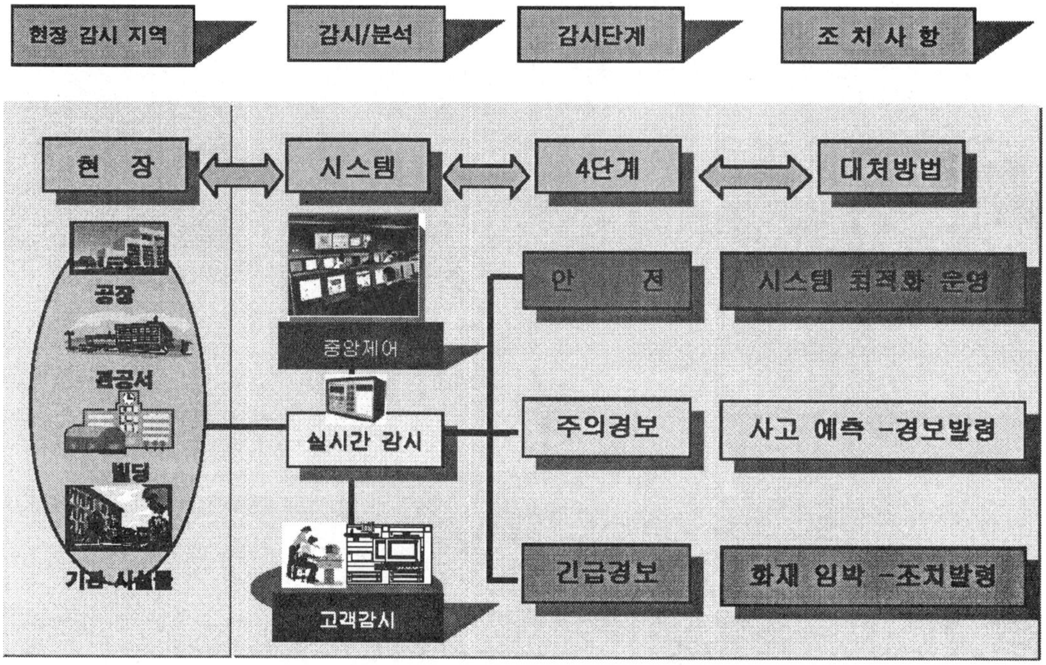

〈그림 9.22〉 네트워크 서비스 구성

- 기존의 절연 저항을 측정하기 위해 전원을 OFF 시키고 측정하는 기술과는 다른 시스템으로서 전원 차단 없이 전원이 투입된 상태에서 상시 절연 상태를 감시하는 시스템
- 실시간으로 절연 열화의 상태를 모니터링 감시하여 전력의 공급 신뢰성과 안정성을 위한 시스템

㉢ 웹 서버 구성 특징

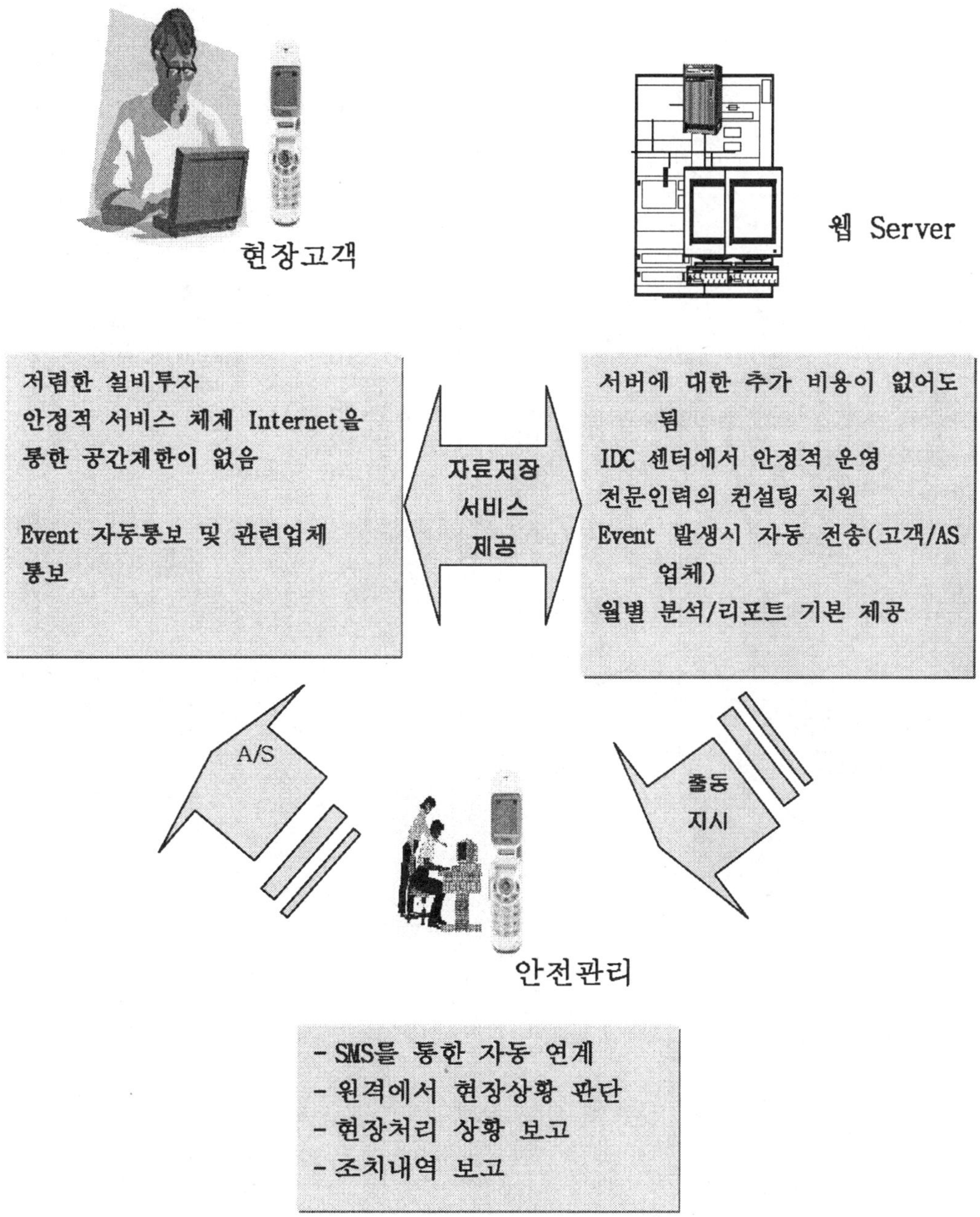

〈그림 9.23〉 웹 서버 구성 특징

㉣ 웹 서버 구성 특징

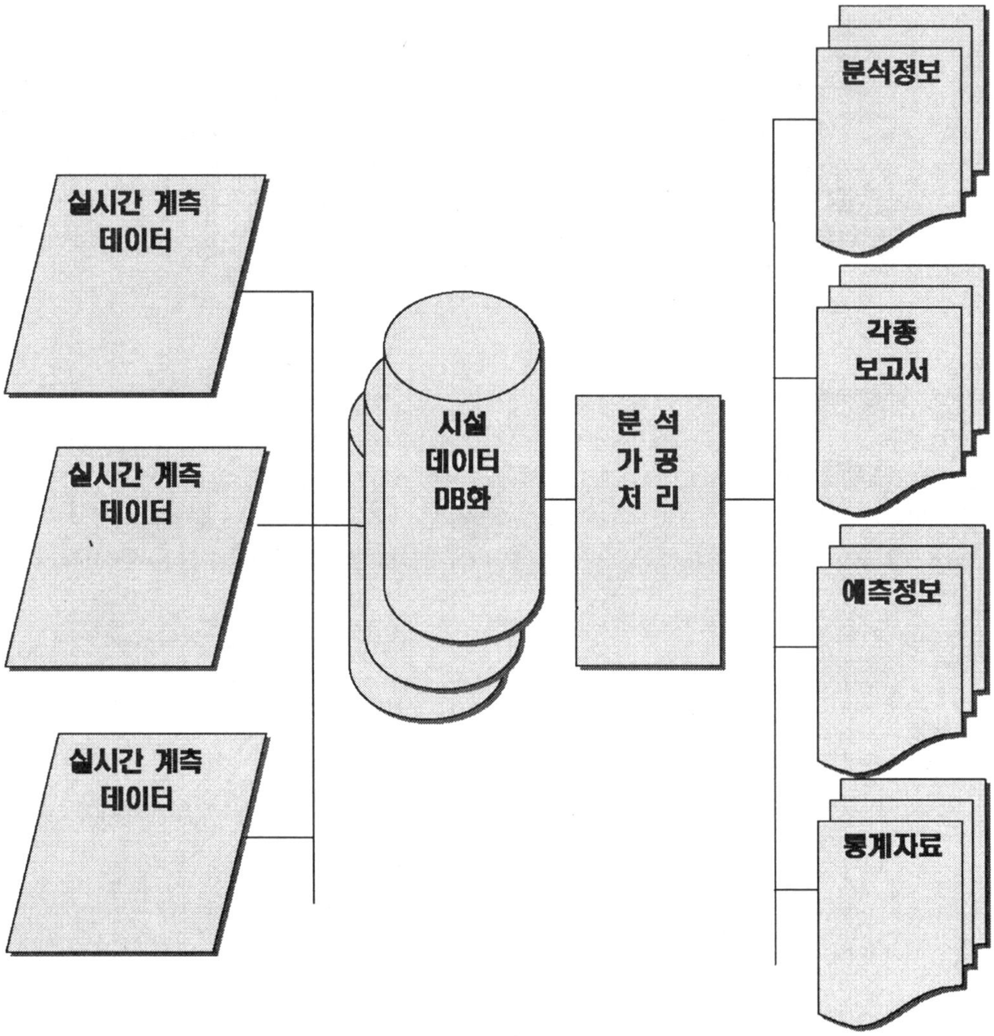

〈그림 9.24〉 웹 서버 구성 특징

현장에서 실시간으로 계측되는 절연저항에 대한 상태 값을 기반으로 하여 실시간으로 절연 열화의 상태를 모니터링 감시하고, 전력의 공급 신뢰성과 안전성뿐만 아니라 계측정보를 DB화하여 데이터를 분석함으로써 미연에 사고예방 및 사고분석에 활용

㉣ 데이터 처리 내부 흐름도

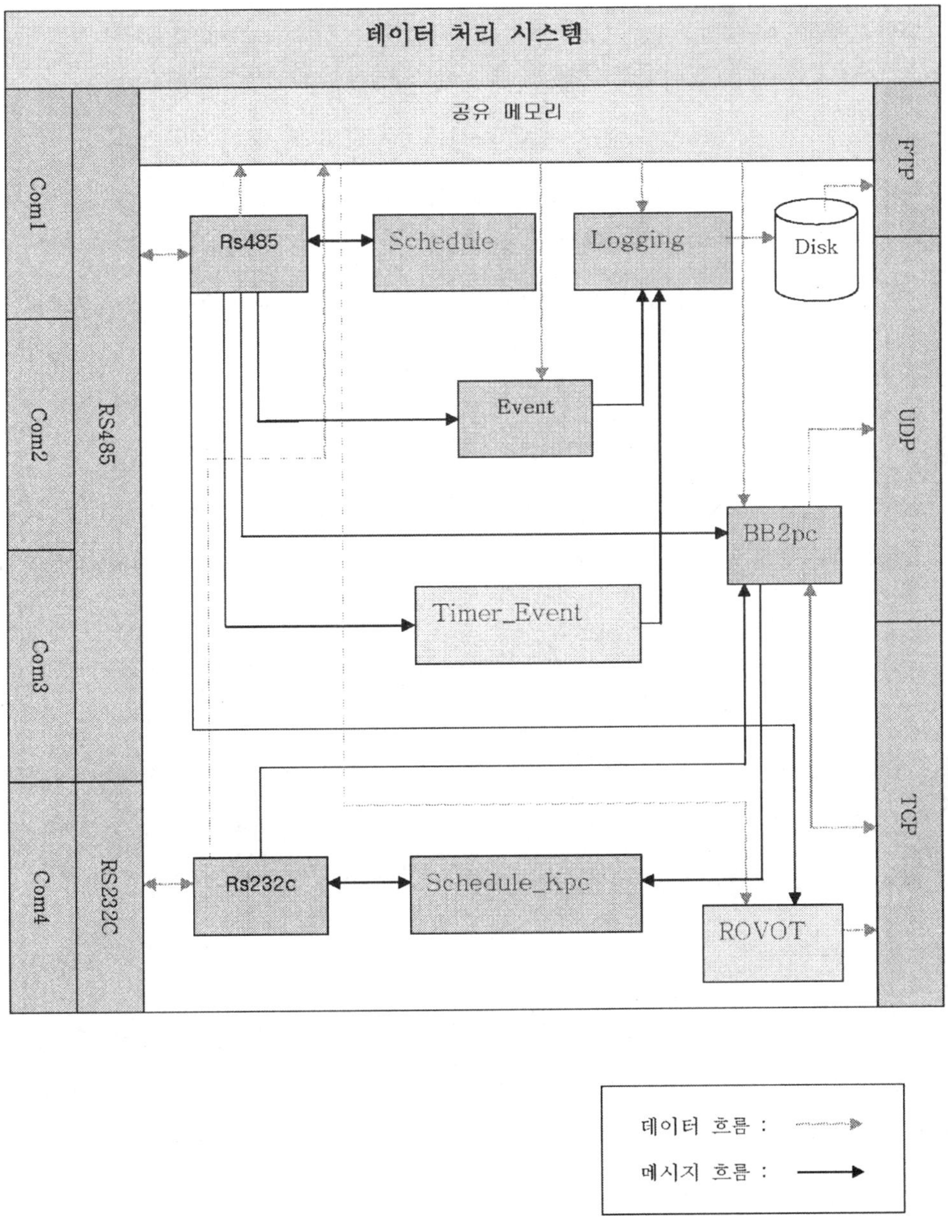

〈그림 9.25〉 데이터 처리 내부 흐름도

3. 활용 전망

1) 활용 분야

국내의 전기화재 및 감전사고는 해마다 많은 사상자와 경제적 손실을 초래하고 있고 이러한 재해는 사전에 예방이 될 수 있음에도 불구하고 국내의 경우 재해 예방에 대한 설치기준이 미흡하거나 감시기기의 오동작 및 불량사례가 증가하고 있는 실정이다.

전기화재 및 감전사고가 발생하는 주된 원인의 첫 번째는 절연열화 등에 의해 예상치 못한 곳에서 발생하는 누전이며, 절연열화가 되지 않아도 활선에 접촉하고 그때 누전에 의해 전기화재 또는 접촉된 사람이 감전되어 화상을 입는 재해로 진전되는 사례가 상당분 차지하고 있다.

본 기술은 주택, 건물, 산업용 공장 등의 전기 시설물에 대한 절연 열화의 경향을 파악하여, 전기공급의 신뢰성 확보 및 수시 점검에 의한 경비를 대폭적으로 절감시킬 수 있다.

운전 중인 전기설비를 무정전 상태로 상시 누설전류를 측정하여 정해진 값 이상의 누설전류가 흐를 경우, 신속한 조치를 취할 수 있도록 휴대전화나 이메일을 통해 관리자에게 이상상태를 알려주는 시스템이다.

저압전로의 통전회로를 최대 8회로까지 상시 절연감시가 가능하며, 측정하기 취약한 부분에 대해서도 원격으로 절연관리가 가능하게 된다.

복잡한 전기설비의 누전감시를 정기적으로 관리자가 직접 검사하는 정전시킨 상태의 검사와는 달리 본 시스템은 관리자가 원격으로 많은 수용가를 동시에 관리하여 누전의 조기징후 발견과 신속한 조치를 통한 전기사고 예방의 획기적인 기술이다.

2) 파급 효과

기존의 기술이 Off Line 상태에서 대지 정전 용량을 포함하는 영상 전류 방식의 절연 저항을 측정하는 반면, 본 기술은 기본적으로는 부하 Line에 흐르는 누설 전류를 샘플링 하여 얻어진 계측 값을 기초로 절연 저항에 흐르는 대지 절연 저항 전류 I_{gr}을 구한다. 이와 같이 본 시스템은 웹 기반에서 원격 감시/제어를 가능케 한 것으로 Line을 Off시키지 않고 절연 저항을 구한다. 이때 얻어진 절연 저항, 선전류, 각 상별 전압을 Local 계기에서 Display하고 통신 출력을 통해 원격지에서 측정 시 제어를 수행한다. 이러한 기술적 기반은 I_{gr}방식을 채용, 기존의 I_O방식의 결점인 누설 전류의 크기인 스칼라량 검출로 인한 정전 용량, 잡음, 그리고 손실 오차와 부동작 요인에 관한 한계를 I_{gr}방식의 채용으로 극복할 수 있어 절연 저항 측정에 대한 신뢰성과 안전성을 도모할 수 있다.

현재 국내에서 개발되어 제품이 출시된 사례는 없으며, 일부 업체에서 일본의 미도리, 토시바, 오므론 등에서 제품을 고가로 수입하여 현장에 일부 설치한 경우는 있지만, 아직 경제성, 신뢰성, 제도적인 인식 부족 등으로 제대로 정착하지 못하고 있는 실정이다.

3) 경제적 파급효과

최근 정보화의 진전, 산업의 고도화, 생활 환경의 다양화에 따라서 빌딩, 공장, 주택용 기기의 전자화와 시스템 인텔리전트화가 급속하게 발전하고 있어 전기 에너지에 대한 의존도가 매우 높은 상태이다.

따라서 부하설비 및 선로의 절연 열화로 인한 전기사고 발생 시 해당기기의 손상에 의한 손실은 물론이고, 정전에 의한 생산라인의 정지 및 컴퓨터 시스템의 다운 등을 동반하여 막대한 금전적 손실과 기업의 신뢰도를 약화시키는 등 많은 문제점을 발생시키고 있다.

전기설비 및 선로의 절연열화에 대한 사전 점검 및 진단은 전기사고 예방을 위하여 매우 중요하나, 정전을 동반하는 전기설비의 정밀 점검은 전기에너지에 대한 의존도가 높은 현실을 감안할 때 사실상 어려운 상태여서 무정전에 의한 상시 감시시스템의 도입이 절대적으로 필요하다.

본 기술은 On-line으로 상시 절연 상태를 감시함으로써 절연 열화의 경향을 파악하여 전력의 공급 신뢰성을 확보하는 것 외에 감시 데이터를 정기적으로 분석하여 에너지 절감뿐 만 아니라 대폭적인 경비 절감과 결부시키는 것이 가능할 것으로 기대된다.

또한 8채널의 다중 개소의 절연을 실시간으로 계측이 가능하여 신규 수요로 인한 국내 매출 확대와 수출 확대에 크게 기여할 것으로 기대된다.

본 기술을 접목함으로써 노동력의 절감 및 점검 비용의 대폭적인 절감과 자동화는 경제적 손실을 줄이는 파급 효과는 물론, 전기설비 보안관련 시장의 경제를 활성화시키는데 크게 이바지 할 것으로 예상된다. 또한 본 기술의 완료는 누전과 관련하여 국내 매출 확대와 수출 확대에 크게 기여할 것이며, 정보 공유와 데이터의 수치화로 전력관련 데이터베이스의 계량화를 추구할 수 있어 전력뿐만 아니라 관련 산업 분야에 상당한 파급효과를 가져올 것으로 예상된다.

Chapter 10 산업전자의 응용회로

산업전자 분야에 활용되는 몇 가지 응용회로에 대해서 학습함으로써 회로설계의 적응능력을 키우도록 한다.

10-1 DC 모터의 정속제어 회로

모터의 회전 속도를 자유롭게 설정할 수 있을 뿐만 아니라 어떤 값으로 설정하면 그 설정값에 따라서 정속도로 회전하는 제어회로이다.

모터의 회전속도 검출은 모터의 시프트에 타코 제너레이터(G)를 직결하고, 그 발전 전압으로 검출한다(타코 제너레이터란 일종의 소형 발전기이다).

그림 10-1의 $D_6 \sim D_9$, R_9 및 C_2는 타코 제너레이터의 발전 전압을 정류 · 평활하기 위한 것이다.

모터의 회전속도가 빠르게 되면 V_{01}은 상승하고, 느리게 되면 V_{01}은 저하한다. VR는 회전속도를 설정하기 위한 것으로서 OP 앰프는 검출 전압 V_{02}의 차를 증폭한다.

TR_1, TR_2, TR_3는 OP 앰프 출력의 전력 제어 회로이며 R_2 및 제너 다이오드 D_Z로

V_1의 값을 12[V]로 하고 있다. 그리고 $D_1 \sim D_4$ 및 C_1은 전원 정류회로를 구성하고 있다.

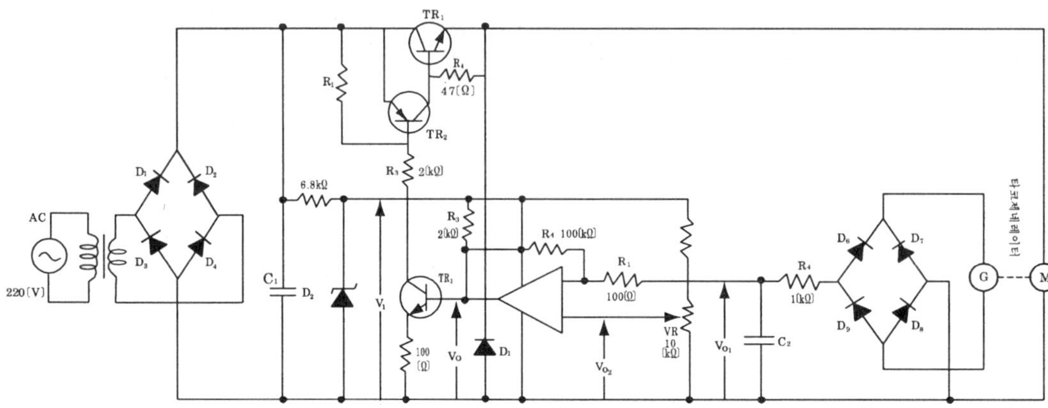

〈그림 10-1〉 DC 모터의 정속제어회로

- 회전속도가 설정값보다도 빠르게 되면 타코 제너레이터의 발전전압이 상승하여 V_{02}보다도 V_{01}의 축이 높게 된다.
- 회전속도가 설정값보다도 느리게 되면 타코 제너레이터의 발전전압이 저하하여 V_{02}보다도 V_{01}의 축이 낮게 된다.
- V_{01}, V_{02}의 값에 의하여 OP 앰프의 출력전압 V_0는 다음과 같이 된다.
  - 회전속도가 느리고 V_{01}이 V_{02}보다 낮은 경우에는 OP 앰프의 출력전압이 상승한다.
  - 회전속도가 빠르면 V_{01}이 V_{02}보다 높은 경우에는 OP 앰프의 출력 전압이 낮게 된다.
- 회전속도가 설정값에서 벗어나게 되면 다음과 같은 동작을 하여 속도가 수정되어 정속도 회전을 하게 된다.
  - 회전속도가 감소하여 OP 앰프 출력이 상승하면 TR_3의 베이스 전류가 증가하여 TR_3, TR_2, TR_1의 컬렉터 전류가 증가하고 모터에 흐르는 전류가 증가하여 회전 속도가 상승하는 방향으로 동작한다.
  - 회전속도가 증가하여 OP 앰프 출력이 저하하면 TR_3의 베이스 전류가 감소하여 TR_3, TR_2, TR_1의 컬렉터 전류가 감소하고 모터에 흐르는 전류가 감소하여 회전속도가 저하하는 방향으로 동작한다.

10-2 램프 자동점멸 회로

주위의 밝기를 검출하여 어두워지면 자동적으로 램프가 점등한다. 약간 밝기가 변동한 정도에서는 램프가 점멸을 반복하지 않도록 슈미트 트리거 회로가 이용되고 있다.[6)]

그림 10-2에서 교류 220[V]의 전압을 D_1에서 정류하고 D_Z, C_1, R_9에서 D_Z 양단에 10[V]의 직류 전압 V_{CC}를 얻고 있다. TR_1, TR_2, TR_3의 부분은 슈미트 트리거 회로를 구성하고 있다. TR_1의 이미터 전압은 TR_2가 OFF일 때 10[V]의 전압을 R_2, R_3, R_4로 분할한 값으로 되어 있다.

주위가 어둡게 되면 CdS의 저항이 크게 되어 CdS 양단의 전압강하가 크게 되어서 TR_1이 ON이 된다.

TR_1이 ON이 되면 R_5에서의 전압 강하로 TR_3가 ON이 되며, TR_3가 ON이 되면 R_7의 전압 강하로 트라이악이 ON이 되어서 램프가 점등한다. 또한 TR_3가 ON이 되면 TR_2도 ON이 되고 R_2에서의 전압 강하가 0이 되어서 TR_1의 이미터 전위가 상승하여 이 상태가 유지된다. 그리고 주위가 약간 어둡게 되어도 램프는 소등하지 않게 된다. 주위가 어느 정도 밝게 되면, CdS의 저항이 적게 되어 TR_1의 이미터 전위보다도 베이스 전위의 측이 높게 되어, TR_1, TR_3, TR_2의 순서로 OFF됨으로써 램프는 소등한다.

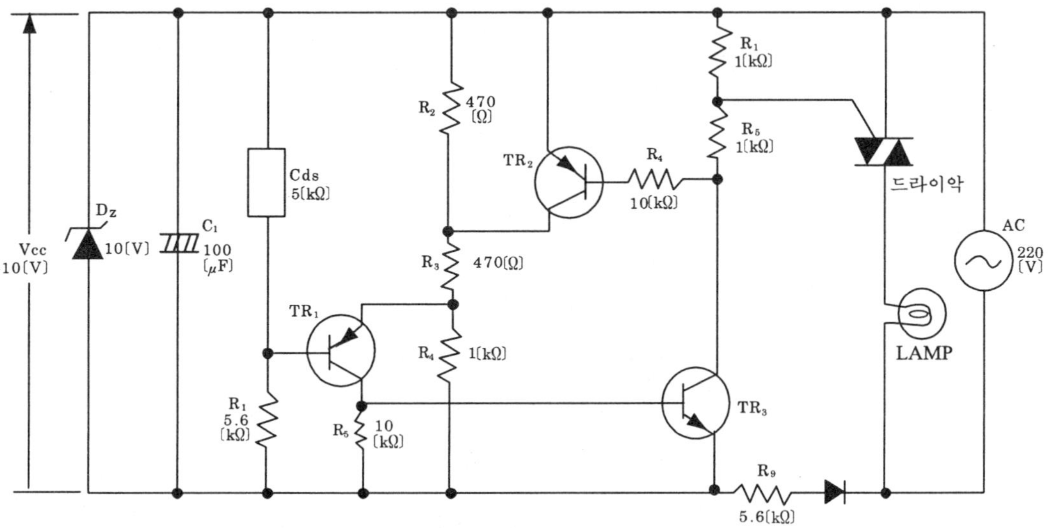

〈그림 10-2〉 램프 자동점멸회로

10-3 입력 판정 회로

입력전압에 따라서 그 크기를 판정하며, 다음과 같이 각각의 LED를 점등 표시한다.[6)]

- $V_1 < V_{S1}$: LED_1이 점등
- $V_{S1} < V_1 < V_{S3}$: LED_2이 점등
- $V_1 > V_{S3}$: LED_3이 점등

OP 앰프는 각각 10[V]의 단일 전원으로 동작시키고 있다. OP 앰프는 각각 비교기로서 사용하고 있다. V_{S1}, V_{S2}, V_{S3}의 값은 각각 다음과 같이 된다.

$$V_{S1} = \frac{R_2}{R_1 + R_2} V_{CC} = 1[\mathrm{V}]$$

$$V_{S2} = \frac{R_4}{R_3 + R_4} V_{CC} = 1[\mathrm{V}]$$

$$V_{S3} = \frac{R_6}{R_5 + R_6} V_{CC} = 5[\mathrm{V}]$$

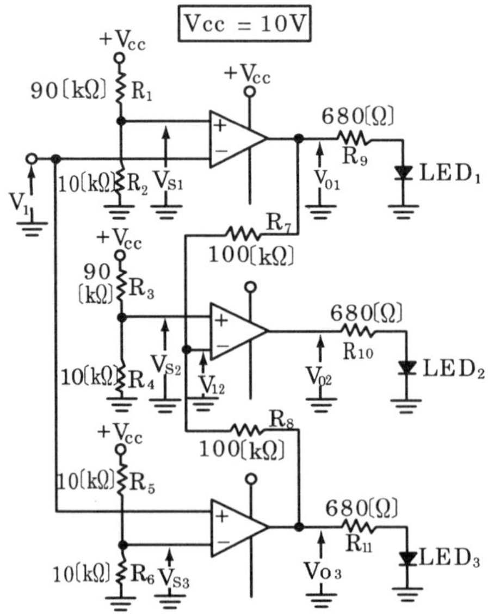

〈그림 10-3〉 입력 판정회로

V_1가 $V_{S1} = 1$[V]보다 낮을 때는 V_{01}, V_{02}가 각각 다음과 같이 되어 LED_1이 점등하고 LED_3는 점등하지 않는다. 그리고 $V_{01} = +10$[V], $V_{02} = 0$[V]가 되면 V_{12}의 값이 다음과 같이 되어 V_{02}의 값도 0[V]가 되므로 LED_2도 점등하지 않는다. 즉, V_1가 1[V]보다 낮을 때에는 LED_1만이 점등하게 된다.

$$V_{12} = \frac{R_8}{R_7 + R_8} V_{01} = 5[V]$$

동일하게 이 다음의 상태일 때는 각각 다음의 LED가 점등하게 된다.

● $V_{S1} < V_1 < V_{S3}$일 때 : $V_{01} = 0$[V], $V_{03} = 0$[V], $V_{02} = 10$[V]→ LED_2만 점등

● $V_1 > V_{S3}$일 때 : $V_{01} = 0$[V], $V_{03} = 10$[V], $V_{02} = 0$[V]→ LED_3만 점등

10-4 사진현상기의 노출시간 제어

그림 10-4에서 스위치 S를 넣은 후 일정 시간에만 램프가 점등하고 감광지를 빛에 노출시킨다. 노출 시간은 자유롭게 설정할 수 있다.[6)]

가변저항 VR를 변화하여 콘덴서의 충전속도를 변화시키는 것에 의하여 노출시간을 조정할 수 있게 스위치 S를 넣으면 TR_2가 ON이 되어서 릴레이가 구동되어, 램프가 점등한다. 그리고 일정 시간이 경과하면 TR_1이 동작하여 TR_2가 OFF가 되고 램프는 소등한다.

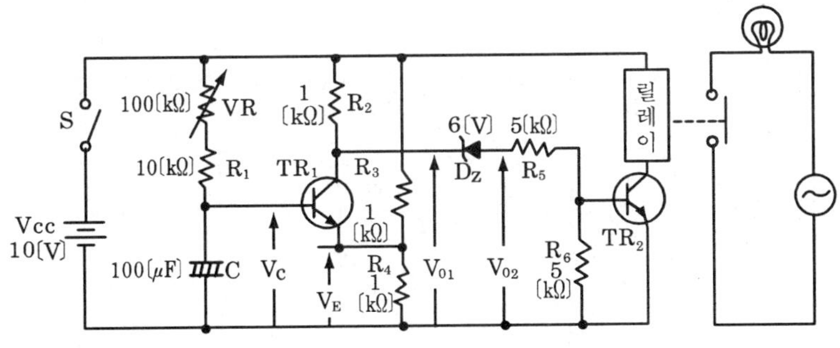

〈그림 10-4〉 사진현상기의 노출시간 제어회로

- 스위치 S를 넣으면 VR, R_1을 통하여 콘덴서가 충전되어 간다. 그러나 초기의 단계에서는 콘덴서가 아직 충전되어 있지 않아서 TR_1은 OFF를 지속한다.
- 따라서 스위치를 넣었을 때는 V_{01}이 약 10[V]가 되어 TR_2가 ON이 되어서, 릴레이가 구동되고 램프가 점등한다(제너다이오드에는 6[V]의 것을 사용하고 있으므로 V_{01}이 10[V]일 때는 V_{02}는 4[V]가 된다).
- 그 후, 시간의 경과에 따라서 콘덴서가 충전되어 V_c의 값이 TR_1의 이미터 전압 V_E보다 크게 되면 TR_1의 컬렉터 전류가 흘러서 V_{01}이 저하한다.

$$TR_1\text{의 이미터 전압 } V_E\text{는 } V_E = \frac{R_4}{R_3+R_4} V_{CC} = 5\,[\mathrm{V}]$$

- V_{01}이 저하하면 TR_2의 베이스 전류가 흐르지 않게 되어 TR_2가 OFF가 되고, 릴레이가 구동되지 않게 되어 램프가 소등한다.

10-5 과전류 보호 DC 안정화 전원

정류 출력전압 V_1이 변동하여도 일정 전압의 안정된 직류전압이 얻어지는 회로로써, 부하 회로에 이상이 생겨 부하 전류 I_L이 너무 크게 되면, 자동적으로 출력전압이 0[V]가 되어 과전류가 흐르는 것을 방지한다.[6)] 그림 10-5에서 다이오드 $D_1 \sim D_4$, 콘덴서 C_1 및 변압기 T는 전원 정류회로이고 R_1, D, TR_1, TR_2는 전압 안정화 회로이다. TR_3, R_3, R_2, SCR_1은 과전류 보호회로이다.

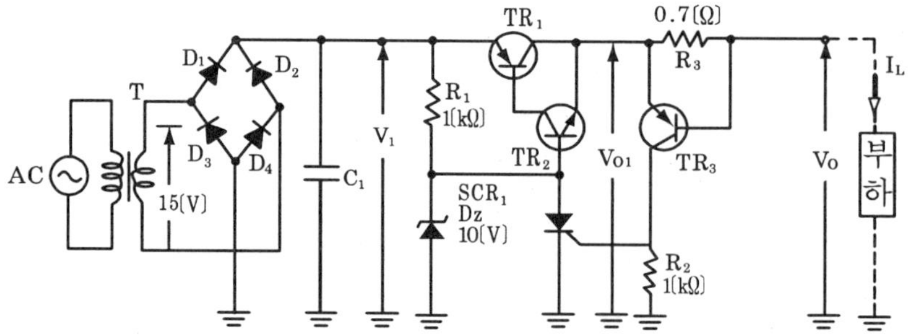

〈그림 10-5〉 과전류보호 DC 안정화 전원회로

- 제너다이오드의 전압이 10[V]이므로 출력 전압 V_{01}은 부하 전류 I_L에 관계없이 $V_{01} = 10 - V_{BE2} = 9.3$[V]로 된다.
- V_{01}이 9.3[V]보다 낮게 되면 TR_2의 베이스 전류가 증가하고, TR_2, TR_1의 컬렉터 전류도 증가하여 출력 전압이 상승하는 방향으로 동작한다.
- 또한 V_{01}이 9.3[V]보다도 높게 되면 TR_2의 베이스 전류가 감소하고, TR_2, TR_1의 컬렉터 전류도 감소하여 출력전압이 저한다.
- R_2의 값은 작고, 보통의 부하전류에 의해서는 거의 전압강하가 생기지 않으므로 출력전압 V_0는 9.3[V]가 된다.
- 부하전류 I_L이 부하 이상으로 매우 크게 되어 1[A] 정도 이상이 되면 R_2에서의 전압강하가 0.7[V] 이상이 되어 TR_3, SCR_1이 ON이 된다. SCR_1이 ON이 되면 제너다이오드 양단의 전압이 약 0[V]가 되어 TR_2, TR_1을 OFF로 하여 출력전압을 거의 0[V]로 한다.
- 그리고 SCR_1이 ON이 되었을 때, R_1을 통하여 SCR_1을 흐르는 전류의 값을 유지 전류값 이상으로 해 두면 SCR_1은 ON 상태가 유지된다. 따라서 출력전압이 0[V]가 되어 R_2에서의 전압강하가 없게 되어도 출력전압은 0[V]를 유지한다.
- 부하전류를 1[A] 이상 흐르지 않게 한다. 전원을 한 번 차단하여 SCR_1을 OFF로 하고 재차 ON으로 하면 원래의 상태로 되돌아간다.

10-6 스트립(STRIP) 팽창 제어기[2)]

산업체에서는 종이나 또는 엷게 제조된 물질을 이동시키는 공정이 많이 있다. 예로서 열처리나 전기도금이 있고 또한 얇고 가느다란 철판의 세척이나 얇고 가느다란 플라스틱의 마무리 작업, 종이의 건조 등이 있다. 이와 같은 작업은 작업을 하는데 중요한 것은 각 제품이 적당한 팽창을 갖도록 하는 것이다. 팽창이 너무 크면 제품이 늘어나거나 모양이 변형되고 또는 절단될 가능성이 있다. 팽창이 너무 크면 제품이 늘어나거나 모양이 변형되고 또는 절단될 가능성이 있다. 이와 반대로 팽창이 작으면 제품이 구부러지게 되고 윤전기에서 제품이 엉키게 된다.

가늘고 엷은 제품의 팽창은 기계의 리딩 롤(leading roll)이나 폴로잉 롤(following roll)의 속도에 맞게 조절되도록 제어되어야 한다.

그림 10-6(a)는 플로잉 롤의 속도가 리딩 롤의 회전 속도에 따라 증감하도록 되어 있다.

리딩 롤의 회전 속도는 그림 10-6(b)에서 보는 것과 같이 두 개의 원추형 도르래에 있는 벨트의 위치를 변경시켜서 조절하도록 되어 있고, 회전자인 전동기는 양쪽에 축이 있는데 한쪽 축은 롤이 규정속도로 회전할 수 있도록 폴로잉 롤에 연결되어 있고, 다른 한 쪽 축은 롤이 규정속도로 회전할 수 있도록 폴로잉 롤에 연결되어 있다. 다른 한 쪽 축은 원추형 도르래 A에 연결되었다.

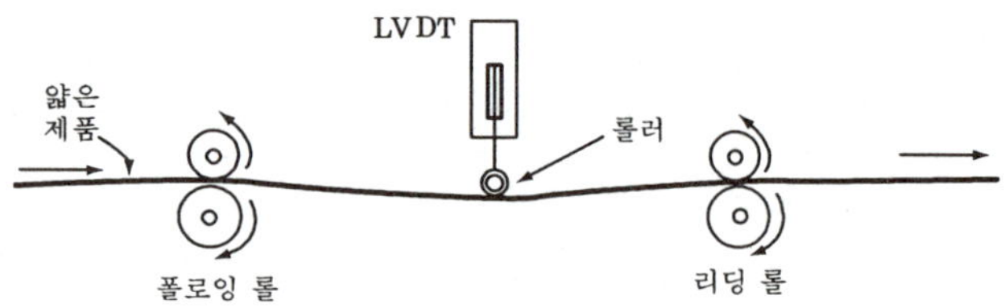

(a) 제품의 팽창 정도를 제어회로에 공급하는 전달기 LVDT

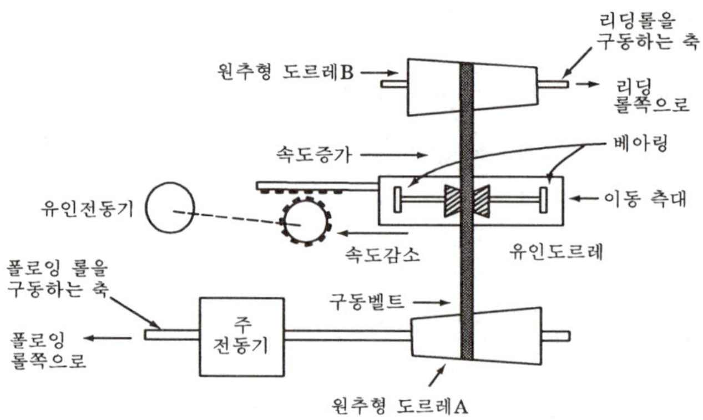

(b) 리딩롤의 속도를 제어하는 기계장치

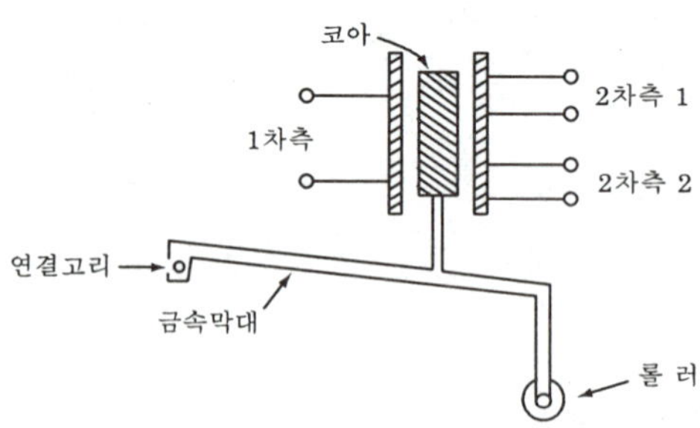

(c) LVDT 감지기의 상세도

〈그림 10-6〉 가늘고 두께가 얇은 제품들의 팽창을 제어하는 제어기

그림 10-6(a)와 (c)에서 보는 것과 같이 LVDT(Linear Variable Differential Transformer)는 제어회로에 제품의 팽창정보를 제공하는 일종의 전달기이다. LVDT의 코아는 스프링 같은 금속막대와 연결되어 있고 제품 위에 얹혀 있는 롤러(roller)에 의해서 코아가 상하로 이동하게 되어 있다. 만약 제품의 팽창이 증가하면 제품이 팽팽해지기 때문에 자연적으로 LVDT의 코아는 상승하게 된다. 이와 반대로 제품의 팽창이 감소하면 제품이 느슨해져서 롤러가 하강하여 LVDT의 코아도 하강한다. 이와 같은 이유로 해서 LVDT의 2차 권선의 출력전압은 제품의 팽창을 가리키게 된다.

그림 10-7은 전자제어 회로도이다. LVDT의 구조는 코아가 중앙에 위치할 때 제품의 팽창 눈금이 중앙에 놓이도록 하였으며 눈금이 중앙을 지시할 때가 적절한 팽창을 나타낸다. 이와 같이 코아가 중앙에 놓일 때 두 개의 2차측 권선전압은 서로 같아진다($V_{S1} = V_{S2}$).

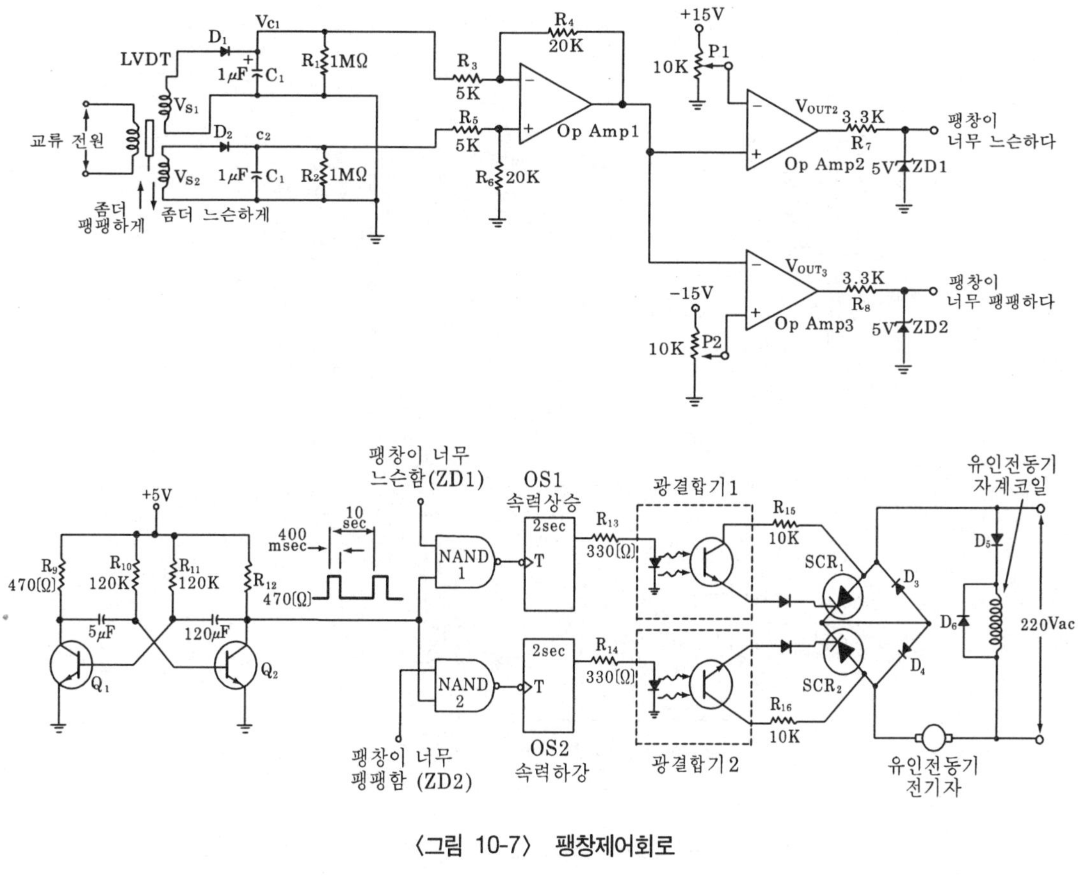

〈그림 10-7〉 팽창제어회로

만약 제품의 팽창이 좀더 팽팽하면 V_{out1}은 (−)의 직류전압이 되고 제품의 팽창이 느슨하면 V_{out1}은 (+)의 직류전압이 된다는 것을 알 수 있다. V_{out1} 전압은 느슨한지 결정하는 어떤 결정함수를 갖고 있다. 즉 어떤 규정 팽창보다 팽창의 차이가 있을 시는 팽창수정 동작을 취하게 한다. OP AMP 2는 팽창이 규정값보다 느슨한 것을 검사하는 비교기이고, OP AMP 3은 팽창이 규정값보다 팽팽한 것을 검사하는 비교기이다.

10-7 터치 스위치[19)]

터치 스위치란 손가락 끝으로 닿기만 하면 작동하는 전자 스위치의 총칭이다. 터치 스위치에는 터치판이 있고 여기에 손가락 등이 닿는 것을 검출하여 전자회로를 동작시킨다. 터치판에 손이 닿는 것을 전기적으로 검출하는 방법으로는 그림 10-8(a), (b), (c)와 같은 방법이 있다.

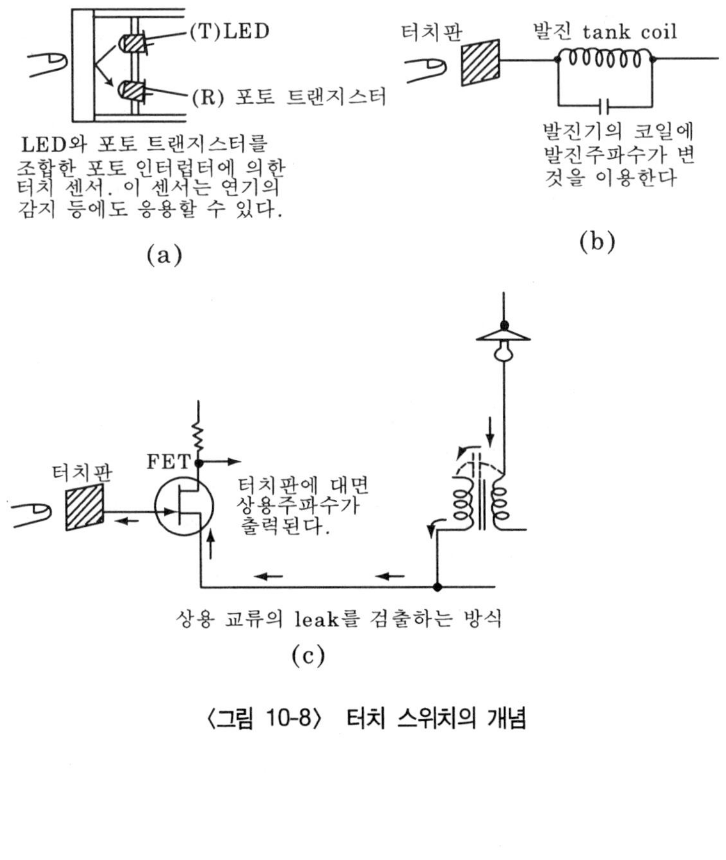

〈그림 10-8〉 터치 스위치의 개념

그림 10-8(a)는 포토 인터럽터를 사용한 것으로서 접근 또는 닿은 손가락으로부터의 반사광의 변화를 검출하는 것으로 안정하고 고감도로 작동하지만 인터럽터의 마운트와 터치판의 구조나 재료에 광학적 배려를 필요로 한다.

그림 10-8(b)는 자동발진기의 tank coil에 손가락이 닿으면 발진주파수가 변화하는 것을 tone decoder 또는 discriminator로 검출하여 스위치를 작동시키는 방법이다. 이 방법은 그림 10-8(a)와 같이 터치판에 직접 닿지 않아도 접근하는 것만으로 동작하는 이점이 있으나, 오동작을 일으키기 쉬운 점과, 주위에 미약하지만 EMI(전자방사 방해)를 일으킬 염려가 있는 등의 결점이 있다. 그림 10-8(b)의 방법을 채용하여 핸드백과 같은 형태로 정리하여, 도어 노브의 실내 쪽에 매달아 놓고 문 밖의 노브에 손이 닿으면 경보가 울리도록 할 수 있다.

그림 10-8(c)는 FET 등으로 구성한 고입력 임피던스, 고이득인 앰프의 입력이 약간의 유도전류에도 감지하는 점을 이용하여 터치판에 손가락을 댄 사람의 몸을 통하여 극히 미약한 사용 교류의 누설전류가 앰프의 전원으로부터 용량저항적으로 접지로 흐르는 변화를 증폭하여 스위치를 작동시키는 방법이다.

10-8 스위치 회로

여기서 터치 스위치는 on과 off의 2입력과 1개의 출력선을 갖는다. on의 터치판에 손가락을 대면 출력이 발생한다. 터치판에 입력이 있는 것을 검출하여 전자적으로 스위치 동작을 일으키는 주요부에는, CMOS 게이트 IC MSM501RS를 사용한다. 이 게이트의 논리 기능은 2입력 NAND 게이트이다. 2입력 NAND는 입력 A, B가 모두 H일 때만 출력 Y가 L로 되고, 그밖의 입력 상태에서는 출력은 모두 H로 된다. MSM501RS는 1패키지 속에 독립된 NAND가 4개 들어간다.

지금 2개의 NAND를 그림 10-9와 같이 접속할 때 입력에 대한 출력의 모양을 생각하여 보자. NAND1의 입력 A는 2.2MΩ의 고저항을 통해 GND(접지)로 떨어뜨려 L의 논리 상태를 유지한다.

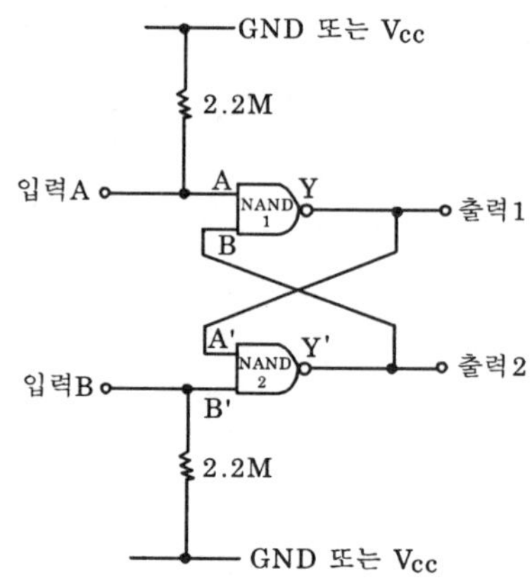

〈그림 10-9〉 Flip-Flop 회로

이때 입력 A에 터치했다고 하자. C-MOS 게이트는 FET로 만들므로 그림 10-8(c)에서 설명했듯이 상용교류의 누설전류가 입력 A를 통하여 인체로 흘러 순간적으로 이 입력은 H로 올라간다. 그러면 NAND1의 출력 Y는 그때까지의 H에서 L로 떨어지고, 이것과 연결된 NAND2의 A′의 입력도 L이 되므로 NAND2의 출력 Y′는 H, 이것과 연결된 NAND1의 B입력은 H로 올라간다. NAND1의 출력 Y는 L로 고정되어, 이후 터치판에서 손가락을 떼어도 회로는 이 상태를 계속 유지한다. NAND2의 입력 B에 대면, 회로는 이와 반대의 동작을 하여 NAND1의 출력 Y는 H로 돌아온다. 2개의 NAND는 이와 같이 동작을 하고 스위치로써 동작한다.

디지털 회로에서 이 스위치 회로는 자주 사용되고 RS 플립플롭이라는 이름으로 불리고 있다.

C-MOS의 H출력은 극히 적은 전류 용량밖에 없기 때문에 스위치로서 실용하는데는 트랜지스터로 전류를 증폭하여 릴레이를 구동하는 등의 방법을 취할 필요가 있다.

1. C-MOS 앰프

MSM501 RS는 전술한 바와 같이 4개의 NAND를 내장하고 있다. RS 플립플롭에 2개를 사용하고 남은 NAND로 앰프를 구성하여 플립플롭의 입력으로 1개씩 앞에 놓으면 스위치의 감도를 보다 높게 할 수 있다.

디지털 IC의 입출력 특성은 그림 10-10과 같이 H나 L 중의 어떤 한 쪽의 상태밖에 취하지 않으므로 그대로는 앰프로서 쓸 수 없으나, 입력에 전원 전압 V_{CC}의 약 1/2의 바이어스를 걸어 동작점을 그림의 P로 가져오면 고감도의 앰프로 동작한다. 이때 전원에서 직접 저항으로 입력에 바이어스를 하지 않고 출력으로부터 입력으로 귀환을 거는 형태로 바이어스를 걸면 게이트의 전기적 특성의 분산 등에 관계없이 항상 자동적으로 동작점을 P점으로 유지할 수 있다. NAND는 2개의 입력을 함께 붙여 인버터로 동작시킨다.

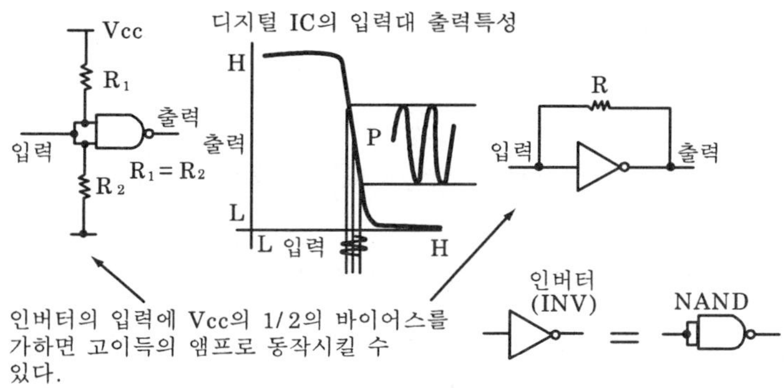

〈그림 10-10〉 인버터 게이트로 만드는 앰프

2. 터치 스위치 회로

앰프를 앞에 놓은 플립플롭을 주체로 구성한 터치 스위치의 회로를 그림 10-11에 나타낸다. 릴레이 구동 트랜지스터 2SC1645는 달링턴 트랜지스터로, 이것은 C-MOS 게이트의 출력에 큰 부하를 걸지 못하기 때문이다. 회로도에는 IC의 전원, 접지의 배선을 기입하지 않았지만, 핀 7을 전원전압 V_{CC}, 핀 14를 접지에 접속한다.

MSM501RS는 다른 같은 기능을 갖는 IC, 예를 들면 모토롤러의 14011,RCA의 4011 등과는 전원과 접지 핀 배치를 정반대로 하여 MSM501RS와 그대로 바꿀 수 있다.

실장상의 주의점으로 터치 스위치는 기계적인 스위치처럼 소리가 나는 반응도 없어 조작한다는 실감이 부족하므로 스위치가 on인지 off인지 현재의 상태를 나타내는 램프 표시기가 필요하다. 또 입력부의 감도가 높으므로 터치판이 유도를 받지 않도록 배치할 것과 터치판까지의 배선은 될 수 있는 한 짧게 하고 또한 실드(shield)를 하는 점이 중요하다. 터치판은 고절연 재료상에 동판, 알루미늄판 등을 접착하여 구성하는데, 프린트 기판을 적당한 크기로 잘라 사용해도 좋다.

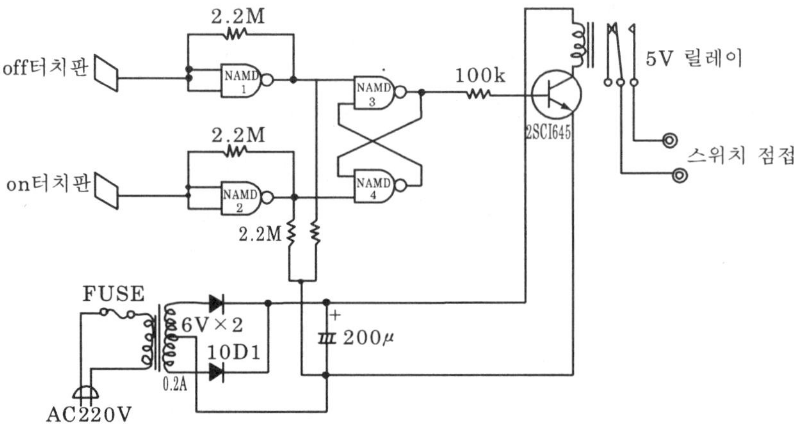

〈그림 10-11〉 터치 스위치의 전 회로도

사용한 IC와 트랜지스터의 핀 접속을 그림 10-12에 나타낸다.

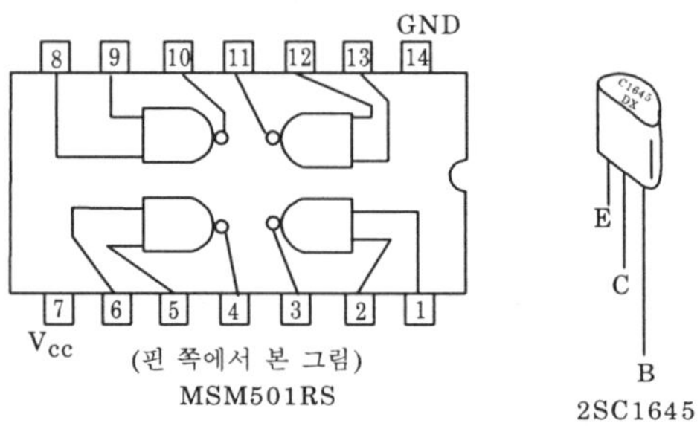

〈그림 10-12〉 사용한 IC와 트랜지스터의 외관

10-9 휴대용 보안 경보회로[33)]

그림 10-13은 휴대용 물건을 보안시키기 위한 회로이다.

보호되는 물건들은 금속제 상자나 손잡이를 갖는 것이어야 하고 상자나 손잡이는 만지기 쉬운 곳에 위치해야 한다.

트랜지스터 Q1과 여기에 관련된 부품들은 발진기 회로를 구성한다. 이 발진기의 출력은 다이오드 D1, D2에 의해 트랜지스터 Q2에 연결되기 전에 정류된다. 이 트랜지스터는 본래는 전기적인 스위치 역할을 한다. 정상적으로 트랜지스터 Q2의 컬렉터는 SCR인 Q3의 게이트와 연결되어 영 전위(0V)에 가까운 전위 값을 가진다. 이것은 SCR을 꺼지게 하여 도통되지 않게 하고 버저(BZ1)에는 어떤 전압도 가해지지 않는다.

발진기(Q1)의 출력단에는 외부 연결점이 있다는 것을 명심해야 한다. 문 손잡이나 보호할 장비의 금속제 상자나 손잡이는 이 부분에 연결된다. 특별히 배터리가 전원으로 사용된다하더라도 이점에는 어떤 전기적인 충격의 위험도 없다.

신체는 하나의 커패시터의 역할을 한다. 이 현상을 종종 핸드 커패시터라고 부르는 데, 만일 어떤 사람이 보호되는 문 손잡이를 만진다면 그 사람의 핸드 커패시턴스는 발진기 회로를 동작시켜 그 영향으로 그 출력 신호를 제거시킨다. 이것은 스위치 트랜지스터 Q2를 끄게 한다. SCR(Q3)의 게이트는 더 이상 Q2를 통해 영 전위에 머무르지 않게 되고, 대신 전원에 의한 양전압이 저항 R5와 다이오드 D3을 통해 게이트에 가해진다. 이것은 SCR을 켜지게 하고 도통되기 시작하도록 한다. 이는 버저(BZ1)에 전원 전압을 가하고 경보음을 울린다.

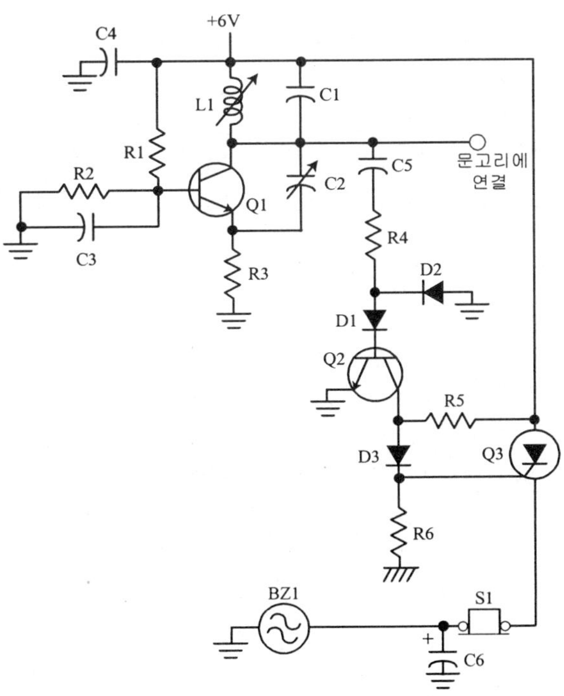

〈그림 10-13〉 휴대용 보안 경보기

만일 사람이 잠깐 보호된 손잡이를 만지고 즉시 손을 뗀다고 가정해 보자. 반사적인 행동이 아무리 빠르다고 하더라도 일단 이것이 켜지면 SCR은 게이트 신호가 제거된다고 해도 계속해서 도통될 것이다. 이를 끄는 한 가지 방법은 양극(애노드)에서 음극(캐소드)으로 전류 흐름을 차단하는 것이다.

경보기 회로는 스위치 S1을 잠시 열어 놓는 것으로 리세트된다. 이것은 반드시 상시 폐로 형태의 스위치이어야 하며, 푸시 버튼이 눌려지는 동안만 열리게 한다.

10-10 보안 경보회로의 응용[33)]

1. 시간지연 경보장치

대부분의 도난 경보 시스템은 일정한 시간 지연 특성을 필요로 한다. 시간지연 특성이 없는 도난 경보 시스템은 보호구역에 접근하는 사람이 심지어 자기 자신 일지라도 경보음을 울리게 한다.

만약 경보 회로를 켰을 때 그 회로가 작동되기까지 약간의 시간 지연이 있다면, 경보 회로를 작동시키고 경보음이 작동되기 전에 그 지연 시간을 이용하여 집을 빠져나갈 수 있을 것이다. 이와 유사하게 센서 스위치 중의 하나가 작동되고 경보음이 실제로 울리기까지 짧은 시간 지연이 있다면, 허가받은 출입자는 경보음이 작동하기 전에 리세트 스위치를 누르면 될 것이다.

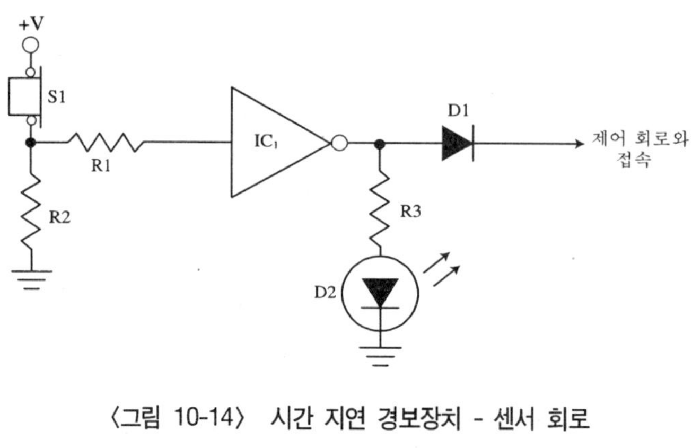

〈그림 10-14〉 시간 지연 경보장치 - 센서 회로

매우 효과적인 시간지연 경보장치를 위한 회로가 그림 10-14와 그림 10-15에 나타나 있다. 이 경보 시스템의 다른 특징은 침입이 어디에서 발생했는지를 지적할 수 있는 기능이다. 센서 회로부(그림 10-14)는 모든 센서 스위치(또는 센서 스위치의 그룹)에 공통으로 포함이 되고, 각각의 센서 회로부는 몇 개의 상시 폐로 스위치를 감시 할 수 있지만(S1과 직렬로), 그 모든 것들은 위치 파악 회로에 의해 하나의 센서로 생각할 수 있다.

주 제어 회로가 그림 10-15에 나타나 있다. 이 회로는 CD4049 hex 인버터 IC를 사용하는데 이는 6개의 인버터를 갖는다. 제어 회로는 하나의 인버터 부분을 이용하고, 각각의 센서회로도 하나씩의 인버터를 이용한다. 그러므로 하나의 제어회로와 5개의 센서회로는 6개의 인버터 즉, 하나의 완전한 CD4049칩을 이용한다. 센서회로(그림 10-14)중의 하나가 활성화되었을 때 이는 곧 제어 회로를 트리거시키고, 그 자신의 개별 LED(D2)를 켜게 된다. 다수의 센서 회로를 가지고 있다면, 경보 시스템 중앙 제어판의 어떤 지시 LED에 불이 들어오는가를 보면 어느 위치에서 침입이 발생했는지를 쉽게 알 수 있다.

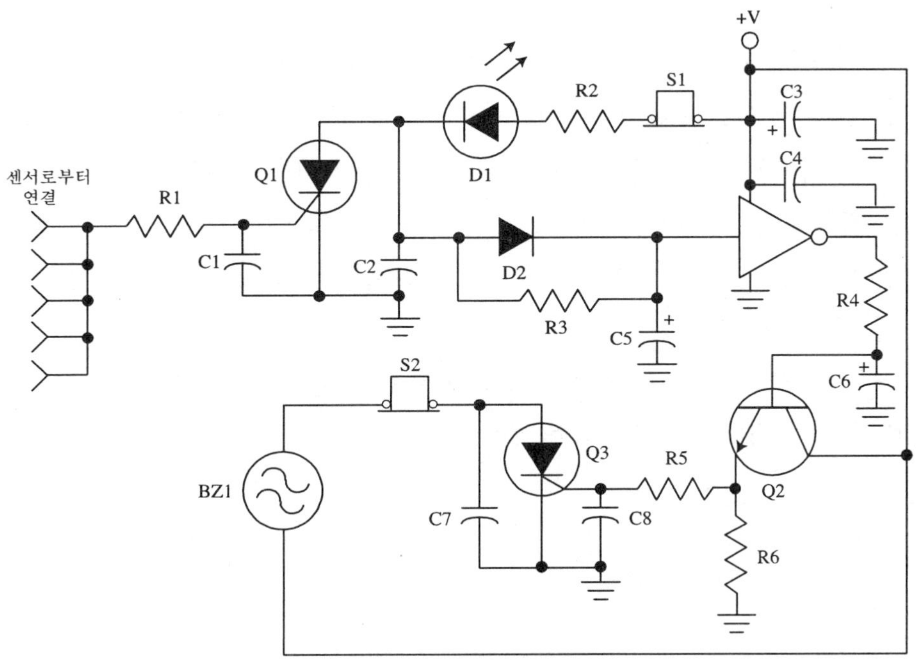

〈그림 10-15〉 시간 지연 경보장치 - 제어 회로

(S1)이 닫혀지면(스위치의 정상 상태), 회로의 공급전원(V+)이 저항 R1을 통해 인버터(IC1)로 흘러 들어간다. 인버터의 입력이 HIGH이면, 그 출력은 LOW가 된다. 이것은 LED(D2)가 꺼져 있다는 것과 제어회로에 아무런 신호도 전달되지 않는다는 것을 의미한다. 이제, 침입자가 센서 스위치를 열 경우, 인버터로의 입력은 저항 R1과 R2를 통해 접지로 단락된다. 인버터로 입력은 LOW 신호이고, 출력은 HIGH가 되므로 LED에 불이 들어오고 제어회로로 트리거 신호가 전달된다.

만약 센서 스위치가 다시 닫히면, 인버터의 출력은 LOW상태로 되돌아 가고, LED가 꺼지며, 제어 회로로의 출력신호는 접지전압으로 떨어진다.

마지막으로, 저항 R3는 LED(D2)를 보호하기 위한 전류제한 저항이다. 인버터의 출력이 HIGH상태일 때, 이 저항 값이 작을수록 LED의 밝기는 더욱 더 밝아진다. 만약 저항 값이 200Ω 보다 작다면 LED가 파손될 수도 있다. 하나 또는 둘 이상의 센서회로로부터 HIGH 신호가 들어오면, SCR Q1이 'on'된다. 또 시스템 주 보안 침입 표시기(LED D1)에 불이 들어온다. 개별적인 센서 회로의 LED와는 다르게 이 LED는 상시 폐로상태의 푸시버튼스위치 S1을 잠깐 동안 여는 것으로 시스템을 리세트시킬 때까지 계속 켜진 상태를 유지한다.

SCR을 'on'시키는 신호는, 인버터(IC1)를 통해서, 조합하지만 유용한, 단안정 멀티바이브레이터(또는 타이머) 역할을 하는 트랜지스터 Q2의 베이스로 전달된다. 이 단계가 종료되면, 경보음 발생 장치(BZ1)에 전압을 가하는 2번째 SCR(Q3)을 트리거시킨다. 여기서는 압전 버저를 사용하고 있지만, 이는 다른 경보음 발생 장치로 쉽게 대체할 수 있다. 경보음 리세트 스위치(상시 폐로 푸시버튼 스위치 S2)를 눌러서 SCR Q2를 'off'시키기 전까지는 경보음은 계속해서 울리게 된다.

이 회로의 시간지연은 저항 R4와 커패시터 C6의 값에 의해 결정되며, 만약 다른 시간지연을 원한다면 이 소자의 값을 바꾸도록 한다.

사례문제 해답

제2장

2. 킥 백 다이오드로서 릴레이 코일의 역기전력에 의한 과도 전압으로 트랜지스터 보호
3. $A+\overline{B}$
4. 4.92V
6. 이산화규소(SiO_2)의 절연 파괴를 예방하기 위함
7. V_{DS} =10.56V
9. A=1, 버퍼 소자로 사용됨
10. 600Ω

제3장

1. ① 1번, 5번 핀, ② 0V
2. 14.78KHz
5. 0.72V
6. UTP=191mV, LTP=-191mV
7. V_P=±7.35V, *f*=10KHz

제4장

1. 출력신호는 high로 동작
2. 포토 다이오드는 동작속도가 빠른 반면 부하의 구동능력이 떨어진다. 포토 트랜지스터는 동작속도가 느린 반면 부하의 구동능력이 포토 다이오드에 비해서 높다.
7. 2A
9. 광저항기의 역할, 가로등 점멸, 기타 ON, OFF 제어소자와 함께 사용
10. 광전 스위치는 투과형, 동축반사형, 직접반사형이 있다.

제5장

1. 트랜지스터의 동작온도가 안전한 레벨을 초과할 때 PTC의 저항이 급격하게 증가하여 포화시킨다. 이 결과로 V_{C2}가 0이 되어 전력소모가 최소화되고 열폭주 현상을 방지한다.
5. 118.8Ω
6. R_1=5.758kΩ

제6장

3. 용량형, 고주파형, 자기형
5. 1.071m

참고문헌

1) Maas, Industrial Electronics, Prentice-Hall, 1995, PP4~8, 152~156, 704~710, 472~479
2) 홍순석 역, 전자응용 및 산업전자공학, 생능, 1991, PP4~9, 340~344
3) Ramakant A. Gayakwad, OP-Amps and Linear Integrated Circuits, Prentice-Hall, 1988, PP235~243, 269~284, 460~486
4) 정재룡, 실용전기전자실험, 문운당, 1995.
5) 중소기업연수원, 센서회로설계, 중소기업진흥공단, 1993.
6) 황병원 편저, 전자제어, ohm사, 1986, PP352~363
7) 박선호, FA센서응용백과, 영진출판사, 1995, PP36~44
8) Thomas L.F, Electronic Device 3rd, Macmillan Publishing Co, 1992
9) 지일구, 센서회로, 직업능력개발원, 1998.
10) 한국 Festo 교육부, 센서, 한국Festo(주), 1996, PP23~28, 42~47, 117~131
11) 이영훈, 디지털 펄스공학, 동양과학사, 1983.
12) 송언빈, 실용전력전자공학, 복두출판사, 1998, PP71~87
13) 이종락 외, 최신 전자실기 과제 지침서, 동일출판사, 1985, PP39~42, 115~117
14) 편집부, 최신 전자회로실용사전, 도서출판 세운, 1996.
15) 고진호, 전자기사실기, 성안당, 1995, PP22~26
16) 김영일, 전자회로공학, 보문당, 1997.
17) 송하전기 편, 디지털 제어, 기전연구사, 1993, PP276~279, 197~199, 67~88
18) 입석전기 편, 자동화제어의 기본회로, 1983, PP315~323
19) 전재승 역, 센서응용공학, 기전연구사, 1990, PP119~125, 57~67
20) 이병수, 디지털전자회로, 도서출판 동광, 1996.
21) 조학현, 일반전자공학, 삼원출판사, 1995.
22) 강민호 외, 전자정보통신공학대사전, 도서출판 기다리, 1996.
23) Robert Boylestad, Electronic Devices and Circuit Theory Prentice-Hall, 1990.
24) Russell L. Meade, Foundations of Electronics and, Delmar Publishers, 1994.
25) Paul B. Zbar, Electricity-Electronics Fundamentals, 4th. McGraw-Hill, 1993.
26) John D. Ryder, Electronic Fundamentals and Applications 5th, Prentice-Hall, 1976.
27) Paul R. Gray, Analog Integrated Circuits 2nd, John Wiley, 1977.
28) Clifford D. Ferris, Elements of Electronic Design, West Publishing Co, 1995.
29) Adel S. Sedra. Microelectronics Circuits 3rd, Saunders College Publishing, 1991.
30) 조성환 외, 디지털시스템, 사이텍미디어, PP106~123.
31) 강경일, 센서회로실험, 대영사, PP46~48, 93~100, 123~127.
32) 자동화기술편집부, 온도, 습도센서활용핸드북, 성안당, PP96~97, 108~113.
33) 윤갑구, 전력기술인이 만들 수 있는 전자보안시스템, 전력기술인협회, 2000. 3~9.
34) 도서산업사, 전자응용회로Ⅱ, PP447~448, 480~481.

Index

【 J, M 】

【 N 】

【 O, P 】

【 S 】

【 기타 】